高　等　学　校　教　材

水 利 水 能 规 划

（第二版）

河海大学　周之豪
　　　　　沈曾源
清华大学　施熙灿　合编
天津大学　李惕先

中国水利水电出版社
www.waterpub.com.cn

内 容 提 要

本书在介绍水资源综合利用的基础上，着重介绍兴利径流调节、洪水调节、经济计算与评价、水电站及水库主要参数选择的原理和方法。同时，还介绍了水库群的水利水能计算和水库调度方面的基本知识。

本书为高等学校水利水电工程建筑专业的必修课教材，可供水资源水文、水资源技术经济、农田水利工程和水资源规划与利用等专业教学参考，也可供水利水电技术人员参考。

图书在版编目（CIP）数据

水利水能规划／周之豪等编．—2版．—北京：中国水利水电出版社，1997（2018.8重印）

高等学校教材

ISBN 978-7-80124-255-6

Ⅰ．水… Ⅱ．周… Ⅲ．①水利规划-高等学校-教材 ②水电资源-规划-高等学校-教材 Ⅳ．TV212

中国版本图书馆CIP数据核字（2007）第011830号

书　　名	高等学校教材 **水利水能规划（第二版）** SHUILI SHUINENG GUIHUA
作　　者	河海大学　周之豪　沈曾源 清华大学　施熙灿　　　　合编 天津大学　李惕先
出版发行	中国水利水电出版社 （北京市海淀区玉渊潭南路1号D座　100038） 网址：www.waterpub.com.cn E-mail：sales@waterpub.com.cn 电话：（010）68367658（营销中心）
经　　售	北京科水图书销售中心（零售） 电话：（010）88383994、63202643、68545874 全国各地新华书店和相关出版物销售网点
排　　版	中国水利水电出版社微机排版中心
印　　刷	北京瑞斯通印务发展有限公司
规　　格	184mm×260mm　16开本　12.75印张　302千字
版　　次	1986年11月第1版 1997年5月第2版　2018年8月第22次印刷
印　　数	118011—123010册
定　　价	**24.00元**

第二版前言

本书是水利水电工程建筑专业（简称水工专业，亦称水建专业）必修课“水利水能规划”（有些学校称为“水利水电规划”）的教材。该课程在1981年前曾和工程水文合在一起称“水文及水利水电规划”，其相应教材是《水文及水利水电规划》，分为上、下两册，上册为《工程水文》，下册为《水利水电规划》。水利水能规划课程单独设置后，在第二轮教材出版规划（1983—1987年）中的相应教材就是《水利水能规划》，1986年出版。

《水利水能规划》从1986年出版发行以来，得到使用单位的一致好评，因此在1992年优秀教材评选活动中同时得到水利部和电力工业部的奖励。正因为如此，我们在编写第三轮教材时，仍以第二轮教材为基础进行修订，修订教材时，吸取了《中华人民共和国水法》和新出版或修订再版的有关规程规范中的新规定，并且尽可能地更新或补充了有关资料，当然，也改正了原教材中存在的不当之处。

本教材由河海大学周之豪、沈曾源，清华大学施熙灿，天津大学李惕先等四位教授合编，周之豪负责统稿。各章编写人为：周之豪编写绪论、第七章和第八章；沈曾源编写第一章和第三章；第二章由李惕先编写；施熙灿编写第四～六章。

需要说明：第三轮教材出版规划中本教材的主审人仍为中国水力发电工程学会名誉理事长、清华大学教授施嘉炀先生。施老对本教材体系的完善、重点的把握、内容的取舍都提出了很多有益的意见，对我们编者的工作有很大的帮助，我们一直铭记在心，并表示由衷的感谢。这次实在由于他年事已高，不能再为我们审阅教材，经他推荐并由水利部科教司最后确定，本教材由清华大学林翔岳教授主审。林教授对教材送审稿认真审阅，提出了许多好意见，编者们表示衷心感谢。此外，我们仍要感谢关心和支持本教材编写、出版的所有领导、同行专家和编辑同志。

对于教材中的不足之处，希望读者批评，并提出改进意见。

编者

1996.6.1

第一版前言

水利水电工程建筑专业（简称水工专业）教学计划中的工程水文和水利水能规划两门课，1981年前曾合称为水文及水利水电规划课程，与其相应的第一轮统编教材是《水文及水利水电规划》，此教材分上、下两册：上册为《工程水文》、下册为《水利水电规划》，于1981年2月出版。

1982年12月水电部在南京召开高等学校水利水电类专业教材编审委员会正、副主任扩大会议。会议审定各专业的教学计划时，一致同意将《工程水文》及《水利水电规划》分开设课，并将后者改称为《水利水能规划》。同时，会上讨论“1983—1987年教材编审出版规划”（即第二轮教材出版规划）时，同意将第一轮教材《水文及水利水电规划》下册修订再版，作为水工专业“水利水能规划”课程的统编教材。

由于本教材的编写学时（42学时）仅为第一轮教材的3/4，计划稿面字数（16.8万）仅为第一轮的2/3，因此，修订教材时不得不对教材内容作较多的删节，这样才有可能对课程内容作必要的充实与更新。我们通过调查研究，广泛征求意见后，才提出教材编写大纲。1983年10月在天津大学召开的“水电站教材编审小组”扩大会议上，对编写大纲进行了充分的讨论，强调在教材中应结合专业要求，着重介绍水利水能规划方面的基本理论、基本知识和基本计算方法，较深的内容只能在专业选修课中再作介绍。

本教材由河海大学周之豪负责主编。清华大学施熙灿、天津大学李惕先、河海大学沈曾源参加编写。各章修订人为：绪论、第七章和第八章由周之豪编写；第一章和第三章由沈曾源编写；第二章由李惕先编写；第四～六章由施熙灿编写。

本教材由中国水力发电工程学会理事长、清华大学水利系施嘉炀教授主审。施嘉炀教授对教材提出了许多宝贵意见，这对提高教材质量很有帮助，编者表示衷心感谢。此外，还要感谢向编者提供资料、提出意见和建议以及关心本教材编写、出版的所有同志。

对于教材中的不足之处，希望读者批评指正，提出改进意见，并函寄南京市河海大学水力发电工程系。

编　者

1985年11月

目　　录

绪　论

一、水资源的涵义和特点

水是人类生活和生产劳动必不可少的重要物质。从人们认识到水是一种具有多种用途的宝贵资源起，就认真考虑水资源的正确涵义。对水资源的正确涵义存在着不同的见解，直到1977年联合国召开的水会议后，联合国教科文组织和世界气象组织共同提出了水资源的涵义："水资源是指可资利用或有可能被利用的水源，这种水源应当有足够的数量和可用的质量，并在某一地点为满足某种用途而得以利用。"这一涵义为联合国经社理事会所采纳。

作为重要资源的水必须具有可以更新补充，可供永续开发利用这样一种不同于其他矿物资源的特点。因此，作为参加水的供需关系分析中的水资源，应当主要指不断通过蒸发、降水、径流的形式参与全球水循环平衡活动的、人类可以控制、开发利用的动态水源。

关于水资源的特点，择要列举以下几点：

（1）流动性。所有的水都是流动的，大气水、地表水、地下水可以相互转化。因此，水资源难以按地区或城乡的界限硬性分割，而只应按流域、自然单元进行开发、利用和管理。

（2）多用途性。水资源是具有多种用途的自然资源，水量、水能、水体均各有用途。人们对水的利用十分广泛，主要的用水部门有：①农业（包括林、牧、副业）生产用水；②工业生产用水；③城镇居民生活用水；④水力发电用水；⑤船筏水运用水；⑥水产养殖用水；⑦水利环境保护等。

（3）公共性。许多部门都需要利用水，这就使水资源具有了公共性，它应为社会所有，共同合理使用。各单位在引水、蓄水、排水过程中会引起种种矛盾，所以《中华人民共和国水法》（1988年7月1日起施行）第十二条明确规定处理这种公共性的一般性准则是：任何单位和个人引水、蓄水、排水，不得损害公共利益和他人合法利益。

（4）永续性。处在自然界水循环中的水具有可以更新补充、可供永续开发利用的特点，所以计算水资源量、水能资源量时（尤其是和别的不能永续使用的资源进行比较时），不能只看到一年内的数量。

（5）利与害的两重性。水作为重要资源给人类带来各种利益，但当水量集中得过快、过多时，又会形成洪涝灾害，给人类带来严重灾难。人类在开发利用水资源的过程中，一定要用其利、避其害。"除水害、兴水利"是我们水利工作者的光荣使命。

二、我国的水资源和水能资源

水资源大体上包括江河、湖泊、井泉以及高山积雪、冰川等可供长期利用的水源；河川水流、沿海潮汐等所蕴藏的天然水能；江河、湖泊、海港等可供发展水运事业的天然航道以及可用来发展水产养殖事业的天然水域，等等。其中天然水能又专门称为水能资源，它是一种重要的廉价能源。上面提到的用水部门中，水力发电是一个特殊的用水部门，它利用天然水能生产电能，是发展国民经济的重要能源之一。发过电之后下泄的水量，仍可以供给其他用水部门利用。

我国水资源蕴藏量，从总量来看是比较丰富的。流域面积在 100km² 以上的河流有 5000 多条，河流总长度约有 42 万多 km，还有众多的天然湖泊。我国水资源总量为 28124 亿 m³，其中河川径流量 27115 亿 m³，居世界第 6 位。表 0-1 为根据 1956—1979 年资料得出的“全国各流域片（分区）年降水量、径流量统计表”。

表 0-1　　全国各流域片（分区）年降水量、径流量统计表

流域片名称	平均年降水量/mm	平均年径流深/mm	50%保证率年径流量/10^8m^3	75%保证率年径流量/10^8m^3	径流均值占全国百分数/%
黑龙江流域片	495.5	129.1	1119.0	863.0	4.3
辽河流域片	551.0	141.1	472.0	380.0	1.8
海河、滦河流域片	559.8	90.5	268.0	199.0	1.1
黄河流域片	464.4	83.2	642.0	563.0	2.4
淮河流域片	859.6	225.1	689.0	496.0	2.7
长江流域片	1070.5	526.0	9417.0	8656.0	35.1
珠江流域片	1544.3	806.9	4640.0	4120.0	17.3
浙闽台诸河片	1758.1	1066.3	2507.0	2097.0	9.4
西南诸河片	1097.7	687.5	5853.0	5380.0	21.6
内陆诸河片	153.9	32.0	1060.0	1004.0	3.9
额尔齐斯河流域	394.5	189.6	97.0	78.0	0.4

注　1. 流域片包括本流域以外的附近小流域。
2. 所有径流量都已还原至天然情况。
3. 本表资料摘自《技术经济手册》（水利卷），1990 年 12 月出版。

我国可通航的内河水道总里程达 16 万 km，还有 2 万多公里长的海岸线，有许多优良的不冻海湾可供建设海港。

我国河湖可供淡水水产养殖的水面面积约有 7 万 km²，沿海还有大面积的海岸水产养殖场可供利用。

我国水能资源极其丰富，居世界首位已是公认的事实。仅河川水能资源的蕴藏量就有约 6.8 亿 kW（按多年平均流量估算）。我国的海洋水能资源也很丰富，仅潮汐资源一项，初步估算有 1.1 亿 kW。应该说明，水能资源蕴藏量中可能开发利用的仅是其中的一部分。根据普查资料，单站装机 1 万 kW 以上的可能开发水电站共 1946 座，总装机容量可达 3.6 亿 kW。

我国水能资源的分布，按地区划分，集中在西部地区，京广铁路以西占全国的 90% 以上，其中以西南地区为最多，占全国的 70%；其次为中南及西北地区，分别约占 10% 及 13%左右。按流域划分，以举世闻名的长江为最多，约占全国的 40%。特别值得一提的是长江上的三峡水利枢纽，除有巨大的防洪效益和航运效益外，水电站装机容量可达1768万kW（设计蓄水位为175m时）。

应该指出，我国水资源总量虽较丰富，但从人均占有量来看，是不容乐观的，仅居世界第88位，按耕地亩均占有量计算，约相当于世界平均数的2/3。特别是由于季风气候的影响，我国水资源具有地区、时程分配上不均匀和变率大的特点。水资源比较集中于长江、珠江及西南国际水系。它的地区分布与人口、耕地的分布不相适应。从全国范围来说，南方水多，水资源总量占全国的81%，人口占全国的54.7%，耕地只占全国的35.9%；北方（不含内陆区）水资源总量只占全国的14.4%，耕地却占全国的58.3%，人口占全国的43.2%。这种分布不相适应的情况是水资源开发利用中的一个突出问题。

水资源在时程分配上的不均，常会在不同地区形成洪、涝、旱灾，给国民经济和人民生命财产带来严重损失。因此，在开发利用水资源的同时，还必须十分重视防洪与治涝问题。

要兴水利、除水害，就要兴建一系列的水利工程。为某一单独水利部门服务的水利工程，称为单用途水利工程，如防洪工程、水电工程等。同时为好几个水利部门服务的工程，称为综合利用水利工程。

三、我国水利水电建设的成就和展望

“水利”是人类在充分掌握水的客观变化规律的前提下，采用各种工程措施和非工程措施，以及经济、行政、法制等手段，对自然界水循环过程中的水进行调节控制、开发利用和保护管理的各项工作的总称。其目的是避免或尽可能减轻水旱灾害，供给人类生活和生产活动必需的水（符合水质标准）和动力（直接利用或转换成电力后利用），以及提供其他服务。因此，水利建设包括的范围是很广的，应该也包括水电建设。鉴于水电建设有其特别的重要意义，故常并列称为水利水电建设。有的工具书中将“利用工程所在地的水土资源开展的养殖业、种植业、旅游业等的开发建设”也包括在水利建设中。这样水利建设的涵义就更广泛了。

我国历史悠久，通过长期的生产斗争，逐步积累了大量兴水利、除水害的宝贵经验，陆续兴建了不少举世闻名的水利工程。例如：四川岷江上的都江堰（建于公元前256—前251年）、纵贯南北的大运河（始建于公元前486年，亦称京杭运河）和沟通湘江与漓江的灵渠（公元前219年，亦称兴安运河）等。在水能的利用方面，早在2000—3000年前，在我国已经出现了用来磨粉和提水灌溉的水磨、筒车等古老的水力机械。但几千年的封建制度极大地阻滞了我国水利科技事业的发展。而且水资源和水利工程常被统治阶级以及侵略者所霸占，用来作为剥削、压迫、甚至屠杀人民的工具。远的不说，就说日本帝国主义侵占我国东北时期强迫我国人民在松花江上修建的丰满水电站，修建期间被折磨迫害而惨死在工地的中国工人达数万人，侵略者用水电站发出的电力制造军火，进一步镇压、侵略我国人民；再如，1938年6月，国民党军队为了自己逃命，非但不抵抗日本侵略军，竟炸开黄河花园口大堤，以致淹没了3000万亩土地，淹死80多万无辜群众，受害人口达1250余万，这一罪行是极为骇人听闻的。

新中国成立前全国仅有大型水库6座、中型水库17座，实在是少得可怜。

新中国成立以后，党和政府十分重视水利水电建设，有计划地积极防治水旱灾害，开发利用水资源。先后有计划地开始综合治理黄河、淮河、海河等灾害较多的水系，同时又对水资源较丰富的长江、珠江等流域分期进行综合开发，取得了显著成就。兹列举以下一些数据，以说明建设成就：

（1）截至1988年止，共建成大型水库355座，总库容3252亿m^3；中型水库2462座，总库容681亿m^3。

（2）全国水力发电装机3269万kW（1988年年底），其中水利系统管理的水电装机1369万kW。

（3）截至1988年止，修建大型水闸300座，中型水闸2060座。

（4）修建堤防长度20.3万km，保护耕地面积达4.85亿亩（1988年年底）。

（5）修建固定排灌站46.1万处，排灌机械保有量达6437万kW。

（6）截至1988年，有效灌溉面积7.2亿亩，已占耕地面积的50%；旱涝保收面积5亿余亩。

（7）截至1988年止，全国主要由中小水电供电的县（市）有717个，占全国行政区划数的31%；全国主要由小水电供电的乡占全国行政区划数的36%。

（8）黄河、淮河、海滦河、长江、珠江、辽河和松花江等七大江河的防洪标准普遍得到提高。

以上这些建设成就对抗御水旱灾害、夺取农业丰收、促进工业发展、提高人民生活水平都起了极为重要的作用。

我国国家计委产业政策司编的《产业手册》中提出："产业是从事国民经济中同一性质的生产或其他社会经济活动的企业、事业单位、机关团体和个人的总和。各产业之间有不同程度的联系，其总和构成国民经济整体。"根据这个比较广义的产业定义，水利完全应该是一个独立的产业。但是，几十年来，水利一直被认为是在农业领域里"除害兴利"的一个不可缺少的行业。毛泽东同志的"水利是农业的命脉"这句名言，已为广大群众所熟悉，成为人们认识水利的重要性、重视水利的依据。在产业划分中，没有水利产业的独立地位。

在当前国民经济和社会有很大发展的实际情况下，应该把水利放在什么样的位置呢？《中华人民共和国国民经济和社会发展十年规划和第八个五年计划纲要》中明确指出："要把水利作为国民经济的基础产业，放在重要战略地位。"根据这个重要精神，《纲要》中把水利产业摆在与农业、能源工业、交通运输业和邮电通信业、原材料工业等基础产业同等重要的地位。

把水利作为国民经济的基础产业提高到整个国民经济发展的战略地位上，这是对水利事业的重要作用在认识上的重要突破，也是总结数十年经验教训得出的正确结论。

一般地说，基础产业具有以下几个明确特点：

（1）存在的不可缺性和效益的社会性；

（2）建设的长期性和发展的超前性；

（3）规划的全局性和统一管理的必要性。

水利的重要性及其效益的社会性问题是比较容易理解的。关于建设的长期性问题可从以下几方面的需要来看：

(1) 逐步提高防洪标准、抗旱能力的需要；

(2) 解决水资源供不应求问题的需要；

(3) 解决水利工程老化问题的需要；

(4) 防治水污染问题的需要；

(5) 进一步开发利用水电、航运、水产、滩涂等资源的需要。

至于水利事业发展的超前性问题，这是由水利建设牵涉的因素多，而且许多因素具有明显的不确定性，水利建设需要的资金比较多，要分期分批安排建设，以及水利工程的工程量一般较大、施工条件较差、施工期较长等特点决定的。

关于规划的全局性和统一管理的必要性，这是由水利的重要性、水资源的特点等所决定的。《中华人民共和国水法》第十一条中包含有以下几点精神：

(1) 开发利用水资源和防治水害，应当按流域或者区域进行统一规划；

(2) 国家确定的重要江河的流域综合利用规划，由国务院水行政主管部门会同有关部门和有关省、市、自治区编制，报国务院批准；

(3) 综合规划应与国土规划相协调，兼顾各地区、各行业的需要；

(4) 经批准的规划是开发利用水资源和防治水害工作的基本依据。

《中华人民共和国水法》中规定了水资源实行国家统一管理和分级、分部门管理相结合的原则。

从以上简要说明来看，把水利作为国民经济的基础产业是完全正确的。今后更要以提高经济效益为中心，开创水利工作新局面，更好地为实现工农业总产值翻两番提供防洪和水资源保证。

优先发展水电是世界各国能源开发中的一条重要经验，不论水能资源较多而矿物燃料资源较少的国家，还是水能资源较少而矿物燃料资源较多的国家，都是优先发展水电。只有当水利资源开发程度较高时，才不得不多建火电、核电。我国水能资源较为丰富，开发条件比较优越，开发潜力很大。因此，尽快把水电搞上去，应是我国能源建设和加速发展国民经济的一项重大措施。在开发水电的同时，要特别注意防治水害和水资源的综合利用，为供水、航运和农、林、牧、渔业的发展服务。

四、水利水能规划课程的任务和主要内容

“水利水能规划”是水利水电工程建筑专业的一门专业课。它的任务是让学生在掌握工程水文内容的基础上，学习水利水电规划的基本理论、基本知识，初步掌握这方面的分析计算方法，以使学生毕业后，经过一段生产实际的锻炼能参加这方面的工作。对从事水利水电工程设计、施工和管理的工程技术人员来说，掌握必要的规划知识也是很必要的。正因为本门课程比较重要，所以许多学校把它列为水力发电专业硕士研究生的入学考试课程之一。

本课程的主要内容是根据国民经济发展对开发利用水资源提出的实际要求以及水资源本身的特点和客观情况，并根据《中华人民共和国水法》的规定，研究如何经济合理地综合治理河流、综合开发水资源，确定水利水电工程的合理开发方式、开发规模和可以获得的效益，以及拟订水利水电工程的合适运用方式等。

应该指出，随着生产的发展和国家建设事业的发展，水利水电规划工作愈来愈复杂。

这是因为：水利水电工程已不是单独地存在着，为单一用途而运行着，而往往是许多工程组合在一块为若干目的而联合运行，而且水电站又是电力系统的组成部分，和其他类型电站组合在一块联合运行。有些地区还要研究地面水资源与地下水资源的统一开发问题。此外，抽水蓄能电站建设、潮汐电站建设也日益提上日程。电子计算机的普及对一些传统的计算方法也有很大的冲击。这些新的情况对高等学校教材编写提出了值得研究的普遍问题。

我们经过认真思考，认为：教材编写受到学时数和编写字数的限制，应该贯彻“少而精”的原则，教材中只能介绍最必需的基本理论、基本知识和基本计算方法。学生掌握这些基本内容后，对今后参加水利水电规划的生产实际工作，研制比较复杂的数学模型（确定目标函数和各种约束条件）以及编制计算机程序是很有帮助的。至于抽水蓄能电站规划、潮汐电站规划或海洋能开发利用、水库群优化调度等专门问题，应开设选修课，另编专门的选修课教材。

各章教材的时间分配为：绪论 1～2 学时，第一章 4～5 学时，第二章 11～12 学时，第三章 4～5 学时，第四章 4 学时，第五章 6～7 学时，第六章 6～7 学时，第七章 3～4 学时，第八章 3～4 学时，合计 42～50 学时。具体时间分配可由任课教师根据各校教学计划安排的时数确定。

第一章 水资源的综合利用

第一节 概　　述

由于降水量在年内和年际分布的不均匀性，雨水较丰年份常会出现暴雨和霪雨，以致某些地区或河段在短期内汇集了过多的径流不能迅速排出而形成洪涝灾害。所以，自古以来，除水害就成为水利事业中的首要任务。人们在除水害的同时，千方百计地为各种不同的目的去兴建各种水利工程，以求充分利用水资源。于是，除水害兴水利就构成整个水利事业，包括防洪、治涝、水力发电、灌溉、航运、木材浮运、给水、渔业和水利环境保护等。各种不同的水利工程，无非是根据上述某一项或某几项的需要而兴建的。

不同的兴利部门，对水资源的利用方式各不相同。例如，灌溉、给水要耗用水量，发电只利用水能，航运则依靠水的浮载能力。这就有可能也有必要使同一河流或同一地区的水资源，同时满足几个水利部门的需要，并且将除水害和兴水利结合起来统筹解决。这种开发水资源的方式，就称为水资源的综合利用。我国大多数大中型水利工程在不同程度上实现了水资源的综合利用。例如，汉江的丹江口水利枢纽就是一个例子。它能大大减轻汉江中下游广大地区的洪灾；给鄂西北、豫西南数百万亩农田提供灌溉水源；为鄂、豫两省工农业提供90万kW的廉价电力；水库内可形成220km长的深水航道，并大大改善下游河道的通航条件；辽阔的水库库区还可发展渔业，每年出产数百万斤淡水鱼；等等。实际上，水资源综合利用是我国水利建设的一项重要原则，能够使宝贵的水资源得到比较充分的利用，以较少的代价取得较大的综合效益。我们在进行水利水能规划时，必须重视这一重要原则。

然而，由于人们认识上的局限性、片面性，以及囿于局部利益等原因，我国有些大中型水利工程，尽管很具备水资源综合利用的有利条件，却仍然在这方面存在某种缺陷。例如，有些拦河闸坝忽视了过船、过木、过鱼的需要；有些水电站的水库没有兼顾灌溉或下游防洪的要求；等等。

在水资源综合利用方面，环境保护与生态平衡常被人们忽视。修建大中型水利工程常常要集中大量人力、资金、设备，并耗用大量建筑材料；工程本身常需占用大片土地，特别是水库常造成大面积的淹没；此外，水利工程是人们改造自然的一种重要手段，必然对河流的水文情况产生重大的影响；等等。人们通过实践，逐步认识到忽视这类问题会给国家和人民带来巨大损失。例如，某些位于林区的水利工地，由于忽视森林资源的保护，几年施工期间就造成工地周围童山濯濯。因此，我们在进行水利水能规划时，还必须尽量避免工程对自然环境和生态可能产生的不良影响。

各河流的自然条件千变万化，各地区需水的内容和要求也差异很大，而且各水利部门间还不可避免地存在一定的矛盾（见第七节）。因此，要做好水资源的综合利用，就必须从当地的客观自然条件和用水部门的实际需要出发，抓住主要矛盾，从国民经济总利益最大的角度来考虑，因时因地制宜地来制定水利水能规划。切忌凭主观愿望盲目决定，尤其不应只顾局部利益而使整个国民经济遭受不应有的损失。

第二节　水　力　发　电

一、水力发电的基本原理

水力发电是利用天然水能（水能资源）生产电能的水利部门。河川径流相对于海平面而言（或相对于某基准面）具有一定的势能。因径流有一定流速，就具有一定的动能。这种势能和动能组合成一定的水能——水体所含的机械能。

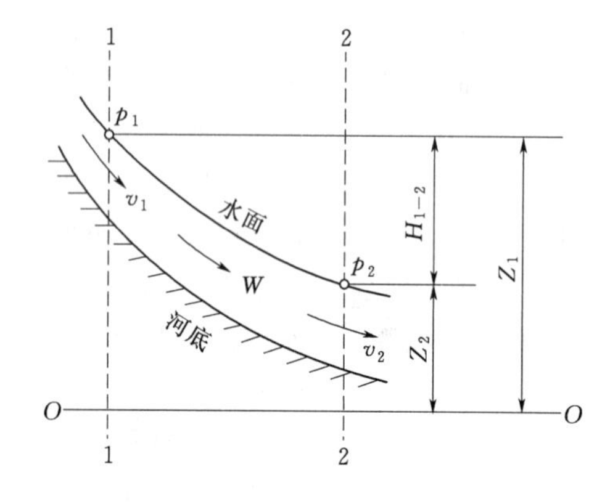

图 1-1　水能与落差

在地球引力（重力）作用下，河水不断向下游流动。在流动过程中，河水因克服流动阻力、冲蚀河床、挟带泥沙等，使所含水能分散地消耗掉了。水力发电的任务，就是要利用这些被无益消耗掉的水能来生产电能。如图 1-1 所示，表示一任意河段，其首尾断面分别为断面 1—1 和断面 2—2。若取 $O—O$ 为基准面，则按伯努利方程，流经首尾两断面的单位重量水体所消耗掉的水能应为

$$H=Z_1-Z_2+\frac{p_1-p_2}{\gamma}+\frac{\alpha_1 v_1^2-\alpha_2 v_2^2}{2g} \tag{1-1}$$

但是，大气压强 p_1 与 p_2 近似地相等，流速水头$\frac{\alpha_1 v_1^2}{2g}$与$\frac{\alpha_2 v_2^2}{2g}$的差值也相对地微小而可忽略不计。于是，这一单位重量水体的水能就可近似地用落差 H_{1-2} 来表示，$H_{1-2}=Z_1-Z_2$，即首尾两断面间的水位差。

若以 Q 表示 ts 内流经此河段的平均流量（m^3/s），γ 表示水的单位重量（通常取$\gamma=9807N/m^3$），则在 ts 内流经此河段的水体重量应是 $\gamma W=\gamma Qt$。于是，在 ts 内此河段上消耗掉的水能为

$$E_{1-2}=\gamma QtH_{1-2}=9807QtH_{1-2}(J)$$

但是，在电力工业中，习惯于用“kW·h”（或称“度”）为能量的单位，$1kW \cdot h=3.6\times 10^6 J$。于是，在 Th 内此河段上消耗掉的水能为

$$E_{1-2}=\frac{1}{367.1}H_{1-2}Qt=9.81H_{1-2}QT(kW \cdot h) \tag{1-2}$$

此即代表该河段所蕴藏的水能资源，它分散在河段的各微小长度上。要开发利用这许多微小长度上的水能资源，首先需将它们集中起来，并尽量减少其无益消耗。然后，引取集中了水能的水流去转动水轮发电机组，在机组转动的过程中，将水能转变为电能。这里，发生变化的只是水能，而水流本身并没有消耗，仍能为下游用水部门利用。上述这种河川水能，因降水而陆续得到补给，使水能资源成为不会枯竭的再生性能源。

在电力工业中，电站发出的电力功率称为出力，因而也用河川水流出力来表示水能资源。水流出力是单位时间内的水能。所以，在图 1－1 中所表示的河段上，水流出力为

$$N_{1\text{-}2}=\frac{E_{1\text{-}2}}{T}=9.81QH_{1\text{-}2}(\text{kW}) \tag{1-3}$$

式（1－3）常被用来计算河流的水能资源蕴藏量。

二、河川水能资源蕴藏量的估算和我国水能资源概况

由式（1－3）可见，落差和流量是决定水能资源蕴藏量的两项要素。因为单位长度河段的落差（即河流纵比降）和流量都是沿河长而变化的，所以在实际估算河流水能资源蕴藏量时，常沿河长分段计算水流出力，然后逐段累加以求全河总水流出力。在分段时，应注意将支流汇入等流量有较大变化处以及河流纵比降有较大变化处（特别是局部的急滩和瀑布等），划分为单独的计算河段。在计算中，流量取首尾断面流量的平均值。根据多年平均流量 Q_0 计算所得的水流出力 N_0，称为水能资源蕴藏量。

为估算河流蕴藏的水能资源，应对河流水文、地形和流域面积等进行勘测和调查，然后按式（1－3）进行计算（如表 1－1），并将计算结果绘成如图 1－2 的蕴藏图。表 1－1 和图 1－2乃是掌握河流水能资源分布情况并研究其合理开发的重要资料。水能资源的普查和估算，由国家专门机构统一组织进行，并正式公布。根据 1980 年 10 月资料（如表 1－2），我国河川水能资源蕴藏量达 6.76 亿 kW，其相应的年水能约为 6 万亿 kW·h，居世界首位。

表 1－1　　某河水能资源蕴藏量计算示例

断面序号	高程 Z /m	落差 H /m	间距 L /km	断面处流量 Q_i /(m³/s)	河段平均流量 Q_0 /(m³/s)	河段水流出力 N_0 /kW	单位长度水流出力 N_0/L /(kW/km)	水流出力累积值 $\sum N_0$ /kW
1	350			0				
		35	129		8	2750	21	2750
2	315			16				
		27	34		18.5	5000	147	7750
3	288			21				
		10	19		23	2250	118	10000
4	278			25				
		26	60		29.5	7650	128	17650
5	252			34				
		39	100		40	15300	153	32950
6	213			46				

表 1－2　　全国各地区水能资源蕴藏量及可能开发量统计表

地区	理论蕴藏量 /万 kW	占全国比重 /%	可能开发量 /万 kW	占全国比重 /%	备　注
西南	47331	70.0	23234	67.8	按发电量值计算占全国比重
西北	8418	12.5	4194	9.9	
中南	6408	9.5	6744	15.5	
东北	1213	1.8	1199	2.0	
华东	3005	4.4	1790	3.6	缺台湾省资料
华北	1230	1.8	692	1.2	
全国总计	67605	100.0	37853	100.0	

注　此表数据摘自《水力发电》，1981 年第 2 期。

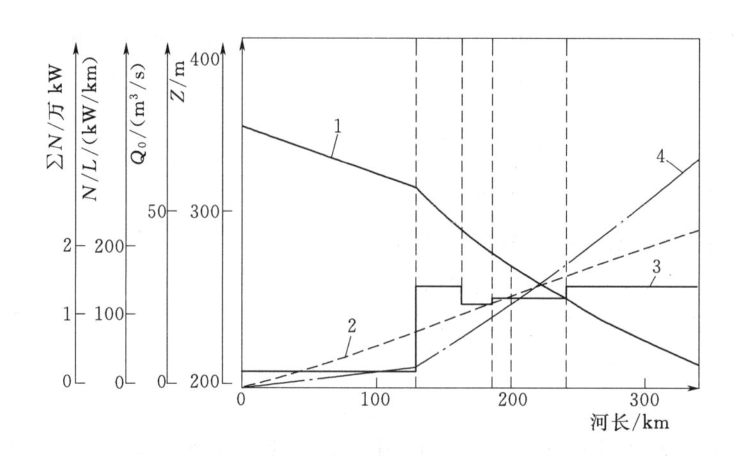

图 1-2　水能资源蕴藏量示意图

1—河底高程 Z(m)；2—流量 Q_0(m³/s)；3—单位长度出力 N/L(kW/km)；4—累积出力 ΣN(万 kW)

从表 1-2 可以看出两点：

(1) 经济上合理而技术上又便于开发的水能资源，大约只有理论值的一半多一些，有些资源河段因受客观条件限制而无法利用；

(2) 西南地区的水能资源占全国 70%，其中蜀滇黔三省水能资源占全国的 40.3%，而仅西藏自治区就占全国的 29.7%。

我国东部和中部人口比较集中，工农业生产较为发达，水能资源就开发较多。西南地区水能资源虽极丰富，但开发尚少，潜力甚大。

三、河川水能资源的基本开发方式

要开发利用河川水能资源，首先要将分散的天然河川水能集中起来。由于落差是单位重量水体的位能，而河段中流过的水体重量又与河段平均流量成正比，所以集中水能的方法就表现为集中落差和引取流量的方式，见式 (1-2) 和式 (1-3)。根据开发河段的自然条件的不同，集中水能的方式主要有以下几类（图 1-3）。

1. 坝式（或称抬水式）

拦河筑坝或闸来抬高开发河段水位，使原河段的落差 H_{AB} 集中到坝址处，从而获得水电站的水头 H。所引取的平均流量为坝址处的平均流量 Q_B，即河段末的平均流量。显然，Q_B 要比河段首 A 处的平均流量 Q_A 要大些。由于筑坝抬高水位而在 A 处形成回水段，因而有落差损失 $\Delta H = H_{AB} - H$。坝址上游 A、B 之间常因形成水库而发生淹没。若淹没损失相对不大，有可能筑中、高坝抬水来获得较大的水头。这种水电站称为坝后式水电站 [图 1-3 (a_1)]，其厂房建在坝下游侧，不承受坝上游面的水压力。若地形、地质等条件不允许筑高坝，也可筑低坝或水闸来获得较低水头，此时常利用水电站厂房作为挡水建筑物的一部分，使厂房承受坝上游侧的水压力，如图 1-3 (a_2)。这种水电站称为河床式水电站。坝式开发方式有时可以形成比较大的水库，因而使水电站能进行径流调节，成为蓄水式水电站。若不能形成供径流调节用的水库，则水电站只能引取天然流量发电，成为径流式水电站。

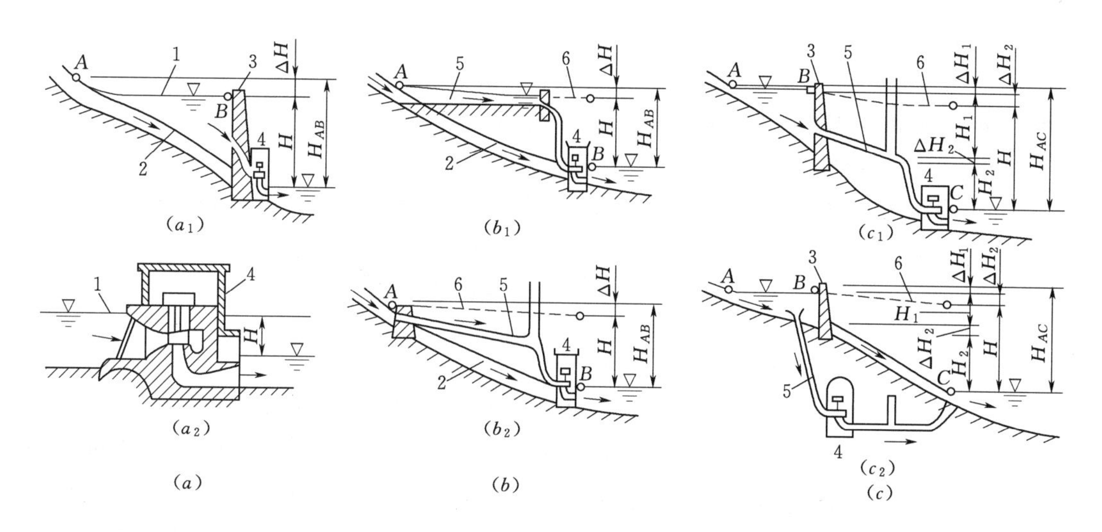

图 1-3　集中水能的方式

(a) 坝式；(b) 引水式；(c) 混合式

1—抬高后的水位；2—原河；3—坝；4—电站厂房；5—引水道；6—能坡线

2. 引水式

沿河修建引水道，以使原河段的落差 H_{AB} 集中到引水道末厂房处，从而获得水电站的水头 H。引水道水头损失 $\Delta H = H_{AB} - H$，即为引水道集中水能时的落差损失。所引取的平均流量为河段首 A 处（引水道进口前）的平均流量 Q_A，AB 段区间流量（$Q_B - Q_A$）则无法引取。图 1-3（b_1）是沿河岸修筑坡度平缓的明渠（或无压隧洞等）来集中落差 H_{AB}，这种水电站称为无压引水式水电站。图 1-3（b_2）则是用有压隧洞或管道来集中落差 H_{AB}，称为有压引水式水电站。利用引水道集中水能，不会形成水库，因而也不会在河段 AB 处造成淹没。因此，引水式水电站通常都是径流式开发。当地形、地质等条件不允许筑高坝，而河段坡度较陡或河段有较大的弯曲段处，建造较短的引水道即能获得较大水头时，常可采用引水式集中水能。

3. 混合式

在开发河段上，有落差 H_{AC}［图 1-3（c_1）、（c_2）］。BC 段上不宜筑坝，但有落差 H_{BC} 可利用。同时，可以允许在 B 处筑坝抬水，以集中 AB 段的落差 H_{AB}。此时，就可在 B 处用坝式集中水能，以获得水头 H_1（有回水段落差损失 ΔH_1），并引取 B 处的平均流量 Q_B；再从 B 处开始，筑引水道（常为有压的）至 C 处，用引水道集中 BC 段水能；获得水头 H_2（有引水道落差损失 ΔH_2），但 BC 段的区间流量无法引取。所开发的河段总落差为 $H_{AC} = H_{AB} + H_{BC}$，所获得的水电站水头为 $H = H_1 + H_2$，两者之差即为落差损失。这种水电站称为混合式水电站，它多半是蓄水式的。

除了以上三种基本开发方式外，尚有跨流域开发方式、集水网道式开发方式等。此外，还有利用潮汐发电方式、抽水蓄能发电方式等（见第五章）。

由于集中水能的过程中有落差损失、水量损失及机电设备中的能量损失等，所以水电站的出力要小于式（1-3）中的水流出力，这将在第五章中进一步讨论。通常，在初步估

算时，可用下式来求水电站出力 $N_水$，即

$$N_水 = AQH(\mathrm{kW}) \tag{1-4}$$

式中 Q——水电站引用流量，m^3/s；

H——水电站水头，m；

A——出力系数，一般采用6.5～8.5，大型水电站取大值，小型的取小值。

第三节 防洪与治涝

一、防洪

我国洪水有凌汛、桃汛（北方河流）、春汛、伏汛、秋汛等，但防洪的主要对象是每年的雨洪以及台风暴雨洪水。因为雨洪往往峰高量大，汛期长达数月；而台风暴雨洪水则来势迅猛，历时短而雨量集中，更有狂风助浪，两者均易酿成大灾。但是，洪水是否成灾，还要看河床及堤防的状况而定。如果河床泄洪能力强，堤防坚固，即使洪水较大，也不会泛滥成灾。反之，若河床浅窄、曲折、泥沙淤塞、堤防残破等，使安全泄量（即在河水不发生漫溢或堤防不发生溃决的前提下，河床所能安全通过的最大流量）变得较小，则遇到一般洪水也有可能漫溢或决堤。所以，洪水成灾是由于洪峰流量超过河床的安全泄量，因而泛滥（或决堤）成灾。由此可见，防洪的主要任务是：按照规定的防洪标准，因地制宜地采用恰当的工程措施，以削减洪峰流量，或者加大河床的过水能力，保证安全度汛。采用的工程措施主要有以下几种：

1. 水土保持

这是一种针对高原及山丘区水土流失现象而采取的根本性治山治水措施，它对减少洪灾很有帮助。水土流失是因大规模植被被破坏而形成的一种自然环境被破坏现象。为此，要与当地农田基本建设相结合，综合治理并合理开发水、土资源；广泛利用荒山、荒坡、荒滩植树种草，封山育林，甚至退田还林；改进农牧生产技术，合理放牧、修筑梯田、采用免耕或少耕技术；大量修建谷坊、塘坝、小型水库等工程。这些措施有利于尽量截留雨水，减少山洪，增加枯水径流，保持地面土壤防止冲刷，减少下游河床淤积，不但对防洪有利，还能增加山区灌溉水源，改善下游通航条件等。

2. 筑堤防洪与防汛抢险

筑堤是平原地区为了扩大洪水河床以加大泄洪能力，并防护两岸免受洪灾的有效措施。但这种措施必须与防汛抢险相结合，即在每年汛前加固堤防，消除隐患；洪峰来临时监视水情，及时堵漏、护岸，或突击加高培厚堤防；汛后修复险工，堵塞决口等。除堤防工程要防汛外，水库、闸坝等也要防汛，以防止意外事故发生。有时，为了防止特大暴雨酿成溃坝巨灾，还须增建非常溢洪道。

3. 疏浚与整治河道

这一措施的目的是拓宽和浚深河槽、裁弯取直（图1-4）、消除阻碍水流的障碍物等，以使洪水河床平顺通畅，从而加大泄洪能力。疏浚是用人力、机械和炸药来进行作业，整治则要修建整治建筑物（图1-10）来影响水流流态。两者常互相配合使用。内河航道工程也要疏浚和整治，但目的是为了改善枯水航道，而防洪却是为了提高洪水河床的

过水能力。因此，它们的工程布置与要求不同，但在一定程度上可以互相结合。

4. 分洪、滞洪与蓄洪

分洪、滞洪与蓄洪三种措施的目的都是为了减少某一河段的洪峰流量，使其控制在河床安全泄量以下。分洪是在过水能力不足的河段上游适当地点修建分洪闸，开挖分洪水道（又称减河），将超过本河段安全泄量的那部分洪水引走。分洪水道有时可兼作航运或灌溉的渠道。滞洪是利用水库、湖泊、洼地等，暂时滞留一部分洪水，以削减洪峰流量［图 1－5（*a*）］。待洪峰一过，再腾空滞洪容积迎接下次洪峰。蓄洪则是蓄留一部分或全部洪水水量，待枯水期供给兴利部门使用［图 1－5（*b*）］。第三章将介绍水库调洪，包括滞洪与蓄洪两方面。蓄洪或滞洪的水库，可以结合兴利需要，成为综合利用水库。

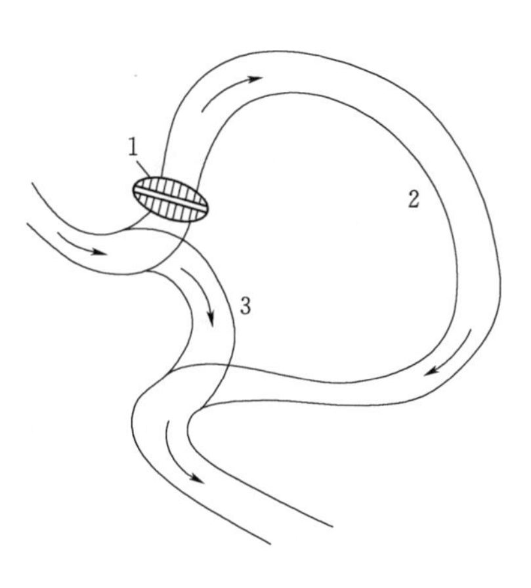

图 1－4　裁弯取直示意图

1—堵口锁坝；2—原河道；3—新河道

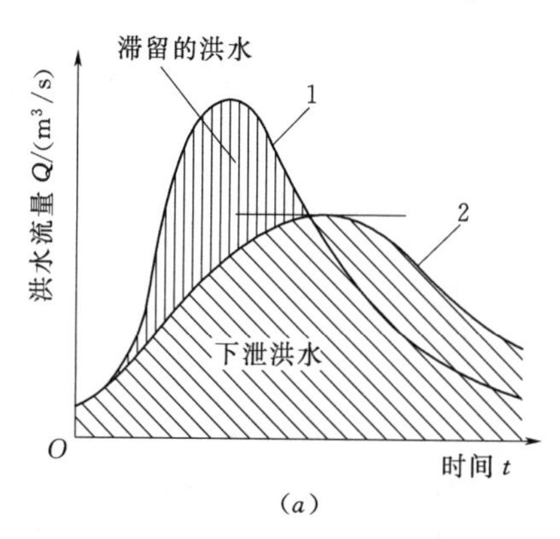

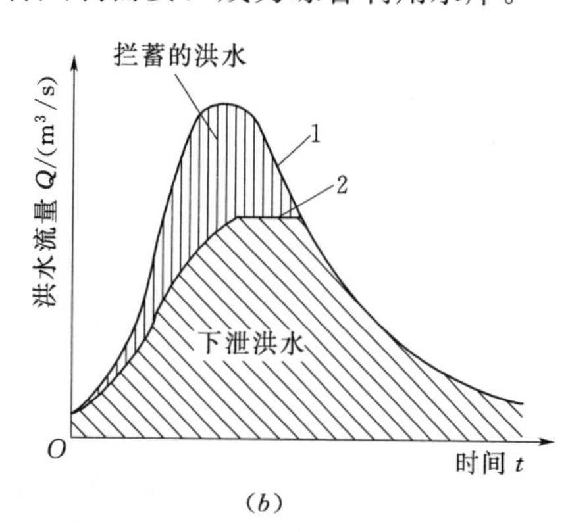

图 1－5　滞洪与蓄洪

1—入库洪水过程线；2—泄流过程线

上述各种防洪措施，常因地制宜地兼施并用，互相配合。往往要全流域统一规划，蓄泄兼筹，综合治理，还要尽量兼顾兴利需要。在选择防洪措施方案以及决定工程主要参数时，都应进行必要的水利计算，并在此基础上对不同方案进行分析比较，切忌草率从事。

二、治涝

形成涝灾的因素有两点：

（1）因降水集中，地面径流集聚在盆地、平原或沿江沿湖洼地，积水过多或地下水位过高；

（2）积水区排水系统不健全，或因外河、外湖洪水顶托倒灌，使积水不能及时排出，或者地下水位不能及时降低。

上述两方面合并起来，就会妨碍农作物的正常生长，以致减产或失收，或者使工矿区、城市淹水而妨碍正常生产和人民正常生活，这就成为涝灾，因此必须治涝。治涝的任务是：尽量阻止易涝地区以外的山洪、坡水等向本区汇集，并防御外河、外湖洪水倒灌；

健全排水系统，使能及时排除设计暴雨范围内的雨水，并及时降低地下水位。治涝的工程措施主要有：

1. 修筑围堤和堵支联圩

修筑围堤用以防护洼地，以免外水入侵，所圈围的低洼田地称为圩或垸。有些地区，圩、垸划分过小，港汊交错，不利于防汛，排涝能力也分散、薄弱。最好并小圩为大圩，堵塞小沟支汊，整修和加固外围大堤，并整理排水渠系，以加强防汛排涝能力，称为“堵支联圩”。必须指出，有些河湖滩地，在估水季节或干旱年份，可以耕种一季农作物，但不宜筑围堤防护。若筑围堤，必然妨碍防洪，有可能导致大范围的洪灾损失，因小失大。若已筑有围堤，应按统一规划，从大局出发，“拆堤还摊”“废田还湖”。

2. 开渠撇洪

开渠即沿山麓开渠，拦截地面径流，引入外河、外湖或水库，不使向圩区汇集。若与修筑围堤配合，常可收良效。并且，撇洪入水库可以扩大水库水源，有利于提高兴利效益。当条件合适时，还可以和灌溉措施中的长藤结瓜水利系统以及水力发电的集水网道式开发方式结合进行。

3. 整修排水系统

整修排水系统包括整修排水沟渠和排水闸，必要时还包括排涝泵站。排水干渠可兼作航运水道，排涝泵站有时也可兼作灌溉泵站使用。

治涝标准由国家统一规定，通常表示为：不大于某一频率的暴雨时不成涝灾。

第四节　灌　　溉

农作物所消耗的水量，主要是参与体内营养物质的输送和代谢，然后通过茎叶的蒸腾作用散发到大气中去。此外，作物棵内土面与水面也均有水量蒸发，土层还有水量渗漏。雨水是农作物需水量的重要来源。但是，由于降水在时间上和地区上分布的不均匀性，单靠雨水供给农作物水分，就不免会因某段时间无雨而发生旱灾，导致农业减产或失收。因此，用合理的人工灌溉来补充雨水的不足，是保证农业稳产的首要措施。但也要看到作物对干旱有一定耐受能力，只有久旱不雨超过这种耐受能力时，才会形成旱灾。

灌溉的主要任务是：在旱季雨水稀少时，或在干旱缺水地区，用人工措施向田间补充农作物生长必需的水分。兴建灌溉工程，首先要选择水源。水源主要有：

（1）蓄洪补枯。即利用水库、湖泊、塘坝等拦蓄雨季水量，供旱季灌溉用。

（2）引取水量较丰的河湖水。流域面积较大的河湖，在旱季还常有较多水量。为此，可修渠引水到缺水地区，甚至可考虑跨流域引水。

（3）汲取地下水。多用于干旱地区地面径流比较枯涸而地下水资源比较丰富的情况，常需打井汲水。

为配合以上水源，需修建相应的工程，例如：

（1）蓄水工程。如修建水库、塘坝等，或在天然湖泊出口处建闸控制湖水位。蓄水工程常可兼顾防洪或其他兴利需要。

（2）自流灌溉引水渠首工程。不论是从水库引水抑或河湖引水，一般尽量采用自流灌溉方式，这适用于水源水位高于灌区高程的情况。自流灌溉需筑渠首工程，它分无坝引水式［图1－6（a）］与有坝引水式［图1－6（b）］两种。无坝引水投资较小，但常只能引取河水流量的一小部分。有坝引水则投资较大，但可拦截并引取河水流量的全部或大部。从综合利用水库中引水自流灌溉，也属于有坝引水性质。自流灌溉渠首工程包括：进水闸、沉沙池、消能工等，有时还包括渠首引水隧洞。

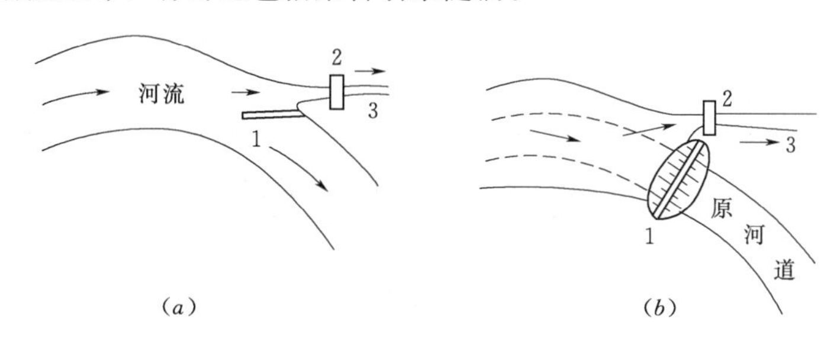

图1－6　引水渠首示意图

（a）无坝引水；（b）有坝引水

1—导堤（a图）或坝（b图）；2—进水闸；3—灌溉干渠

（3）提水灌溉工程。当水源水位低于灌区高程时，就需提水灌溉。其年运行费用较贵，灌溉成本较高。提水灌溉工程包括：泵站、压力池、分水闸等。山区小灌区常用水轮泵、水锤泵等提水，以天然水能为能源，费用低廉，当从水电站的水库中引水自流灌溉下游低田时，可能使水能损失较大而降低发电效益。此时，也可自水库中引水自流灌溉下游高程较高的田，同时自下游河流中提水灌溉下游低田，两者相结合，常可获较大的综合效益。

（4）渠系。指渠首或泵站下游的输水及配水渠道，以及渠系建筑物，不一一列举。

（5）长藤结瓜水利系统。在山丘区盘山开渠，将若干水库、塘坝及干支渠等串联起来，形成蓄水、输水、配水相结合的统一体系，称为长藤（指渠道）结瓜（指库、塘等）水利系统。它能扩大水库的集水面积，提高水源利用率，增大蓄水容积，扩大灌溉效益，并有利于实现水资源综合利用。

设计灌溉工程，需要求出灌溉用水量及其随时间的变化，它是根据作物灌溉制度推求出来的。所谓作物灌溉制度，是指某种作物在全生育期内规定的灌水次数、灌水时间、灌水定额和灌溉定额而言。这里，灌水定额是指某一次灌水时每亩田的灌水量（m^3/亩），也可以表示为水田某一次灌水的水层深度（mm）。灌溉定额则是指全生育期历次灌水定额之和。灌溉制度要按照作物田间需水量、降雨量、土壤含水量等情况，并根据当地生产经验和试验资料等制定。若是水田，则还要看田间水层深度与土壤渗漏量。各地农业试验站或水利机构常有制定的灌溉制度资料可供查阅，如表1－3和表1－4的例子。由于不同年份气候不同，作物田间需水量与灌溉制度也不同。通常，设计干旱年的田间需水量和灌溉制度是设计灌溉工程的主要依据。

当已知灌区全年各种农作物的灌溉制度、品种搭配、种植面积后，就可分别算出各种作物的灌溉用水量，即

表 1-3　　　　　　　　陕西关中平原某地冬小麦干旱年灌溉制度

生育阶段	播种、出苗	越冬、分蘖	返青	拔节	抽穗、灌浆		全生长期
起讫日期/(日/月)	11/10—31/10	1/11—20/2	21/2—31/3	1/4—30/4	1/5—10/6		
天数/d	21	112	39	30	41		243
田间需水量/(m^3/亩)	21.78	51.29	60.28	70.35	103.74		307.44
日需水率/[m^3/(亩·d)]	1.04	0.458	1.546	2.345	2.53		
灌水次序	—	1	2	3	4	5	共五次
灌水定额/(m^3/亩)	—	60	40	40	40	10	
灌溉定额/(m^3/亩)							220

表 1-4　　　　　　　　浙江某灌区某年双季稻的早稻灌溉制度

生育阶段	移植返青		分蘖	拔节孕穗			抽穗开花			乳熟		黄熟			全生育期
起讫日期/(日/月)	1/5—12/5		13/5—9/6	10/6—25/6			26/6—3/7			4/7—10/7		11/7—23/7			
天数/d	12		28	16			8			7		13			84
田间需水量/mm	38.6		93.7	111.2			77.9			60.5		103.1			485
日需水率/(mm/d)	3.2		3.4	7.0			9.7			8.7		8.0			
日渗漏率/(mm/d)	2.4		2.4	2.4			2.4			2.4		2.4			总计201mm
日耗水率/(mm/d)	5.6		5.8	9.4			12.1			11.1		10.4			
田间耗水量/mm	67		161	150			97			77		134			686
田间适宜水层深/mm	20～40		20～50	30～60			40～70			30～60		20～50			
雨后田间水深上限/mm	50		60	70			80			70		60			
降雨日数/d	5		17	8			1			3		4			38
降雨量/mm	22.6		255.4	102.9			1.4			7.9		14.8			405
排水量/mm	—		95.3	18.3			—			—		—			113.6
灌水日期/(日/月)	6/5	12/5	—	10/6	14/6	18/6	26/6	29/6	2/7	5/7	9/7	13/7	16/7	21/7	
灌水次序	1	2	—	3	4	5	6	7	8	9	10	11	12	13	共13次
灌水定额/mm	23.0	21.6	—	31.7	34.4	12.4	31.7	34.9	36.3	24.3	36.5	30.8	31.2	19.5	368.3
灌水定额/(m^3/亩)	15.3	14.4	—	21.1	22.9	8.3	21.1	23.3	24.2	16.2	24.4	20.5	20.8	13.0	
灌溉定额/(m^3/亩)															245.5
月灌水量/(m^3/亩)	5月　29.7			6月　96.7					7月　119.1						

注　1. 在移植前的泡田水 $60m^3$/亩未计在内。

2. 5月1日前田间水深40mm，7月23日田间水深为10mm。

3. 田间耗水量为田间需水量与渗漏量之和。

$$\left.\begin{aligned}&\text{某作物某次净灌水量 } W_{净}=mA(m^3)\\&\text{毛灌水量 } W_{毛}=W_{净}+\Delta W=\frac{W_{净}}{\eta}(m^3)\\&\text{毛灌水流量 } Q_{毛}=\frac{W_{毛}}{Tt}=\frac{mA}{Tt\eta}(m^3)\end{aligned}\right\}\quad(1-5)$$

式中 m——灌水定额，m^3/亩；

A——作物种植面积，亩；

ΔW——渠系及田间灌水损失，m^3；

η——灌溉水量利用系数，恒小于1.0；

T、t——该次灌水天数和每天灌水秒数。

每天灌水时间 t 在自流灌溉情况下可采用86400s（即24h），在提水灌溉情况下则小于该数，因为抽水机要间歇运行。决定灌水延续天数 T 时，应考虑使干渠流量比较均衡，全灌区统一调度分片轮灌，以减小工程投资。

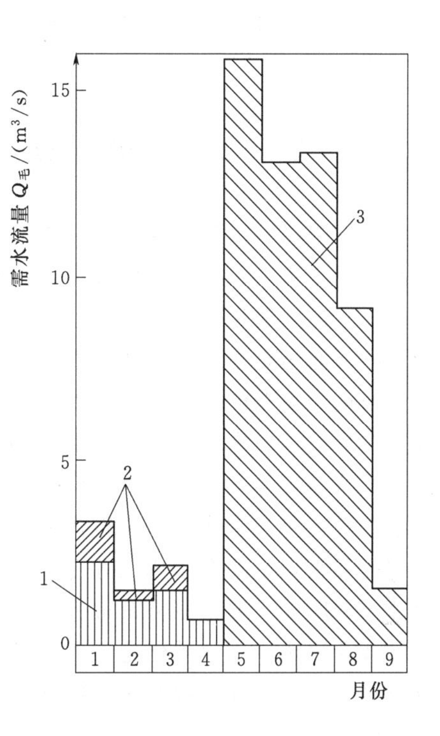

图1-7 灌溉需水流量过程线

1—冬麦；2—油菜；3—水稻

当某作物各次灌水的毛灌水流量 $Q_毛$ 分别求出后，就可按月、旬列出，并绘成此作物的灌溉流量过程线。全灌区全年各种作物的灌溉流量过程线分别绘出后，按月、按旬予以叠加，就成为全灌区全年的灌溉需水流量过程线（图1-7），根据它可求出全年灌溉用水量。各年灌溉制度不同，需水流量过程线也不同，所以应以设计干旱年的需水流量过程线作为决定渠首设计流量的依据。此外，若需水流量过程线上流量变幅很大，就应设法调整灌区各渠段各片的灌水延续时间和轮灌方式，使干渠和渠首设计流量尽可能减小些，以节省工程量和投资。

正确地选择灌水方法是进行合理灌溉、保证作物丰产的重要环节。灌水方法按照向田间输水的方式和湿润土壤的方式分为地面灌溉、地下灌溉、喷灌和滴灌等四大类。

地面灌溉是田间的水靠重力作用和毛管作用湿润土壤的灌水方法。此法投资省、技术简单，是我国目前广泛使用的灌水方法，但用水量较大，又易引起地表土壤板结。

地下灌溉是利用埋设在地下的管道，将灌溉水引至田间作物根系吸水层，主要靠毛管吸水作用湿润土壤的灌水方法。此法能使土壤湿润均匀，为作物生长创造良好的环境，还可避免地表土壤板结和节约灌溉用水量，但所需资金及田间工程量较大。

喷灌是要利用专门设备的灌水方法，该设备把有压水流喷射到空中并散成水滴洒落在地面上，像天然降雨那样湿润土壤。喷灌可以灵活掌握喷洒水量，采用较小的灌水定额，得到省水、增产的效果。缺点是投资较高，且需要消耗动力，灌水质量受风力影响较大。

滴灌的灌水方法，是利用低压管道系统，把水或溶有化肥的水溶液，一滴一滴地、缓慢地滴入作物根部土壤，使作物主要根系分布区的土壤含水量经常保持在最优状态。滴灌是一种先进的灌水技术，具有省水（因灌水时只湿润作物根部附近的土壤，可避免输水损失和深层渗漏损失，减少棵间蒸发损失）、省工（不需开渠、平地和打畦作埂等）、省地和省肥等优点，与地面灌溉相比，滴灌能使作物有较大幅度的增产。此法的主要缺点是投资较高，其滴头容易堵塞。滴灌在干旱缺水地区有比较广阔的发展前途，目前在我国尚未广泛采用。

第五节　其他水利部门

除了防洪、治涝、灌溉和水力发电之外，尚有内河航运、城市和工业供水、水利环境保护、淡水水产养殖等水利部门，分别简介于后。

一、内河航运

内河航运是指利用天然河湖、水库或运河等陆地内的水域进行船、筏浮运而言，它既是交通运输事业的一个重要组成部分，又是水利事业的一个重要部门。作为交通运输来说，内河航运由内河水道、河港与码头、船舶三部分组成一个内河航运系统，在规划、设计、经营管理等方面，三者紧密联系、互相制约。特别是在决定其主要参数的方案经济比较中，常常将三者作为一个整体来进行分析评价。但是，将它作为一项水利部门来看时，我们的着眼点主要在于内河水道，因为它在水资源综合利用中是一个不可分割的组成部分。至于船舶，通常只将其最大船队的主要尺寸作为设计内河水道的重要依据之一，而对于河港和码头，则只看作是一项重要的配套工程，因为它们与水资源利用和水利计算并没有直接关系。因此，我们只简要介绍有关内河水道的概念及其主要工程措施，而不介绍船舶与码头。

一般说，内河航运只利用内河水道中水体的浮载能力，并不消耗水量。利用河、湖航运，需要一条连续而通畅的航道，它一般只是河流整个过水断面中较深的一部分，如图1-8（b）所示。它应具有必需的基本尺寸，即在枯水期的最小深度 h 和最小宽度 B（图1-9）、洪水期的桥孔水上最小净高和最小净宽等。并且，还要具有必需的转弯半径，

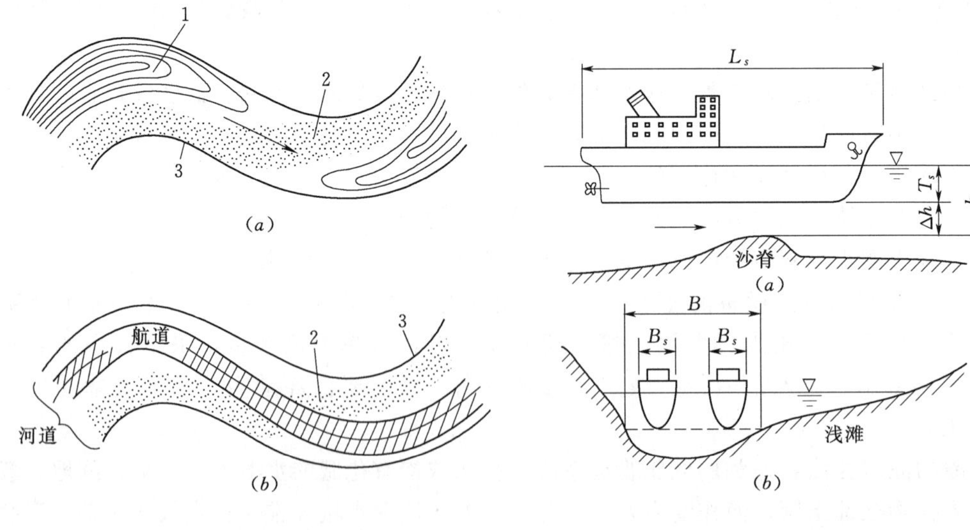

图1-8　天然河流与航道示意图

（a）天然河床；（b）河床中的航道

1—深槽；2—沙脊；3—浅滩

图1-9　航道的基本尺寸

（a）纵剖面；（b）横剖面

（图中水位为最低设计通航水位）

以及允许的最大流速。这些数据取决于计划通航的最大船筏的类型、尺寸及设计通航水位，可查阅内河水道工程方面的资料。天然航道除了必须具备上述尺寸和流速外，还要求河床相对稳定和尽可能全年通航。有些河流只能季节性通航，例如，有些多沙河流以及平原河流，常存在不断的冲淤交替变化，因而河床不稳定，造成枯水期航行困难；有些山区河流在枯水期河水可能过浅，甚至干涸，而在洪水期又可能因山洪暴发而流速过大；还有些北方河流，冬季封冻，春季漂凌流冰。这些都可能造成季节性的断航。

如果必须利用为航道的天然河流不具备上述基本条件，就需要采取工程措施加以改善，这就是水道工程的任务。其工程措施大体上有以下几种：

1. 疏浚与整治工程

对航运来说，疏浚与整治工程是为了修改天然河道枯水河槽的平面轮廓，疏浚险滩，清除障碍物，以保证枯水航道的必需尺寸，并维持航道相对稳定。但这主要适用于平原河流。整治建筑物有多种，用途各不相同，参见图 1－10。疏浚与整治工程的布置最好通过模型试验决定。

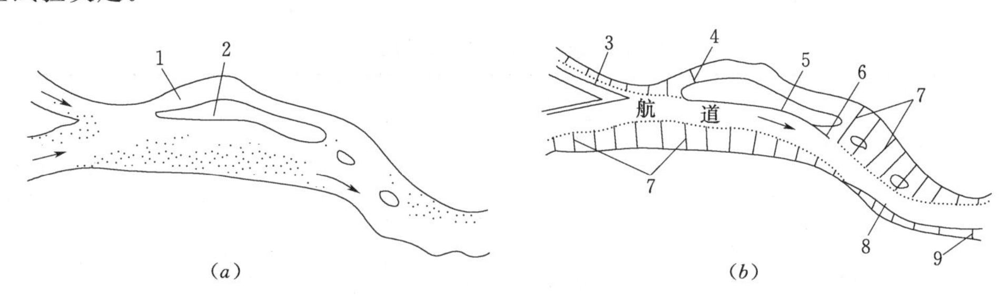

图 1－10　整治建筑物布置示意图

(a) 整治前的河道；(b) 整治工程布置

1—支汊；2—岛；3—尖嘴；4—锁坝；5—护岸；6—导流坝；7—丁坝；8—顺坝；9—格坝

2. 渠化工程与径流调节

这是两个性质不同但又密切相关的措施。渠化工程是沿河分段筑闸坝，以逐段升高河水水位，保证闸坝上游枯水期航道必需的基本尺寸，使天然河流运河化（渠化）。渠化工程主要适用于山丘区河流。平原河流，由于防洪、淹没等原因，常不适于渠化。径流调节是利用湖泊、水库等蓄洪，以补充枯水期河水的不足，因而可提高湖泊、水库下游河流的枯水期水位，改善通航条件。

3. 运河工程

这是人工开凿的航道，用以沟通相邻河湖或海洋。我国主要河流多半横贯东西，因此开凿南北方向的大运河具有重要意义。并且，运河可兼作灌溉、发电等的渠道。运河跨越高地时，需要修建船闸，并要拥有补给水源，以经常保持必要的航深。运河所需补给水量主要靠河湖和水库等来补给。

在渠化工程和运河工程中，船筏通过船闸时，要耗用一定的水量。尽管这些水量仍可供下游水利部门使用，但对于取水处的河段、水库、湖泊来说，是一种水量支出。船闸耗水量的计算方法可参阅内河水道工程书刊。由于各月逐旬船筏过闸次数有变化，因而船闸月耗水量及月平均流量也有一定变化。通常在调查统计的基础上，求出船闸月平均耗水流量过程线，或近似地取一固定流量，供水利计算作依据。此外，用径流调节措施来保证下游枯水期通航水位时，可根据下游河段的水文资料进行分析计算，求出通航需水流量过程线，或枯水期最小保证流量，作为调节计算的依据。

二、水利环境保护

水利环境保护是自然环境保护的重要组成部分，大体上包括：防治水域污染、生态保护及与水利有关的自然资源合理利用和保护等。

地球上的天然水中，经常含有各种溶解的或悬浮的物质，其中有些物质对人或生物有害。尽管人和生物对有害物质有一定的耐受能力，天然水体本身又具有一定的自净能力（即通过物理、化学和生物作用，使有害物质稀释、转化），但水体自净能力有一定限度。如果侵入天然水体的有害物质，其种类和浓度超过了水体自净能力，并且超过了人或有益生物的耐受能力（包括长期积蓄量），就会使水质恶化到危害人或有益生物的健康与生存的程度，这称为水域污染。污染天然水域的物质，主要来自工农业生产废水和生活污水，大体上如表 1－5 所示。

表 1－5　污染水域的主要物质及其危害

污染物种类	主 要 危 害	净化的可能性
1. 耗氧的有机物，如碳水化合物、蛋白质、脂肪、纤维素等	分解时大量耗氧，使水生物窒息死亡，厌氧分解时产生甲烷、硫化氢、氨等，使水质恶化	水域流速很小时，会积蓄而形成臭水沟、塘；流速较大时，经过一定时间和距离，能使水体自净，河面封冻时，不能自净
2. 浓度较大的氮、磷、钾等植物养料（称“富营养化”）	藻类过度繁殖，水中缺氧，鱼类死亡，水质恶化，并能产生亚硝酸盐，致癌	水域流速小时，污染严重；流速较大时，能稀释、净化
3. 热污染，即因工厂排放热水而使河水升温	细菌、水藻等迅速繁殖，鱼类死亡，水中溶解氧挥发，水质恶化，并使其他有毒污染物毒性加大	水域流速较大时，可使热水稀释冷却；流速小时，污染严重，水质恶化
4. 病原微生物及其寄生水生物	传播人畜疾病，如肝炎、霍乱、疟疾、血吸虫等	若水域流速小，水草丛生，水质污秽等，则有利于病原微生物及其寄主繁殖。反之，则这种污染较轻
5. 石油类	漂浮于水面，使水生物窒息死亡，对鱼类有毒害，并使水和鱼类带有臭味不能食用，易引起水面火灾，难以扑灭	一部分可蒸发，能由微生物分解和氧化。也可用人工措施从水面吸取、回收而净化水域
6. 酸、碱、无机盐类	腐蚀管道、船舶、机械、混凝土等，毒害农作物、鱼类及水生物，恶化水质	水域流速大时可稀释，因而减轻危害
7. 有机毒物、如农药、多氯联苯、多环芳烃等	有慢性毒害作用，如破坏肝脏、致癌等	不易分解，能在生物体内富集，能通过食物链进入人体，并广泛迁移而扩大污染
8. 酚及氰类	酚类：低浓度使鱼类及水有恶臭不能食用，浓度稍高即能毒死鱼类，并对人畜有毒； 氰类：极低浓度也有剧毒	易挥发，在水中易氧化分解，并能被黏土吸附
9. 无机毒物，如砷、汞、镉、铬、铅等	对人和生物毒害较大，分别损害肝、肾、神经、骨骼、血液等，并能致癌	化学性质稳定，不易分解，能在生物体内富集，能通过食物链进入人体。易被泥沙吸附而沉积于湖泊、水库的底泥中
10. 放射性元素	剂量超过人或生物的耐受能力时，能导致各种放射病，并有一定遗传性，也能致癌	有其自身的半衰期，不受外界影响，能随水流广泛扩散迁移，长期危害

防治水域污染的关键在于废水、污水的净化处理和生产技术的革新，使有害物质尽量不侵入天然水域。为此，必须对污染源进行调查和对水域污染情况进行监测，并采取各种有效措施制止污染源继续污染水域。经过净化处理的废水、污水中，可能仍含有低浓度的有害物质，为防止其积累富集，应使排水口尽可能分散在较大范围中，以利于稀释、分解、转化。

对于已经污染的水域，为促进和强化水体的自净作用，要采取一定人工措施。如：保证被污染的河段有足够的清水流量和流速，以促进污染物质的稀释、氧化；引取经过处理的污水灌溉，促使污水氧化、分解并转化为肥料（但不能使有毒元素进入农田），等等。在采取某种措施前，应进行周密的研究与试验，以免导致相反效果或产生更大的危害。目前，比较困难的是水库和湖泊污染的治理，因为其流速很小，污染物质容易积累，水体自净作用很弱。特别是库底、湖底沉积的淤泥中，积累的无机毒物较难清除。

在第一节中已初步谈到，水利水电工程建设常会涉及生态平衡、改善环境和自然资源的合理利用与保护问题，这类问题面广而复杂。例如，因某些原因破坏了森林、草地，以及不合理的耕作方式等，常会导致水土流失，而水土保持工作，就是防治水土流失的重要措施。又如，修水库除主要实现水利目标外，还可美化风景和调节局部气候；引水灌溉沙漠，既可使林、农、牧增产，又可以改造沙漠为绿洲。再如，河网地区重新修整灌溉与排水渠系，可以兼顾消灭钉螺，防治血吸虫病；排水改造沼泽地，也可同时消灭孑孓的孳生场所，防治疟疾等。但在水利建设中，也应注意避免对自然环境造成不应有的损害。例如，在多沙河流上建造水库要注意避免因水库淤积而引起上游两岸额外的淹没和浸没，以及下游河床被清水冲刷而失去相对稳定；抽取地下水时要注意地层可能下沉，应采取季节性的回灌措施；建造水利工程，要尽量不破坏名胜古迹；等等。这类问题性质各不相同，应具体分析研究，采取合理措施。总之，在水利水电建设中，一定要重视环境保护问题，将其作为水资源综合利用中的一项重要任务。

三、城市和工业供水

城市和工业供水的水源大体上有：水库、河湖、井泉等。例如，密云等水库的主要任务之一，即是保证北京市的供水。在综合利用水资源时，对供水要求，必须优先考虑，即使水资源量不足，也一定要保证优先满足供水。这是因为居民生活用水决不允许长时间中断，而工业用水若匮缺超过一定限度，也将使国民经济遭到严重损失。一般说来，供水所需流量不大，只要不是极度干旱年份，往往不难满足。通常，在编制河流综合利用规划时，可将供水流量取为常数，或通过调查作出需水流量过程线备用。

供水对水质要求较高，尤其是生活用水及某些工业用水（如食品、医药、纺织印染及产品纯度较高的化学工业等）。在选择水源时，应对水质进行仔细的检验。供水虽属耗水部门，但很大一部分用过的水成为生活污水和工业废水排出。废水与污水必须净化处理后，才允许排入天然水域，以免污染环境引起公害。

四、淡水水产养殖（或称渔业）

这是指在水利建设中如何发展水产养殖。修建水库可以形成良好的深水养鱼场所，但是拦河筑坝妨碍洄游性的鱼类繁殖。所以，在开发利用水资源时，一定要考虑渔业的特殊要求。为了使水库渔场便于捕捞，在蓄水前应做好库底清理工作，特别要清除树木、墙垣等障碍物。还要防止水库的污染，并保证在枯水期水库里留有必需的最小水深和水库面积，以利鱼类生长。也应特别注意河湖的水质和最小水深。

特别要重视的是洄游性野生鱼类的繁殖问题。有些鱼类需要在河湖淡水中甚至山溪浅水急流中产卵孵化，却在河口或浅海育肥成长；另一些鱼类则要在河口或近海产卵孵化，却上溯到河湖中育肥成长。这些鱼类称为洄游性鱼类，其中有不少名贵品种，例如鲥鱼、刀鱼、湖蟹等。水利建设中常需拦河筑坝、闸，以致截断了洄游性鱼类的通路，使它们有绝迹的危险。因鱼类洄游往往有季节性，故采取的必要措施大体上有：

（1）在闸、坝旁修筑永久性的鱼梯（鱼道），供鱼类自行过坝，其型式、尺寸及布置，常需通过试验确定，否则难以收效。

（2）在洄游季节，间断地开闸，让鱼类通行，此法效果尚好，但只适用于上下游水位差较小的情况。

（3）利用机械或人工方法，捞取孕卵活亲鱼或活鱼苗，运送过坝，此法效果较好，但工作量大。

利用鱼梯过鱼或开闸放鱼等措施，需耗用一定水量，在水利规划中应计及。

第六节　水利水能规划的主要内容

水资源的开发利用要经历勘测和调查、水利水能规划、工程设计、施工安装和运行管理等几大阶段。在过去一个不短的时期，不少人思想上不同程度地存在着重设计、重施工、却轻视规划的错误倾向，其结果是造成了数以亿元人民币计的经济损失和本可避免的水资源浪费现象，教训是严重的。其实，规划的重要性绝不亚于设计与施工。对于一个工程项目来说，设计与施工好比是“一次战争中的战术行动”，而规划则好比是“总体战略部署”，战术不当将会造成损失，但若战略决策错误，所造成的损失将会大得多。

一般地说，水利水能规划的主要内容大体上有以下这些：

（1）研究和选择河流治理方案和流域水资源开发方案或区域性水系群治理方案和水资源跨流域开发方案。

（2）研究和选择流域中或者区域中水资源工程群的建设顺序，初步选择第一期工程的位置、开发方式、规模和主要参数。

（3）研究和编制近期待建水资源工程的可行性研究报告，研究和选定其初步设计中的工程总体布置方案、水资源综合利用开发方式、建设规模和主要参数等。

（4）研究和拟定待建或已建水资源工程群体和个体的综合利用优化调度运用方案和水电站运行计划。

进行以上各项规划工作，通常要经过下面这些主要步骤：

（1）收集、整理、分析和研究水利勘测和水利调查所获得的资料、数据和图幅等，其中包括：流域的、区域的或单个工程所在地的长系列水文气象记录和未来中长期预测和估计成果；工程地址及其附近的工程地质和水文地质查勘成果；工程地址和水库区及其附近的地形地貌测量和查勘成果；工程附近地区的经济和社会情况调查成果（例如城乡居民点分布、土地、人口、国家和个人财产、已有的各类工程设施、工农业生产现状及发展前景、自然资源、物产、文教卫生、交通运输、水旱灾患、名胜古迹和文物等的概况及其对河流治理与水资源开发的要求)；工程附近地区的劳动力资源、商品性建筑材料供应和当地建筑材料（如土料和沙石料等）分布概况，等等。

(2) 进行水文方面的分析计算，参见工程水文教材。

(3) 拟定水资源综合利用开发方式和工程总体布置初步方案，粗略拟定各主要水工建筑物和主要设备的型式和主要尺寸。

(4) 拟定待建水资源工程主要参数的若干个可能方案，并对各方案进行水利计算。本教材第二章、第三章的内容就是水利计算的部分主要内容，对于水电站还要进行水能计算(参见第五章)。

(5) 对上述主要参数的各个方案进行经济计算与评价（参见第四章)。

(6) 对上述主要参数的各个方案，分析其非货币指标的社会效益和环境保护、政治、社会等方面的定性评价，将这些分析评价的结果与上述经济评价的结果一起进行多因素综合评价，从而选出最佳方案，作为选用方案。

(7) 对选定的方案，制定工程综合利用优化调度初步方案和水电站运行的初步计划，供运行管理单位参考。

可见，拟定水资源开发方式与选择主要参数是水利水能规划工作的核心。但是，不同的水利部门，主要参数各不相同，相应的计算工作具体内容也不同。一般地说，各水利部门的主要参数大体上如下：

(1) 水力发电的主要参数为设计蓄水位（指水库的或水电站上游侧的)、水库死水位(或水库工作深度）和装机容量（参见第六章)。

(2) 灌溉的主要参数为水库蓄水库容（相应水位)、渠首或抽水站设计流量、多年平均年供水量等。

(3) 城市供水的主要参数与灌溉部门类似。

(4) 防洪的主要参数大体上是：水库设计蓄洪库容（相应水位）和设计下泄流量、河道整治后各河段的设计洪水位和设计流量、堤防各段的堤距与堤顶高程，等等。

(5) 治涝的主要参数大体上是排涝站设计流量和围堤顶高程。

其他水利部门的主要参数均与各部门的特点有关，不一一列举。本教材将主要地介绍水力发电的主要参数选择。

第七节 各水利部门间的矛盾及其协调

综上所述，在许多水利工程中，常有可能实现水资源的综合利用。然而，各水利部门之间，也还存在一些矛盾。例如，当上中游灌溉和工业供水等大量耗水，则下游灌溉和发电用水就可能不够。许多水库常是良好航道，但多沙河流上的水库，上游末端（亦称尾端）常可能淤积大量泥沙，形成新的浅滩，不利于上游航运。疏浚河道有利于防洪、航运等，但降低了河水位，可能不利于自流灌溉引水；若筑堰抬高水位引水灌溉，又可能不利于泄洪、排涝。利用水电站的水库滞洪，有时汛期要求腾空水库，以备拦洪，削减下泄流量，但却降低了水电站的水头，使所发电能减少。为了发电、灌溉等的需要而拦河筑坝，常会阻碍船、筏、鱼通行，等等。可见，不但兴利、除害之间存在矛盾，在各兴利部门之间也常存在矛盾，若不能妥善解决，常会造成不应有的损失。例如，埃及阿斯旺水库虽有许多水利效益，但却使上游造成大片次生盐碱化土地，下游两岸农田因缺少富含泥沙的河水淤灌而渐趋瘠薄。在我国，也不乏这类例子，其结果是：有的工程建成后不能正常运用，不得不改建，或另建其他工程来补救，事倍功半；有的工程虽然正常运用，但未能满足综合利用要求而存在缺陷，带来长期的损失。所以，在研究水资源综合利用的方案和效益时，要重视各水利部门之间可能存在的矛盾，并妥善解决。

上述矛盾，有些是可以协调的，应统筹兼顾、"先用后耗"，力争"一水多用、一库多利"。例如，水库上游末端新生的浅滩妨碍航运，有时可以通过疏浚航道、或者洪水期降低水库水位，借水力冲沙等方法解决。又如，发电与灌溉争水，有时（灌区位置较低时）可以先取水发电，发过电的尾水再用来灌溉。再如，拦河闸坝妨碍船、筏、鱼通行的矛盾，可以建船闸、筏道、鱼梯来解决，等等。但也有不少矛盾无法完全协调，这时就不得不分清主次、合理安排，保证主要部门、适当兼顾次要部门。例如，若水电站水库不足以负担防洪任务，就只好让其他防洪措施去满足防洪要求；反之，若当地防洪比发电更重要，而又没有更好代替办法，则也可以在汛期降低库水位，以备蓄洪或滞洪，宁愿汛期少发电。再如，蓄水式水电站虽然能提高水能利用率，并使出力更好地符合用电户要求，但若淹没损失太大，只好采用径流式，等等。总之，要根据当时当地的具体情况，拟定几种可能方案，然后从国民经济总利益最大的角度来考虑，选择合理的解决办法。

现举一例来说明各部门之间的矛盾及其解决方法。

某丘陵地区某河的中下游两岸有良田约 200 万亩，临河有一工业城市 A。因工农业生产急需电力，拟在 A 城下游约 100km 处修建一蓄水式水电站，要求水库回水不淹 A 城，并尽量少淹近岸低田。因此，只能建成一个平均水头为 25m 的水电站，水库兴利库容约 6 亿 m^3，而多年平均年径流量约达 160 亿 m^3。水库建成前，枯水季最小日平均流量还不足 $30m^3/s$，要求通过水库调蓄，将枯水季的发电日平均流量提高至 $100m^3/s$，以保证水电站月平均出力不小于 2 万 kW。同时还要兼顾以下要求：

（1）适当考虑沿河两岸的防洪要求；

（2）希望改善灌溉水源条件；

（3）城市供水的水源要按远景要求考虑；

（4）根据航运部门的要求，坝下游河道中枯水季最小日平均流量不能小于 80～$100m^3/s$；

（5）其他如渔业、环保等也不应忽视。

以上这些要求间有不少矛盾，必须妥善解决。例如，水库相对较小，径流调节能力较差，若从水库中引取过多灌溉水量，则发电日平均流量将不能保证在 $100m^3/s$ 以上，也不能保证下游最小日平均通航流量 80～$100m^3/s$。经分析研究，本工程应是以发电为主的综合利用工程，首先要满足发电要求。其次，应优先照顾供水部门，其重要性不亚于发电。再其次考虑灌溉、航运要求。至于防洪，因水库太小，只能适当考虑。具体说来，解决矛盾的措施如下：

（1）发电。保证发电最小日平均水流量为 100m³/s，使水电站月平均出力不小于 2 万 kW。同时，在兼顾其他水利部门的要求之后，发电最大流量可达 400m³/s，即水电站装机容量可达 8.5 万 kW，平均每年生产电能 4 亿 kW·h。若不兼顾其他水利部门的要求，还能多发电约 1 亿 kW·h，但为了全局利益，少发这 1 亿 kW·h 电是应该的。具体原因从下面的叙述中可以弄清楚。

（2）供水。应该保证供水，所耗流量并不大（图 1-11），从水库中汲取。每年所耗水量约相当于 0.12 亿 kW·h 电能，对水电站影响很小。

（3）防洪。关于下游两岸的防洪，因水库相对较小，无法承担（防洪库容约需 10 亿 m³），只能留待以后上游建造的大水库去承担。暂在下游加固堤防以防御一般性洪水。至于上游防洪问题，建库后的最高库水位，以不淹没工业城市 A 及市郊名胜古迹为准，但洪水期水库回水曲线将延伸到该城附近。若将水库最高水位进一步降低，则发电水头和水库兴利库容都要减少很多，从而过分减小发电效益；若不降低水库最高水位，则回水曲线将使该城及名胜古迹受到洪水威胁。衡量得失，最后采取的措施是：在 4～6 月（雨季），不让水库水位超过 88m 高程，即比水库设计蓄水位 92m 低 4m，以保证 A 城及市郊不受洪水威胁。在洪水期末，再让水库蓄水至 92m，以保证枯水期发电用水，这一措施将使水电站平均每年少发电能约 0.45 亿 kW·h，但枯水期出力不受影响，同时还可起到水库上游末端的冲沙作用。

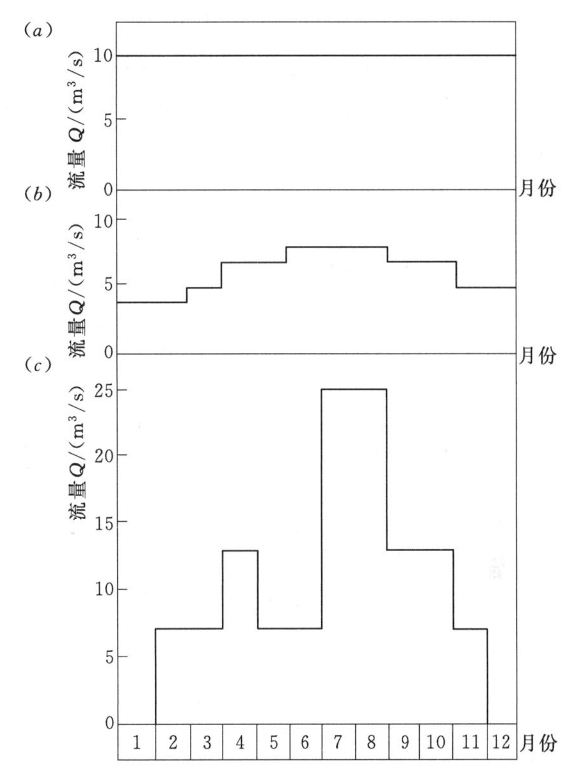

图 1-11 自水库取水的兴利部门需水流量过程线
（a）船闸用水；（b）给水；（c）灌溉

（4）灌溉。近 200 万亩田的灌溉用水若全部取自水库，则 7、8 月旱季取水流量将达 200m³/s，而枯水期取水流量约 50m³/s。这样就使发电要求无法满足，还要影响航运。因此，只能在保证发电用水的同时适当照顾灌溉需要。经估算，只能允许自水库取水灌溉 28 万亩田，其需水流量过程线见图 1-11。其中 20 万亩田位于大坝上游侧水库周围，无其他水源可用，必须从水库提水灌溉。建库前，这些土地系从河中提水灌溉，扬程高、费用大，而且水源无保证。建库后，虽然仍是提水灌溉，但水源有了保证，而且扬程平均减小 10 余米，农业增产效益显著。另外 8 万亩田位于大坝下游，距水库较近，比下游河床高出较多，宜从水库取水自流灌溉。这 28 万亩田自水库引走的灌溉用水，虽使水电站平均每年少发约 0.22 亿 kW·h 电能，但这样每年可节约提水灌溉所需的电能 0.13 亿 kW·h，并使农业显著增产，因而是合算的。其余170万亩左右农田位于坝址下游，距水库较远，高程较低，应利用发电尾水提水灌溉为宜。由于水库的调节作用，使枯水流量提高，下游提灌的水源得到保证，虽然不能自流灌溉，仍是受益的。

（5）航运。库区航运的效益很显著。从坝址至上游A城间的100km形成了深水航道，淹没了浅滩、礁石数十处。并且，如前所述，洪水期水库降低水位4m运行，可避免水库上游末端形成阻碍航运的新浅滩。为了便于船筏过坝，建有船闸一座，可通过1000t级船舶，初步估算平均耗用流量$10m^3/s$，相当于水电站每年少发0.2亿kW·h电能。至于下游航运，按通过1000t级船舶计算，最小通航流量需要$80\sim100m^3/s$。枯水期水电站及船闸下泄最小日平均流量共$110m^3/s$。在此期间，下游灌溉约需提水$42.5m^3/s$的流量。可见下游最小日平均流量不能满足需要，即灌溉与航运之间仍然存在一定矛盾。解决的办法是：

（1）使下游提水灌溉的取水口位置尽量选在距坝址较远处和支流上，以充分利用坝下游的区间流量来补充不足。

（2）使枯水期通航的船舶在1000t级以下，从而使最小通航流量不超过$80m^3/s$，当坝下游流量增大后再放宽限制。

（3）用疏浚工程清除下游浅滩和礁石，改善航道。这些措施使灌溉和航运间的矛盾初步得到解决，基本满足航运要求。

（4）渔业。该河原来野生淡水鱼类资源丰富。水库建成后，人工养鱼，年产约100万kg。但坝旁未设鱼梯等过鱼设备，尽管采取人工捞取亲鱼及鱼苗过坝等措施，仍使野生鱼类产量大减，这是一个缺陷。

（5）水利环境保护。未发现水库有严重污染现象。由于洪水期降低水位运行，名胜古迹未遭受损失。水库改善了当地局部气候，增加了工业城市市郊风景点和水上运动场。但由于水库库周地下水位升高，使数千亩果园减产。

以上实例并非水资源综合利用的范例，只是用以解释各水利部门间的矛盾及其协调，供读者参考。在实际规划工作中，往往要拟定若干可行方案，然后通过技术经济比较和分析，选出最优方案。

第二章　兴　利　调　节

人类在实践中创造了许多除水害、兴水利的措施和方法，径流调节就是其中的一种。所谓径流调节，即按人们的需要，通过水库的蓄水、泄水作用，控制径流和重新分配径流。为了拦蓄洪水，削减洪峰而进行的径流调节，称为洪水调节，将在第三章中讨论。本章的重点是讨论为兴利目的而进行的径流调节。

第一节　水　库　特　性

水库是径流调节的工具，在讨论径流调节原理和计算方法之前，需要了解水库的有关特性。

一、水库面积特性和容积特性

（一）水库面积特性

水库面积特性指水库水位与水面面积的关系曲线。库区内某一水位高程的等高线和坝轴线所包括的面积，即为该水位的水库水面面积。水面面积随水库水位的变化而改变的情况，取决于水库河谷平面形状。在 1/5000～1/50000 比例尺地形图上，采用求积仪法、方格法、网点法、图解法或光电扫描与电子计算机辅助设备，均可量算出不同水库水位的水库水面面积，从而绘成如图 2-1 所示的水库面积特性。绘图时，高程间距可取 1m、2m、5m。

显然，平原水库具有较平缓的水库面积特性曲线，表明增加坝高将迅速扩大淹没面积和加大水面蒸发量，故平原地区一般不宜建高坝。

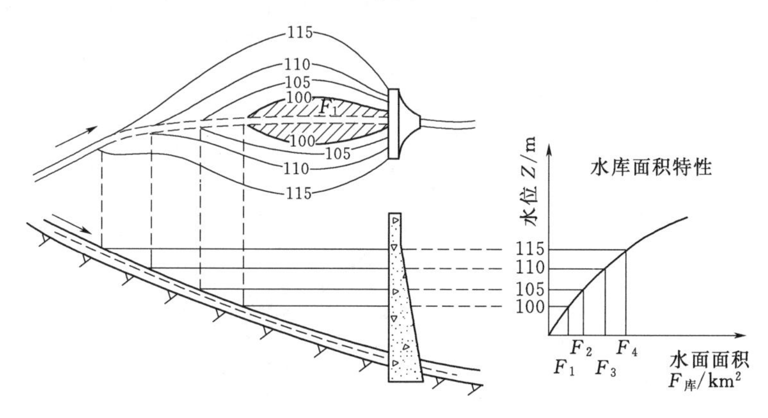

图 2-1　水库面积特性绘法示意

（二）水库容积特性

水库容积特性指水库水位与容积的关系曲线。它可直接由水库面积特性推算绘制。两相邻等高线间的水层容积 ΔV，可按简化式（2-1）或较精确式（2-2）计算。

$$\Delta V=\frac{\Delta Z}{2}(F_{下}+F_{上}) \tag{2-1}$$

$$\Delta V=\frac{\Delta Z}{3}(F_{下}+\sqrt{F_{下}F_{上}}+F_{上}) \tag{2-2}$$

式中　$F_{上}$、$F_{下}$——相邻两等高线各自包括的水库水面面积，如图 2-2 中的 F_1 和 F_2；

ΔZ——两等高线之间的高程差。

从为底 $Z_{底}$ 逐层向上累加，便可求得每一水位 F 的水库容积 $V=\sum_{Z_{底}}^{Z}\Delta V$，从而绘成水库容积特性（图 2-2）。

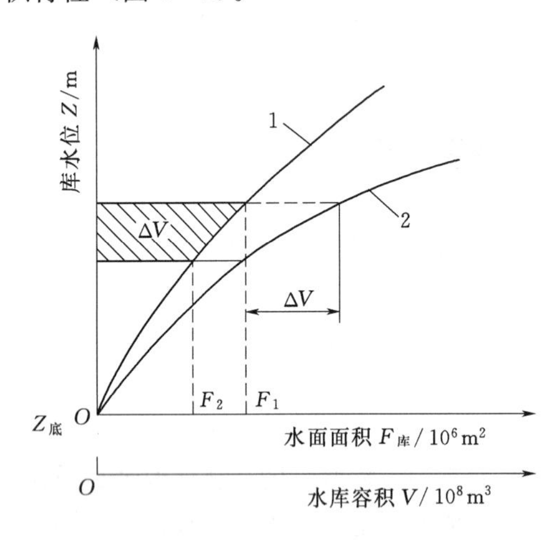

图 2-2　水库容积特性和面积特性

1—水库面积特性；2—水库容积特性

应该指出，上述水库水面是按水平面进行计算的。实际上仅当库中流速为零时，库水面才呈水平，故称上述计算所得库容为静库容。库中水面由坝址起沿程上溯呈回水曲线，越靠上游水面越上翘，直至进库端与天然水面相交为止。因此，每一坝前水位所对应的实际库容比静库容大（图 2-3）。特别是山谷水库出现较大洪水时，由于回水而附加的容积更大。一般情况下，按静库容进行径流调节计算，精度已能满足要求。当需详细研究水库淹没、浸没等问题和梯级水库衔接情况时，应计及回水影响。对于多沙河流，应按相应设计水平年和最终稳定情况下的淤积量和淤积形态，修正库容

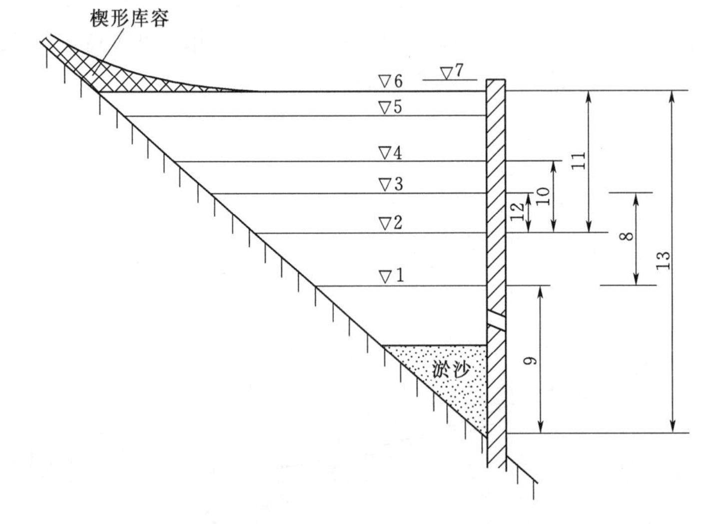

图 2-3　水库特征水位和特征库容示意图

1—死水位；2—防洪限制水位；3—正常蓄水位；4—防洪高水位；5—设计洪水位；6—校核洪水位；7—坝顶高程；8—兴利库容；9—死库容；10—防洪库容；11—调洪库容；12—重叠库容；13—总库容

特性曲线。

二、水库的特征水位和特征库容

水库工程为完成不同任务在不同时期和各种水文情况下，需控制达到或允许消落的各种库水位，统称特征水位。相应于水库特征水位以下或两特征水位之间的水库容积，称特征库容。确定水库特征水位和特征库容是水利水电工程规划、设计的主要任务之一，具体方法将在第六章讨论，这里仅介绍各种特征水位和特征库容的概念。

图 2－3 标出了水库各种特征水位和特征库容的示意。

（一）死水位（$Z_{死}$）和死库容（$V_{死}$）

在正常运用的情况下，允许水库消落的最低水位称死水位。死水位以下的水库容积称死库容或垫底库容。死库容一般用于容纳水库泥沙、抬高坝前水位和库内水深。在正常运用中，死库容不参与径流调节，也不放空，只有在特殊情况下，如排洪、检修和战备需要等，才考虑泄放其中的蓄水。

（二）正常蓄水位（$Z_{蓄}$）和兴利库容（$V_{兴}$）

水库在正常运用情况下，为满足设计兴利要求而在开始供水时应蓄到的高水位，称正常蓄水位。又称正常高水位或设计兴利水位。它决定水库的规模、效益和调节方式，在很大程度上决定水工建筑物的尺寸、型式和水库淹没损失。当采用无闸门控制的泄洪建筑物时，它与泄洪堰顶高程齐平；当采用闸门控制的泄洪建筑物时，它是闸门关闭时允许长期维持的最高蓄水位，也是挡水建筑物稳定计算的主要依据。

正常蓄水位与死水位间的库容，称兴利库容或调节库容，用以调节径流，提高枯水时的供水量或水电站出力。

正常蓄水位与死水位的高程差，称水库消落深度或工作深度。

（三）防洪限制水位（$Z_{限}$）

水库在汛期允许兴利蓄水的上限水位，称防洪限制水位。它是水库汛期防洪运用时的起调水位。当汛期不同时段的洪水特性有明显差异时，可考虑分期采用不同的防洪限制水位。

防洪限制水位的拟定关系到水库防洪与兴利的结合问题，具体研究时，要兼顾两方面要求。

（四）防洪高水位（$Z_{防}$）和防洪库容（$V_{防}$）

当遇下游防护对象的设计标准洪水时，水库为控制下泄流量而拦蓄洪水，这时在坝前（上游侧）达到的最高水位称防洪高水位。只有当水库承担下游防洪任务时，才需确定这一水位。此水位可采用相应下游防洪标准的各种典型洪水，按拟定的防洪调度方式，自防洪限制水位开始进行水库调洪计算求得。

防洪高水位与防洪限制水位间的库容，称为防洪库容，用以拦蓄洪水，满足下游防护对象的防洪要求。当汛期各时段具有不同的防洪限制水位时，防洪库容指最低的防洪限制水位与防洪高水位之间的库容。

当防洪限制水位低于正常蓄水位时，防洪库容与兴利库容的重叠部分，称重叠库容或共用库容（$V_{共}$）。此库容在汛期腾空作为防洪库容或调洪库容的一部分，汛末充蓄，作为兴利库容的一部分，以增加供水期的保证供水量或水电站的保证出力。在水库设计中，根据水库及水文特性，有防洪库容和兴利库容完全重叠、部分重叠、不重叠（防洪限制水位与正常蓄水位处于同一高程）三种形式。在中国南方河流上修建的水库，多采用前两种形式，以达到防洪和兴利的最佳结合。图 2－3 所示为部分重叠的情况。

（五）设计洪水位（$Z_{设洪}$）和拦洪库容（$V_{拦}$）

水库遇大坝设计洪水时，在坝前达到的最高水位称设计洪水位。它是正常运用情况下允许达到的最高库水位，也是挡水建筑物稳定计算的主要依据。可采用相应大坝设计标准的各种典型洪水，按拟定的调洪方式，自防洪限制水位开始进行调洪计算求得。$Z_{限}$ 与 $Z_{设洪}$ 之间的库容称拦洪库容（$V_{拦}$）。

（六）校核洪水位（$Z_{校洪}$）和调洪库容（$V_{调洪}$）

水库遇大坝校核洪水时，在坝前达到的最高水位称校核洪水位。它是水库非常运用情况下允许达到的临时性最高洪水位，是确定坝顶高程及进行大坝安全校核的主要依据。可采用相应大坝校核标准的各种典型洪水，按拟定的调洪方式，自防洪限制水位开始进行调洪计算求得。

校核洪水位与防洪限制水位之间的库容称为调洪库容，用以拦蓄洪水，确保大坝安全。当汛期各时段分别拟定不同的防洪限制水位时，这一库容指最低的防洪限制水位至校核洪水位之间的库容。

（七）总库容（$V_{总}$）和有效库容（$V_{效}$）

校核洪水位以下的全部库容称总库容，即 $V_{总}=V_{死}+V_{兴}+V_{调洪}-V_{共}$。总库容是表示水库工程规模的代表性指标，可作为划分水库等级、确定工程安全标准的重要依据。

校核洪水位与死水位之间的库容，称有效库容，即 $V_{效}=V_{总}-V_{死}=V_{兴}+V_{调洪}-V_{共}$。

三、水库水量损失

水库蓄水后，改变了河流的天然状态和库内外水力关系，从而引起额外水量损失。水库水量损失主要包括蒸发损失和渗漏损失，在冰冻地区可能还有结冰损失。

（一）蒸发损失

水库建成后，库区原有陆地变成了水面，原来的陆面蒸发也就变成了水面蒸发，由此而增加的蒸发量构成水库蒸发损失。各计算时段（月、年）的蒸发损失可按下式计算：

$$W_{蒸}=(h_{水}-h_{陆})(\overline{F}_{库}-f)(\mathrm{m}^3) \tag{2-3}$$

式中 $h_{水}$——计算时段内库区水面蒸发深度，m；

$h_{陆}$——计算时段内库区陆面蒸发深度，m；

$\overline{F}_{库}$——计算时段内平均水库水面面积，m^2；

f——原天然河道水面面积，m^2。

水面蒸发计算方法有经验公式法、水量平衡法、热量平衡法、紊动混合和交换理论法等四类。我国多采用第一类方法，即以库区及其附近地区蒸发皿观测的蒸发深度（面积加权平均值），乘以某一经验性折算系数（与蒸发皿面积、材料、安装方式及地区等有关）求得。

对陆面蒸发尚无成熟的计算方法，目前常将多年平均降雨和多年平均径流深之差作为陆面蒸发的估算值，或从各地水文手册中的陆面蒸发量等值线图上直接查得。

蒸发与饱和水汽压差、风速、辐射及温度、气压、水质等有关，按月计算蒸发量较合理。当水库水面面积变化不大，或蒸发损失占年水量比重很小时，可计算年蒸发损失并平均分配给各月份。为留有余地，年调节水库采用最大年蒸发量，年内分配按多年平均情况考虑。多年调节水库采用多年平均年蒸发量。

水库蒸发损失在地区间差别很大。例如，在干旱地区建库，伴随坝高增加，水面扩大将引起蒸发损失的大幅度增加，有可能并不增加水库的有效供水量。

（二）渗漏损失

水库蓄水后，水位抬高，水压增大，渗水面积加大，地下水情况也将发生变化，从而产生渗漏损失。渗漏损失可分三类：①通过坝身及水工建筑物止水不严实处（包括闸门、水轮机、通航建筑物的）的渗漏损失；②通过坝基及绕坝两翼的渗漏损失；③由坝底、库边流向较低渗水层的渗漏损失。近代修建的挡水建筑物，均采取了较可靠的防渗措施，在水利计算中通常只考虑第③类损失，根据水文地质条件，参照相似地区已建水库的实测资料推算，或按每年水库的平均蓄水面积渗漏损失的水层计或按水库平均蓄水量（年或月）的百分率计，其经验估算式如下：

$$W_{年渗}=k_1\overline{F}_{库} \tag{2-4}$$

或

$$W_{渗}=k_2W_{蓄} \tag{2-5}$$

式中 $W_{年渗}$——水库年渗漏损失，m^3；

$W_{渗}$——计算时段内（年或月）水库渗漏损失，m^3；

$\overline{F}_{库}$——水库年平均蓄水面积，m^2；

$W_{蓄}$——计算时段内（年或月）水库蓄水量，m^3；

k_1、k_2——经验取值，可参阅表 2-1。

实际上，水库运行若干年后，由于库床淤积、岩层裂隙逐渐被填塞等原因，渗漏损失会有所减小。对喀斯特溶洞发育的石灰岩地区的渗漏问题，应做专门研究，例如可在上游采用人工放淤的办法减少水库渗漏损失。

表 2-1　　渗漏计算经验数值表

水文地质条件	经验数值	
	k_1/m	k_2/%
地质优良（库床无透水层）	0～0.5	0～1.0
地质中等	0.5～1.0	1.0～1.5
地质较差	1.0～2.0	1.5～3.0

（三）结冰损失

严寒地区的水库，冬季水面形成冰盖，其中部分冰层将因水库供水期间库水位的消落而滞留岸边，引起水库蓄水量的临时损失。这项损失一般不大，通常多按结冰期库水位变动范围内库面面积之差乘以 0.9 倍平均结冰厚度估算。

四、水库淤积

河水中挟带的泥沙在库内沉积，称水库淤积。挟沙水流进入库内后，随着过水断面逐渐扩大，流速和挟沙能力沿程递减，泥沙由粗到细地沿程沉积于库底。水库淤积的分布和形态取决于入库水量、含沙量、泥沙组成、库区形态、水库调度和泄流建筑物性能等因素的影响。纵向淤积形态分为三类：①多沙河流上水位变幅较小的湖泊型水库，泥沙易于在库尾集中淤积形成类似于河口处的三角洲，并且随着淤积的发展，三角洲逐年向坝前靠近，如官厅水库、刘家峡水库等就属于三角洲淤积形态。②少沙河流上水位变幅较大的河道型水库，多形成沿库床比较均匀的带状淤积，如丰满水库就属于这种类型。③多沙河流上库容及壅水相对较小的中小型水库，洪水期间库内仍有一定流速，泥沙被挟带到坝前落淤，形成逐渐向上游方向发展，下大上小的锥体淤积，如甘肃省泾河支流蒲河巴家咀水库就是典型的锥体淤积形态。三角洲淤积后期接近平衡时，往往转化成锥体淤积。横向淤积形态可分为全断面淤积、主槽淤积及沿湿周均匀淤积三类。

泥沙淤积对水库的运用会产生多方面影响：水库淤积（特别是三角洲淤积）常侵占调节库容，逐步减少综合利用效益；淤积末端上延，抬高回水位，增加水库淹没、浸没损失；变动回水易使宽浅河段主流摆动或移位，影响航运；坝前堆淤（特别是锥体淤积）将增加作用于水工建筑物上的泥沙压力，有碍船闸及取水口正常运行，使进入电站的水流中含沙量增加而加剧对过水建筑物和水轮机的磨损，影响建筑物和设备的效率和寿命；随着泥沙淤积，某些化学物质沉淀，将污染水质，并影响水生生物的生长；泥沙淤积，使下泄水流变清，引起下游河床被冲、变形，水位下降使下游取水困难，影响建筑物安全，并增大水轮机吸出高度，不利于水电站的可靠运行。这些问题都需妥善解决。

在水库工程的规划、设计中，为预测水库泥沙淤积过程、相对平衡状态和水库寿命所进行的分析、计算，称水库淤积计算。计算任务是探明水库淤积对防洪、发电、航运、引水及淹没等的影响，并为研究水库运行方式、确定泄洪排沙设施规模提供依据。水库淤积计算需要的基本资料有：①水文泥沙资料，包括入库流量、悬移质和推移质输沙量及颗粒级配、河床质级配及河道糙率；②库区纵、横断面或地形图，库容曲线；③水库调度运用资料，包括不同时期的坝前水位及出库流量过程；④工程资料，如水工建筑物布置，泄流排沙设施型式、尺寸及泄流曲线。水库淤积计算的基本方程为：水流连续方程、水流动量方程和泥沙连续方程。运用有限差分法，可计算淤积过程；用三角洲法可计算淤积量、淤积形态，并可分时段求得淤积过程。

在规划阶段，为探讨水库使用年限（寿命），可按某一平均的水、沙条件估算水库平均年淤积量和水库淤损情况。库容淤损法就是较常采用的一种经验估算方法，其主要计算式为

$$\beta_{拦沙}=\frac{\dfrac{V_{调}}{\overline{W}_{年}}}{0.012+\dfrac{0.0102V_{调}}{\overline{W}_{年}}} \tag{2-6}$$

$$\bar{\alpha}_{淤损}=\frac{\overline{W}_{淤}}{V_{调}}=\beta_{拦沙}\frac{\overline{W}_{沙}}{V_{调}} \tag{2-7}$$

或

$$\bar{\alpha}_{淤损}=0.0002M_{蚀}^{0.95}\left(\frac{V_{调}}{F}\right)^{-0.8} \tag{2-8}$$

$$T=\frac{kV_{调}}{\bar{\alpha}_{淤损}V_{调}}=\frac{k}{\bar{\alpha}_{淤损}} \tag{2-9}$$

式中 $\beta_{拦沙}$——拦沙率，指年内拦在水库内的泥沙占该年入库泥沙的百分数，%；

$\overline{W}_{淤}$——平均年淤积量，m^3；

$\overline{W}_{沙}$——平均年入库泥沙量，m^3；

$V_{调}$——水库调节库容，m^3，一般采用$V_{兴}$；

$\overline{W}_{年}$——平均年入库水量，m^3；

$\bar{\alpha}_{淤损}$——库容平均淤损率，指水库每年因淤积而损失的库容占原有库容的百分比，采用多年平均情况，%；

$M_{蚀}$——流域平均侵蚀模数，t/(km^2·年)；

F——流域面积，m^2；

T——水库淤至某种程度的年限，a；

k——表示水库淤积程度的系数，例如 $k=0.6$ 指淤积掉的库容达原库容的60%。

按照水库淤积的平衡趋向性规律，运用初期，拦沙率 $\beta_{拦沙}$ 较高（排沙较少），随着库容逐渐淤损，拦沙率将逐年减小（排沙逐年增加）。影响水库拦沙率高低的因素很多，据国内外数十座水库实测资料分析，以调节库容与平均水量之比（$V_{调}/\overline{W}_{年}$）对拦沙率的影响较为明显。统计资料表明：当 $V_{调}/\overline{W}_{年}$ 达0.5以上时，拦沙率接近100%，即几乎全部泥沙淤在库里。这是因为 $V_{调}/\overline{W}_{年}$ 比值高表示水库具有较大的相对库容，调节程度高，汛期弃水少，拦沙率自然就高。

除水库调节程度对拦沙率起主要作用外，其他如泥沙颗粒粗细（粗沙情况拦沙率高）、泄流建筑物型式（表面泄洪比底孔泄洪时拦沙率高）及水库运用方式等因素也有影响。根据仅考虑调节程度影响的上述数十座水库的统计资料，计及其他影响因素的中等情况，给出平均的中值拦沙率近似式（2-6），注意式中 $\beta_{拦沙}$ 和 $V_{调}/\overline{W}_{年}$ 均用百分数（%）表示。且由于淤积使库容逐年减小，将影响水库调节能力，在计算时应按平均调节能力考虑，即式（2-6）中的 $V_{调}/\overline{W}_{年}$ 应取值为 $\frac{1}{2}\left(\frac{V_{调}+V_{调终}}{\overline{W}_{年}}\right)$。其中 $V_{调终}$ 指规定或假定的要求水库保留的最终库容，例如需计算水库淤积到库容为原库容的60%的年限时，其 $V_{调终}$ 为 $0.4V_{调}$。

估算水库平均年淤积量和使用年限的具体步骤为：①根据已知的调节库容 $V_{调}$ 和平均入库年水量 $\overline{W}_{年}$，由式（2-6）求拦沙率 $\beta_{拦沙}$。②将 $\beta_{拦沙}$、$V_{调}$ 及平均年入库泥沙量 $\overline{W}_{沙}$ 代入式（2-7），求出库容平均淤损率 $\overline{\alpha}_{淤损}$。③由库容平均淤损率定义知：$\overline{W}_{淤}=\overline{\alpha}_{淤损}V_{调}$[见式(2-7)]，据此可算出水库平均年淤积量 $\overline{W}_{淤}$。④根据预期的库容淤积程度，确定系数 k，由式（2-9）计算库容达到预期淤积程度的年限。

当入库水、沙量资料不落实，特别是对中、小型水库的规划，可采用较粗略的式(2-8)直接计算水库库容平均淤损率 $\overline{\alpha}_{淤损}$。

为防止、减轻水库淤积，要做好流域面上的水土保持工作，也可在来沙较多的支流上修建拦沙坝库。此外，采用“蓄清排浑”的运用方式，常能获得良好效果。水库在汛期降低水位运用，使大部分来沙淤在死库容内，或排出库外，或定期泄空冲刷，恢复淤积前库容；汛后则拦蓄清水，以发挥水库综合利用效益。这时，需设置较大的泄洪排沙底孔或隧洞，使水库在汛期能保持低水位运行。

五、水库的淹没和浸没

修建水库，特别是高坝大库，可调节径流，获得较大的防洪、兴利综合利用效益，但往往也会引起淹没和浸没问题。水库蓄水后，将会淹没土地、森林、村镇、交通、电力和通信设施及文物古迹，甚至城市建筑物等。由于库周地下水位抬高，水库附近受到浸没影响，使树木死亡，旱田作物受涝；耕地盐碱化；形成局部沼泽地，恶化卫生条件，滋生疟蚊；增加矿井积水，使原有工程建筑物的基础产生塌陷等。还会引起库周塌岸，毁坏农田和居民点，减小水库容积。

正常蓄水位以下库区为经常淹没区，影响所及均需改线、搬迁。正常蓄水位以上一定标准的洪水回水和风浪、冰塞壅水等淹没的地区为临时淹没区，或迁移或防护，要根据具体情况确定。对于特别稀遇洪水时才出现的淹没区，要考虑其土地合理利用问题。在多沙河流上确定回水淹没范围，要考虑一定年限的泥沙淤积对抬高回水水位，特别是回水末端水位的影响。在水面开阔、顺程较长的淹没区和容易发生冰塞壅水的水域，要在正常蓄水位以上适当考虑风浪爬高和冰塞壅水对回水的影响。

淹没区、浸没影响区和库周影响区（水库蓄水后失去生产、生活条件，需采取措施的库边及孤岛上的居民点）里所有迁移对象都应按规定标准给予补偿，此补偿加上各种资源损失，统称淹没损失，计入水库总投资内。

处理水库淹没中的移民问题，往往十分棘手。在移民安置工作中，要正确处理国家、集体和个人的关系。充分利用当地自然资源，因地制宜地开拓多种途径。安置方式和出路有：①在库区附近调整行政单元，调剂土地和生产手段，就近安置。②远迁安置。③不论就近或远迁，均有成建制集中安置和按户分散安置的方式。④不论采用何种安置方式，都要广开生产门路。农村移民以农为主，农工商牧副渔各业并举；城镇居民原则上随城镇迁建安置。城镇迁建规划可照顾其近期发展。城乡移民安置后的生产和生活条件要不低于或略高于迁建以前。在少数民族地区，要尊重其风俗习惯。

移民安置补偿费用于移民的迁移安置，也用于安置区的经济补助，务使安置区原有居民利益不受损害。

根据国家经济改革方针，总结过去经验，近年提出开发性移民的方针，主要是把移民安置同安置区自然资源、人力资源的开发有机地结合起来，采取多种途径为移民创造能不断发展生产和改善生活的条件，移民能在新环境安居乐业，使移民安置成为振兴当地经济的促进因素。实现这种设想，不单纯依靠工程建设单位安排的移民补偿投资，还要多渠道集资并建立移民基金。在工程建成后一定时期内，要对有困难的移民安置区在经济上继续予以扶持。

水库淹没损失是一项重要的技术经济指标。在人口稠密地区，不仅淹没损失很大，有时达工程总投资的40％～50％，而且还会带来其他方面的影响，移民安置具有很强的政策性，因此，淹没、浸没问题，常常成为限制水库规模的主要因素之一。对于巨型和大型水库，可根据国民经济发展的需要，有计划地分期抬高蓄水位，以求减小近期淹没损失和迁移方面的困难。

第二节　兴利调节分类

除了只能按天然径流供水的无调节水利水电工程外，凡具有调节库容者，均能进行一定程度的兴利调节。

水库兴利调节可按调节周期、水库任务和供水方式等进行分类。

一、按调节周期分类

所谓调节周期，指水库的兴利库容从库空→蓄满→放空的完整的蓄放过程。

（一）日调节

日调节的调节周期为一昼夜，即利用水库兴利库容将一天内的均匀来水，按用水部门的日内需水过程进行调节。以水力发电为例，发电用水是随负荷的变化而改变的，而河川径流在一昼夜里基本上是均匀的（汛期除外），在一天 24h 之内，当用水小于来水时，将多余水量蓄存在水库中，供来水不足时使用（图 2－4）。

应该注意，在洪水期，由于天然来水甚丰，水电站总是以全部可用容量投入运行，整天都处于满负荷工作状态，不进行日调节。而在枯水期，当水电站水库具有枯水日来水量的 20%～25% 的兴利库容时，一般即可进行日调节。

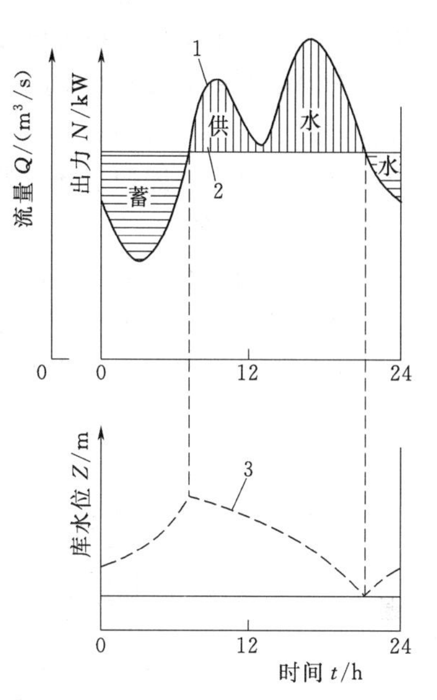

图 2－4　径流日调节

1—用水流量；2—天然日平均流量；3—库水位变化过程线

（二）周调节

周调节的调节周期为一周，即将一周内变化不大的入库径流按用水部门的周内需水过程进行径流调节。仍以水力发电为例，枯水期河川径流在一周之内变化不大，而周内休假日电力负荷较小，发电用水也少，这时可将多余水量存入水库，用于高负荷日发电（图 2－5）。周调节比日调节需稍大的兴利库容。周调节水库也可进行日调节。

（三）年调节

年内河川径流变化甚大，丰水期和枯水期的来水量相差悬殊。径流年调节的任务是按照用水部门的年内需水过程，将一年中丰水期多余水量蓄存起来，用以提高缺水时期的供水量，调节周期在一年以内。如图 2－6 所示，横线阴影面积表示蓄水量，竖线阴影面积表示水库补充供水量。当水库蓄满而来水仍大于用水时，将发生弃水（由泄洪设施排往下游），图中也示出了弃水期，通常称这种仅能存蓄丰水期部分多余水量的径流调节为季调节（或不完全年调节），而对能

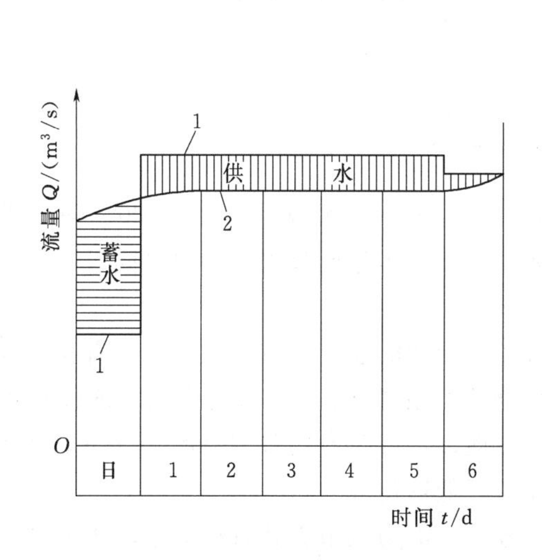

图 2－5　径流周调节

1—用水流量；2—天然流量

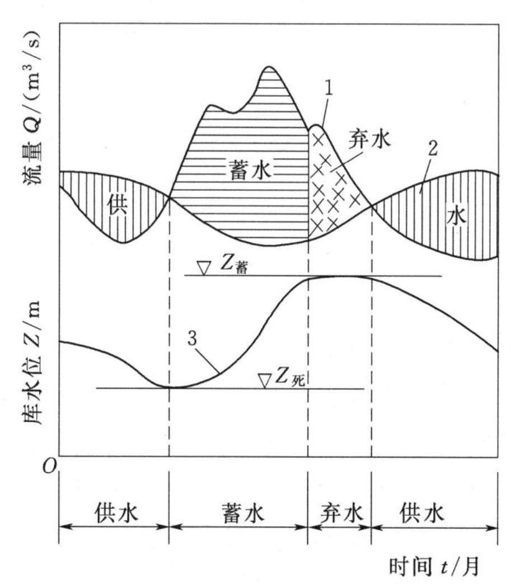

图 2－6　径流年调节

1—天然流量过程；2—用水流量过程；3—库水位变化过程

将年内全部来水量按用水要求重新分配而不发生弃水的径流调节，则称为完全年调节。显然，完全与不完全调节的概念是相对的，例如对同一水库而言，可能在一般年份能进行完全年调节，但遇丰水年则很可能发生弃水，只能进行不完全年调节。

通常用库容系数β（$\beta=V_{兴}/\overline{W}_{年}$）反映水库兴利调节能力，当$\beta=8\%\sim30\%$时，一般可进行年调节。当天然径流年内分配较均匀时，$\beta=2\%\sim8\%$，即可进行年调节。年调节水库一般可同时进行周调节和日调节。

（四）多年调节

径流多年调节的任务是利用水库兴利库容将丰水年多余水量蓄存起来，用以提高枯水年份的供水量。这时，水库兴利库容可能要经过若干丰水年才能蓄满，然后将蓄水量在若干个枯水年份里用掉，其调节周期要超过一年（图2-7）。

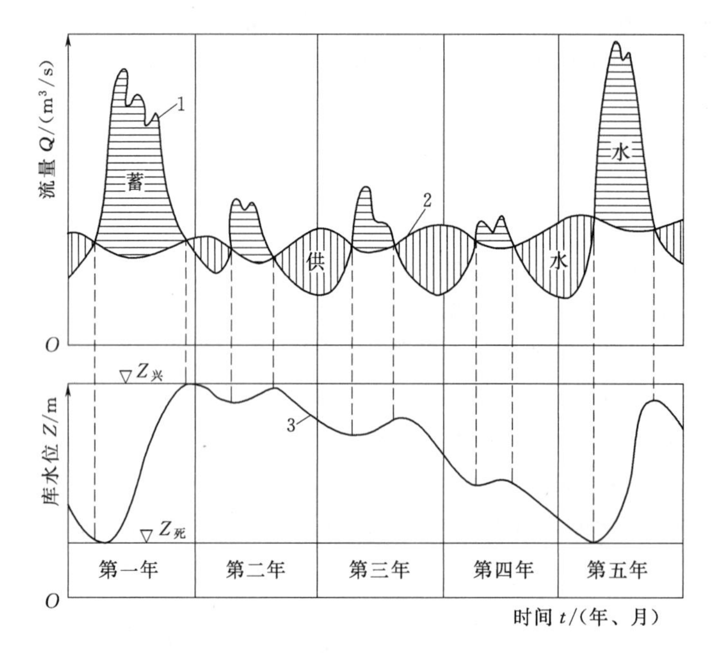

图2-7　径流多年调节

1—天然流量过程；2—用水流量过程；3—库水位变化过程

根据经验，若年水量变差系数C_V值较小，年内水量分配较均匀，$\beta>30\%$便可进行多年调节，否则，需要有更大库容才能进行多年调节。多年调节水库一般可同时进行年调节、周调节和日调节。

以上曾多次提到长期调节水库可同时进行较短周期的径流调节。但对于具有长引水建筑物系统的水利水电工程（例如水力发电的混合式开发方式），由坝形成的水库往往仅进行长期调节，而在引水建筑物尾部附近另选合适地址，修建专用日调节池，以便更好地满足日调节要求，并可减少引水建筑物断面尺寸，降低造价。

对于水力发电，通常把具有一定的兴利库容，有能力调节天然日径流量的水电站，称为蓄水式电站。而把无调节和仅能进行日调节的水电站（其日电能受控于天然径流），称为径流式电站。

二、按水库任务分类

（1）单一任务径流调节，如灌溉径流调节、工业及城市生活给水径流调节、水力发电径流调节等。

（2）综合利用径流调节，即具有两种以上任务的水库的径流调节。

三、按水库供水方式分类

（1）固定供水。水库按固定要求供水，与供水期水库来水量和蓄水量无关，如工业及城市生活给水多属这种类型的径流调节。

（2）变动供水。水库供水随蓄水量和用户不同的要求而变动，如灌溉按农田需水要求供水；水电站按电力负荷要求供水等。

四、其他分类

（1）反调节。下游水库按照用水部门的需水过程，对上游水库泄流的再调节。

（2）单一水库补偿调节。水库与水库下游区间来水互相补偿，以满足有关部门用水要求的调节。

（3）水库群补偿调节。水库间互相进行水文补偿、库容补偿、电力补偿，共同满足水利、电力系统要求的调节。

第三节　设计保证率

一、工作保证率和设计保证率的含义

水利水电部门的正常工作的保证程度，称为工作保证率。工作保证率有不同的表示形式。一种是按照正常工作相对年数计算的“年保证率”，它是指多年期间正常工作年数占运行总年数的百分比，即

$$P=\frac{\text{正常工作年数}}{\text{运行总年数}}\times 100\%=\frac{\text{运行总年数}-\text{工作遭破坏年数}}{\text{运行总年数}}\times 100\% \qquad (2-10)$$

显然，这种表示保证率的方式是不够确切的，因不论破坏程度和历时如何，凡不能维持正常工作的年份，均同样计入破坏年数之中。

另一种工作保证率表示形式是按照正常工作相对历时计算的“历时保证率”，指多年期间正常工作历时（日、旬或月）占总历时的百分比，即

$$P'=\frac{\text{正常工作历时(日、旬或月)}}{\text{运行总历时(日、旬或月)}}\times 100\% \qquad (2-11)$$

年保证率与历时保证率之间的换算式为

$$P=\left(1-\frac{1-P'}{m}\right)\times 100\% \qquad (2-12)$$

式中　m——破坏年份的破坏历时与总历时之比，可近似按枯水年份供水期持续时间与全年时间的比值来确定。

采用哪种形式计算工作保证率，视用水特性、水库调节性能及设计要求等因素而定。蓄水式电站、灌溉用水等，一般可采用年保证率；径流式电站、航运用水和其他不进行径

流调节的用水部门，其工作多按日计算，故多采用历时保证率。

应该说明，枯水年对用水部门适当减少供水，效益不一定会下降，可通过挖掘潜力或其他措施补救。例如，当水电站由于不利水文条件（水量或水头不足）使其正常工作遭到破坏时，特别是在破坏并不严重的情况下，常可通过动用电力系统内的空闲容量来维持系统的正常工作。这也说明电力系统工作保证率与水电站工作保证率并不完全是一回事情，前者大于或等于后者。

众所周知，河川径流过程每年不同，年际水量亦不相等，若要求遇特别枯水年份仍保证兴利部门的正常用水，往往需修建规模较大的水库工程和其他有关水利设施，这在技术上可能有困难，经济方面也不一定合理，因此，一般允许水库适当减少供水量。也就是说，要为拟建的水利水电工程选定一个合理的工作保证率，显然，该选定的工作保证率势必成为水利水电工程规划、设计时的重要依据，称设计保证率（$P_{设}$）。

二、设计保证率的选择

水利水电工程设计保证率的选择是一个复杂的技术经济问题。设计保证率选得太低，正常工作遭受破坏的几率将加大，破坏所带来的国民经济损失及其他不良后果加重；相反，设计保证率定得过高，虽可减轻破坏带来的损失，但工程投资和其他费用将增加，或者不得不减小工程的效益。可见，设计保证率理应通过技术经济计算，并考虑其他影响，综合分析确定。但由于破坏损失及其他后果涉及许多因素，情况复杂，并难以全部用货币价值准确表达，使计算非常困难，尚需继续深入研究。目前，水利水电工程设计保证率主要根据生产实践经验，参照规程推荐的数据，综合分析后确定。

（一）水电站设计保证率

水电站设计保证率的取值关系到供电可靠性、水能资源利用程度及电站造价。一般地讲，水电站装机规模越大，系统中水电所占比重越大，系统中重要用户越多，正常工作遭到破坏时的损失越严重，常采用较高设计保证率。而对于河川径流变化剧烈和水库调节性能好的水电站，也多采用较高的设计保证率。此外，水电站设计保证率的取值还与电力系统用户组成和负荷特性，以及可能采取的弥补不足出力的措施等因素有关。

装机容量小于25000kW的小型水电站，设计保证率一般采用65%～90%；以灌溉为主的农村小水电工程的设计保证率，常与灌溉设计保证率取同值；大、中型水电站的设计保证率可参照表2-2选值。

表2-2　　水电站设计保证率

系统中水电站容量比重/%	25以下	25～50	50以上
水电站设计保证率/%	80～90	90～95	95～98

注　摘自《水利水电工程水利动能设计规范》（SDJ 11—77）。

同一电力系统中，规模和作用相近的联合运行的几座水电站，可当作单一水电站选择统一的设计保证率。

（二）灌溉设计保证率

灌溉设计保证率指设计灌溉用水量的保证程度。通常根据灌区水、土资源情况，作物组成，气象与水文条件，水库调节性能，国家对当地农业生产的要求，以及地区工程建设和经济条件等因素分析确定。

一般说来，南方水源丰富地区的灌溉设计保证率比北方高；大型工程的比中、小型工程的高；自流灌溉的比提水灌溉的高；远期规划工程的比近期工程的高。设计时可根据具体条件，参照表 2 - 3 选值。

表 2 - 3　　灌溉设计保证率

地区特点	农作物种类	年设计保证率/%
缺水地区	以旱作物为主	50～75
	以水稻为主	70～80
水源丰富地区	以旱作物为主	70～80
	以水稻为主	75～95

注　摘自《水利水电工程水利动能设计规范》(SDJ 11—77)。

有的地区采用抗旱天数作为设计标准，旱作物和单季稻灌区抗旱天数可取 30～50d，双季稻灌区抗旱天数可为 50～70d。

有条件的地区可酌情提高灌溉设计保证率。对于灌溉设计标准以外的大旱年份，应本着挖掘潜力、节约用水原则，提出灌溉用水要求。

(三) 供水设计保证率

工业及城市民用供水若遭破坏将直接影响人民生活和造成生产上的严重损失，故采用较高的设计保证率，一般按年保证率取值的范围为 95%～99%，大城市和重要工矿区取较高值。对于由两个以上水源供水的城市或工矿企业，在确定可靠性时，常按下列原则考虑：任一水源停水时，其余水源除应满足消防和生产紧急用水外，要保证供应一定数量的生活用水。

(四) 通航设计保证率

通航设计保证率一般指最低通航水位（水深）的保证程度，以计算时期内通航获得满足的历时百分率表示。最低通航水位是确定枯水期航道标准水深的起算水位。

通航设计保证率，一般根据航道等级结合其他因素综合分析比较并征求有关部门意见，报请审批部门确定，设计时可参照表 2 - 4 选值。

表 2 - 4　　通航设计保证率

航道等级	历时设计保证率/%
一级～二级	97～99
三级～四级	95～97
五级～六级	90～95

此外，过木河流上的水利水电工程设计，应根据具体条件通过综合分析比较并征求有关部门意见，报请审批部门确定过木的设计标准和设计保证率。

在综合利用水库的水利水能计算中，首先要按式（2 - 12）将历时保证率换算成年保证率。再者，针对各用水部门设计保证率常不相同的情况，一般以其中主要部门的设计保证率为准，进行径流调节计算，凡设计保证率高于主要部门的用水部门，其需水应得到保证；而设计保证率较低的用水部门的用水量可适当缩减。此外，还要对年水量频率与各用水部门设计保证率相应的年份，分别进行校核计算，取稍偏于安全方面的结果。必要时，可根据任务主次关系，适当调整各部门的用水要求或设计保证率。

第四节　设 计 代 表 期

在水利水电工程规划设计过程中，要进行多方案的大量的水利水能计算，根据长系列水文资料进行计算，可获得较精确的结果，但工作量大。在实际工作中可采用简化方法，即从水文资料中选择若干典型年份或典型多年径流系列作为设计代表期进行计算，其成果精度一般能满足规划设计的要求。

一、设计代表年

在水利水电规划设计中，常选择有代表性的枯水年、中水年（也称平水年）和丰水年作为设计典型年，分别称为设计枯水年、设计中水年和设计丰水年。以设计枯水年的效益计算成果代表恰好满足设计保证率要求的工程兴利情况；设计中水年代表中等来水条件下的平均兴利情况；设计丰水年则代表多水条件下的兴利情况。据此，一般可由 $P_{设}$（设计保证率）、50%及（$1-P_{设}$）三种频率，在年水量频率曲线上分别确定设计枯水年、设计中水年、设计丰水年的年水量（参见《工程水文学》教程）。至于水量年过程，对设计枯水年要考虑不利的年内分配；设计中水年、设计丰水年可分别采用多年平均和来水较丰年份平均的年内分配。

各设计代表年的年径流整编要以调节年度为准，即由丰水期水库开始蓄水统计到次年再度蓄水前为止。径流式水电站的设计代表年的径流资料，要给出日平均流量过程线，也可直接绘制天然来水日平均流量频率曲线，供设计使用。

对于年调节水电站，满足设计保证率要求的关键在设计枯水年的供水期。因此，可根据水文资料和用水要求，划分各年一致的供水期，计算各年供水期天然水量并绘出供水期水量的频率曲线，由设计保证率即可在曲线上查出供水期水量保证值及相应的年份。这就是按枯水季水量选定设计枯水年的方法。

由于径流年内分配不稳定，各年供水期起讫时间不一致，采取统一的时间不够恰当。因此，可根据初定的调节库容，用式 $Q_{调}=\dfrac{W_{供}+V_{兴}}{T_{供}}$ 试算求出逐年供水期的调节流量［见式（2-16）及其说明］，作出调节流量频率曲线，然后按设计保证率定出调节流量保证值及与它相应的年份，便可选出设计枯水年。这种按调节流量选定设计枯水年的方法综合考虑了来水和水库调节的影响，比较合理，但工作量较大。

二、设计多年径流系列

多年调节水库的调节周期长达若干年，应选择包括多年的径流系列进行水利水能计算。设计多年径流系列是从长系列资料中选出的有代表性的短系列。

（一）设计枯水系列

对于多年调节，由于水文资料的限制，能获得的完整调节周期数是不多的，难以应用枯水系列频率分析法选择设计枯水系列。通常采用扣除允许破坏年数的方法加以确定，即先按式（2-13）计算设计保证率条件下正常工作允许破坏的年数 $T_{破}$。

$$T_{破}=n-P_{设}(n+1) \tag{2-13}$$

式中　n——水文系列总年数。

然后，在实测资料中选出最严重的连续枯水年组，并从该年组最末一年起逆时序扣除允许破坏年数 $T_{破}$，余下的即为所选的设计枯水系列。这时，尚需注意以下两点：①用设计枯水系列调节计算结果对其他枯水年组进行校核，若另有正常工作遭破坏的时段，则要从 $T_{破}$ 中扣除，得出新的允许破坏年数，并用它重新确定设计枯水系列；②有时需校核破坏年份供水量和电站出力能否满足最低要求，若不能满足，则水库应在允许破坏时段前预留部分蓄水量。

（二）设计中水系列

为探求水库运用的多年平均状况，一般取 10～15 年作为代表期，称设计中水系列，选择时要求：①系列连续径流资料至少要有一个以上完整的调节循环；②系列年径流均值应等于或接近于多年平均值；③系列应包括枯水年、中水年、丰水年，它们的比例关系与长系列大体相当，使设计中水系列的年径流变差系数 C_V 与长系列的相近。

当电力系统中有若干电站联合运行并进行补偿调节时，最好按长系列进行计算，或以补偿电站为主，选出统一的设计代表系列。

应该指出，在目前广泛应用电子计算机的情况下，采用电算方法进行长系列水利水能计算，很快即能得出成果。因此，可根据具体工程情况及各设计阶段对计算精度的要求，确定采用设计代表期或长系列进行电算。

第五节　兴利调节计算

根据国民经济各有关部门的用水要求，利用水库重新分配天然径流所进行的计算，称兴利调节计算。对单一水库，计算任务是求出各种水利水能要素（供水量、电站出力、库水位、蓄水量、弃水量、损失水量等）的时间过程以及调节流量、兴利库容和设计保证率三者间的关系，作为确定工程规模、工程效益和运行方式的依据。对于具有水文、水力、水利及电力联系的水库群，径流调节计算还包括研究河流上下游及跨流域之间的水量平衡，提出水文补偿、库容补偿、电力补偿的合理调度方式。

按照对原始径流资料描述和处理方式的差异，兴利调节计算方法主要分为时历法和概率法（也称数理统计法）两大类。时历法是以实测径流资料为基础，按历时顺序逐时段进行水库水量蓄泄平衡的径流调节计算方法，其计算结果（调节流量、水库蓄水量等）也是按历时顺序给出；概率法是应用径流的统计特性，按概率论原理，对入库径流的不均匀性进行调节的计算方法，成果以调节流量、蓄水量、弃水量、不足水量等的概率分布或保证率曲线的形式给出。

由于在开发、利用水资源的规划设计中出现了许多复杂的课题，从 20 世纪 60 年代开始，H. A. Jr. 托马斯等人相继提出径流调节随机模拟法。它是应用随机过程和时间序列分析理论与时历法相结合的径流调节计算方法，即先根据历史径流资料和径流过程的物理特性，建立径流系列的随机模型，并据以模拟出足够长的径流系列，而后再按径流调节时历法进行计算。随机模拟法不能改善历史径流系列的统计特性，但可给出与历史径流系列在统计特性上基本保持一致的足够长的系列，以反映径流系列的各种可能组合情况。可见，随机模拟法兼有时历法与概率法的特点，而对于径流系列随机模型的选择、识别、参数估计、检验、适用性分析以及调节后径流系列的统计检验等，需进行大量的计算工作，其中某些环节尚有待进一步探讨。

径流调节计算的基本依据是水量平衡原理。计算时段的水库水量平衡方程为

$$W_{末}=W_{初}+W_{入}-W_{出} \tag{2-14}$$

式中 $W_{末}$——计算时段末水库蓄水量；

$W_{初}$——计算时段初水库蓄水量；

$W_{入}$——计算时段入库水量；

$W_{出}$——计算时段出库水量，包括向各用水部门提供的水量、弃水量及水库水量损失等。

采用的计算时段长短取决于调节周期及径流、用水随时间的变化程度，日调节水库一般以小时为单位；对于年或多年调节水库，一般在枯水期以月、丰水期以旬为单位。

由式（2-14）知

$$W_{入}-W_{出}=W_{末}-W_{初}=\pm\Delta W(或\ \Delta V) \tag{2-15}$$

式（2-15）表示水库在计算时段内蓄水量的增、减值 ΔW 实际上即水库在该时段必须具备的库容值 ΔV。具体计算时，来水量 $W_{入}$ 和时段初水库蓄水量 $W_{初}$ 是已知的，故水库兴利调节计算主要可概括为下列三类课题：

（1）根据用水要求，确定兴利库容；

（2）根据兴利库容，确定设计保证率条件下的供水水平（调节流量）；

（3）根据兴利库容和水库操作方案，求水库运用过程。

三类课题的实质是找出天然来水、各部门在设计保证率条件下的用水和兴利库容三者的关系。

下面将具体讨论水库兴利调节计算时历法和概率法。

第六节 兴利调节时历列表法

一、根据用水过程确定水库兴利库容

根据用水要求确定兴利库容是水库规划设计时的重要内容。由于用水要求为已知，根据天然径流资料（入库水量）不难定出水库补充放水的起止时间。逐时段进行水量平衡算出不足水量（个别时段可能有余水），再有分析地累加各时段的不足水量（注意扣除局部回蓄水量），便可得出该入库径流条件下为满足既定用水要求所需的兴利库容。显然，为满足同一用水过程对不同的天然径流资料求出的兴利库容值是不相同的。

按照对径流资料的不同取舍，水库兴利调节时历法可分为长系列法和代表期（年、系列等）法。其中，长系列法是针对实测径流资料（年调节不少于20～30年，多年调节至少30～50年）算出所需兴利库容值，然后按由小到大顺序排列并计算、绘制兴利库容频率曲线。然后根据设计保证率即可在该库容频率曲线上定出欲求的水库兴利库容；代表期法是以设计代表期的径流代替长系列径流进行调节计算的简化方法，其精度取决于所选设计代表期的代表性好坏，而具体调节计算方法则与长系列法相同。

下面以年调节水库为例，说明根据用水过程确定兴利库容的时历列表法中的代表年法，计算时段采用一个月。

（一）不计水量损失的年调节计算

某坝址处的多年平均年径流量为 $1104.6\times10^6m^3$，多年平均流量为 $35m^3/s$。设计枯水年的天然来水过程及各部门综合用水过程分别列入表 2-5（2）、（3）栏和（4）、（5）栏。径流资料均按调节年度给出，本例年调节水库的调节年度系由当年 7 月初到次年的 6 月末。其中 7～9 月为丰水期，10 月初到次年 6 月末为枯水期。

计算一般从供水期开始，数据列入表 2-5。10 月天然来水量为 $23.67\times10^6m^3$，兴利部门综合用水量为 $24.99\times10^6m^3$，用水量大于来水量，要求水库供水，10 月不足水量为 $1.32\times10^6m^3$，将该值填入表 2-5 中第（7）栏，即（7）=（5）-（3）。依次算出供水期各月不足水量。将 10 月到次年 6 月的 9 个月的不足水量累加起来，即求出设计枯水年供水期总不足水量为 $152.29\times10^6m^3$，填入第（7）栏合计项内。显然，水库必须在丰水期存蓄 $152.29\times10^6m^3$ 水量，才能补足供水期天然来水的不足，故水库兴利库容应为 $152.29\times10^6m^3$。由于计算是针对设计枯水年进行的，故求得的兴利库容使各部门用水得到满足的保证程度是与设计保证率一致的。

在丰水期，7 月天然径流量为 $132.82\times10^6m^3$，兴利部门综合用水量等于 $78.90\times10^6m^3$，多余水量 $53.92\times10^6m^3$ 全部存入水库［见第（6）栏］。8 月来水量为 $264.32\times10^6m^3$，用水量为 $78.90\times10^6m^3$，多余水量 $185.42\times10^6m^3$，由于 7 月末在兴利库容中已蓄水量为 $53.92\times10^6m^3$，只剩下 $98.37\times10^6m^3$ 库容待蓄，故 8 月来水除将兴利库容 $V_{兴}$ 蓄满外，尚有弃水 $87.05\times10^6m^3$，填入第（8）栏。9 月来水量为 $65.75\times10^6m^3$，这时 $V_{兴}$ 已蓄满，天然来水量虽大于兴利部门需水，但仍小于最大用水流量，为减少弃水，水库按天然来水供水（见表 2-5 * 注）。

分别累计（6）、（7）两栏，并扣除弃水（逐月计算时以水库蓄水为正，供水为负），即得兴利库容内蓄水量变化情况，填入（10）栏。此算例表明，水库 6 月末放空至死水位，7 月初开始蓄水，8 月库水位升达正常蓄水位并有弃水，9 月维持满蓄，10 月初水库开始供水直至次年 6 月末为止，这时兴利库容正好放空，准备迎蓄来年丰水期多余水量。水库兴利库容由空到满，又再放空，正好是一个调节年度。

表 2-5 中第（11）栏［（4）、（9）两栏之和］给出了各时段出库总流量，它就是各时段下游可资应用的流量值，同时，由它确定下游水位。

图 2-8 绘出了水库蓄水年变化过程，图中标明水库死库容为 $50\times10^6m^3$，兴利库容 $152.29\times10^6m^3$。已知坝址处多年平均年径流量 $\overline{W}_{年}$ 为 $1104.60\times10^6m^3$，则库容系数为

$$\beta=\frac{V_{兴}}{\overline{W}_{年}}=\frac{152.29\times10^6}{1104.60\times10^6}\approx13.8\%$$

（二）考虑水量损失的年调节计算

此算例的各月损失水层深度如表 2-6 所示。表中蒸发损失是根据当地水面蒸发资料和多年平均陆面蒸发等值线图求得。渗漏损失的数据是由库区水文地质调查报告提供的。

表 2-5　　　　水库年调节时历列表计算（未计水库水量损失）

时段/月		天然来水		各部门综合用水		多余或不足水量		弃　水		时段末兴利库容蓄水量/10^6m^3	出库总流量/(m^3/s)	备　注
		流量/(m^3/s)	水量/10^6m^3	流量/(m^3/s)	水量/10^6m^3	多余/10^6m^3	不足/10^6m^3	水量/10^6m^3	流量/(m^3/s)			
(1)		(2)	(3)	(4)	(5)	(6)	(7)	(8)	(9)	(10)	(11)	(12)
丰水期	7	50.5	132.82	30.0	78.90	53.92		0	0	53.92	30.0	水库蓄水
	8	100.5	264.32	30.0	78.90	185.42		87.05	33.1	152.29	63.1	库满有弃水
	9	25.0	65.75	25.0*	65.75					152.29	25.0	保持满库
枯水期	10	9.0	23.67	9.5	24.99		1.32			150.97	9.5	水库供水期，库水位逐月下降
	11	7.5	19.73	9.5	24.99		5.26			145.71	9.5	
	12	4.0	10.52	9.5	24.99		14.47			131.24	9.5	
	1	2.6	6.84	9.5	24.99		18.15			113.09	9.5	
	2	1.0	2.63	9.5	24.99		22.36			90.73	9.5	
	3	10.0	26.30	15.0	39.45		13.15			77.58	15.0	
	4	8.0	21.04	15.0	39.45		18.41			59.17	15.0	
	5	4.5	11.84	15.0	39.45		27.61			31.56	15.0	
	6	3.0	7.89	15.0	39.45		31.56			0	15.0	六月末兴利库容放空
合计		225.6	593.35	192.5	506.30	239.34	152.29	87.05				
平均		18.8		16.0								

注　1. $\Sigma(3)-\Sigma(5)=\Sigma(8)$，可用以校核计算。
　　2. $\Sigma(6)-\Sigma(7)=\Sigma(8)$，可用以校核计算。
*　9 月原计划要求用水流量为 $20m^3/s$，由于库满，可按天然来水运行，提高水量利用率。

表 2-6　　　　某水库蒸发和渗漏损失深度　　　　单位：mm

月　份	(1)	1	2	3	4	5	6	7	8	9	10	11	12	全年
蒸发损失	(2)	15	30	80	110	150	150	130	115	90	75	35	20	1000
渗漏损失	(3)	60	60	60	60	60	60	60	60	60	60	60	60	720
总损失	(4)	75	90	140	170	210	210	190	175	150	135	95	80	1720

由于各月蒸发、渗漏损失与当月库水面面积有关，故计算时应先定出每月库水面面积。一种办法是先暂不计入水量损失，进行如同表 2-5 所示的调节计算，在此基础上，根据各月水库蓄水量确定平均水面面积，用各月损失水层深度乘以相应的平均水面面积，得出各月损失水量。再根据天然来水、兴利用水及水量损失，采用与表 2-5 相同的方法进行水量平衡，从而求出所需兴利库容。全部计算列入表 2-7 中。表中（4）栏为时段末水库蓄水量，即前述表 2-5 第（10）栏加上死库容（本例为 $50\times10^6m^3$）。第（5）栏时段平均蓄水量即第（4）栏月初和月末蓄水量的平均值。第（6）栏时段内平均水面面积，由第（5）栏平均蓄水量在水库面积特性上查定。第（7）栏摘自表 2-6 第（4）行。第（8）栏等于（6）栏乘上（7）栏。第（9）栏指毛用水量，即计入水量损失后的用水量，

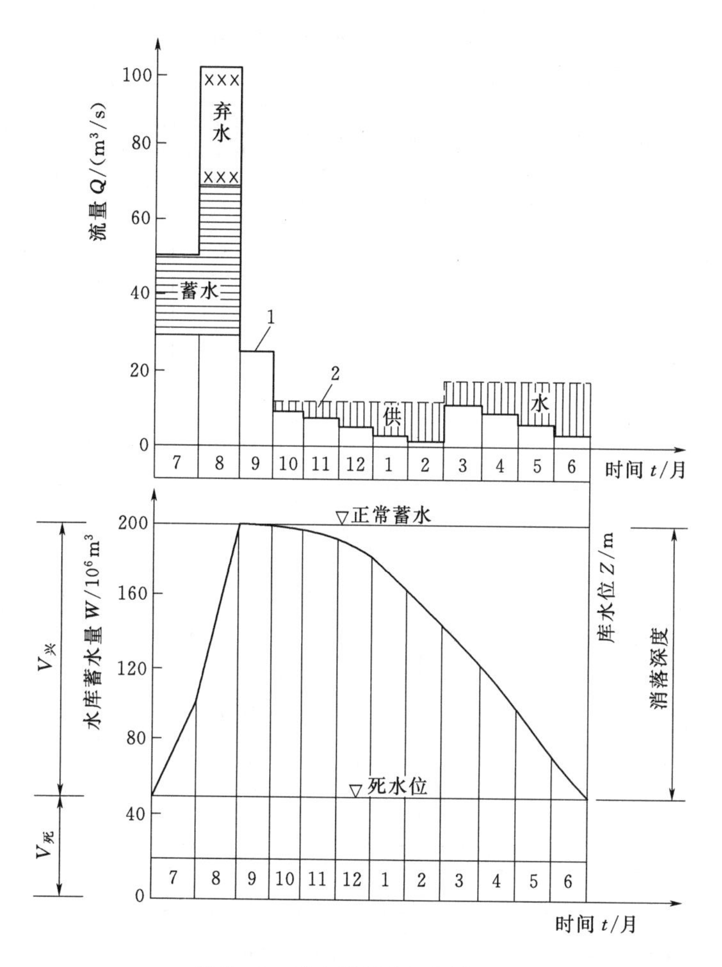

图 2-8　某水库径流年调节过程

1—设计枯水年来水过程；2—综合用水过程

(9) 栏等于 (3) 栏加 (8) 栏。而后逐时段进行水量平衡，将 (2) 栏减 (9) 栏的正值记入 (10) 栏，负值记入 (11) 栏。累计整个供水期不足水量，即求得所需兴利库容，本例 $V_{兴}=168.20\times10^6\mathrm{m}^3$，比不计水量损失情况增加 $15.91\times10^6\mathrm{m}^3$，此增值恰等于供水期水量损失之和。应该指出，表 2-7 仍有近似性，这是由于计算水量损失时采用了不计水量损失时的水面面积值。为修正这种误差，可在第一次计算的基础上，按同法再算一次。

上述时历列表法计算也可由供水期末开始，采用逆时序进行逐月试算。年调节水库供水期末（本例为 6 月末）的水位应为死水位，这时，先假定月初水位，根据月末死水位及假定的月初水位算出该月平均水位，从而由水库面积特性查定相应的平均水面面积，进而计算月损失水量。再根据该月天然来水量、用水量和损失水量，计算 6 月初水库应有蓄水量及其相应水位，若此水位与假定的月初水位相符，说明原假定是正确的，否则重新假定，试算到相符为止。依次对供水期倒数第二个月（本例为 5 月）进行试算。逐项类推，便可求出供水期初的水位（即正常蓄水位），该水位和死水位之间的库容即为所求的兴利库容。

表 2-7　　计入水量损失的年调节列表计算

时段/月		天数来水量/10^6m^3	未计入水量损失情况				水量损失		计入水量损失情况				
			用水量/10^6m^3	时段末水库蓄水量/10^6m^3	时段平均蓄水量/10^6m^3	时段内平均水面面积/10^6m^2	损失水量深度/m	水量损失值/10^6m^3	毛用水量/10^6m^3	多余水量/10^6m^3	不足水量/10^6m^3	时段末水库蓄水量/10^6m^3	弃水量/10^6m^3
(1)		(2)	(3)	(4)	(5)	(6)	(7)	(8)	(9)	(10)	(11)	(12)	(13)
丰水期				(时段初死库容)								(时段初)	
				50.00							50.00		
	7	132.80	78.90	103.92	76.92	9.6	0.190	1.824	80.72	52.10		102.10	0
	8	264.32	78.90	202.29	153.10	15.2	0.175	2.660	81.56	182.76		218.20	66.66
	9	66.75	63.11*	202.29	202.29	17.6	0.150	2.640	65.75			218.20	
枯水期	10	23.67	24.99	200.97	201.63	17.00	0.135	2.295	27.29		3.62	214.58	
	11	19.73	24.99	195.71	198.34	16.40	0.095	1.558	26.55		6.82	207.76	
	12	10.52	24.99	181.24	188.48	16.20	0.080	1.296	26.29		15.77	191.99	
	1	6.84	24.99	163.09	172.66	16.00	0.075	1.200	26.19		19.35	172.64	
	2	2.63	24.99	140.73	151.91	15.15	0.090	1.363	26.35		23.72	148.92	
	3	26.3	39.45	127.58	134.15	14.24	0.140	1.994	41.44		15.14	133.78	
	4	21.04	39.45	109.17	118.38	13.00	0.170	2.210	41.66		20.62	113.16	
	5	11.84	39.45	81.56	95.36	11.00	0.210	2.310	41.76		29.92	83.24	
	6	7.89	39.45	50.00	65.78	8.00	0.210	1.680	41.13		33.24	50.00	
												(死库容)	
合计Σ		593.35	503.66					23.030	526.69	234.86	168.20		66.66

注　1. Σ(2)栏－[Σ(3)栏＋Σ(8)栏]＝Σ(2)栏－Σ(9)栏＝Σ(13)栏，可用来校核所进行的计算。

2. Σ(10)栏－Σ(11)栏＝Σ(13)栏，可用来校核计算。

*　兴利库容 8 月蓄满，9 月可按天然流量运行，但有水量损失，故月用水量为 $63.11\times10^6m^3$。

在中、小型水库的设计工作中，为简化计算，可按下述方法考虑水量损失：首先不计水量损失算出兴利库容，取此库容之半加上死库容，作为水库全年平均蓄水量，从水库特性曲线中查定相应的全年平均水位及平均水面面积，据此求出年损失水量，并平均分配在12 个月。不计损失时的兴利库容加上供水期总损失水量，即为考虑水量损失后的兴利库容近似解。现仍沿用前述表 2-5 的算例，对应于全年蓄水量 $126.20\times10^6m^3$ 的水库水面面积为 $13.7\times10^6m^2$（图 2-2），则年损失水量为 $(1720\times13.7\times10)/1000=23.6\times10^6(m^3)$，每月损失水量约 $1.97\times10^6m^3$，供水期 9 个月总损失水量为 $17.7\times10^6m^3$。因此，计入水量损失后所需兴利库容为 $(152.29+17.70)\times10^6=170\times10^6(m^3)$。

计算结果表明，简化法获值较大。一方面由于表 2-7 仅为一次近似计算，算值稍偏小；另一方面，在简化计算中水量损失按年内均匀分配考虑，又使结果稍偏大，因为实际上冬季水量损失比夏季小些。

通过以上算例，可归纳出以下几点：

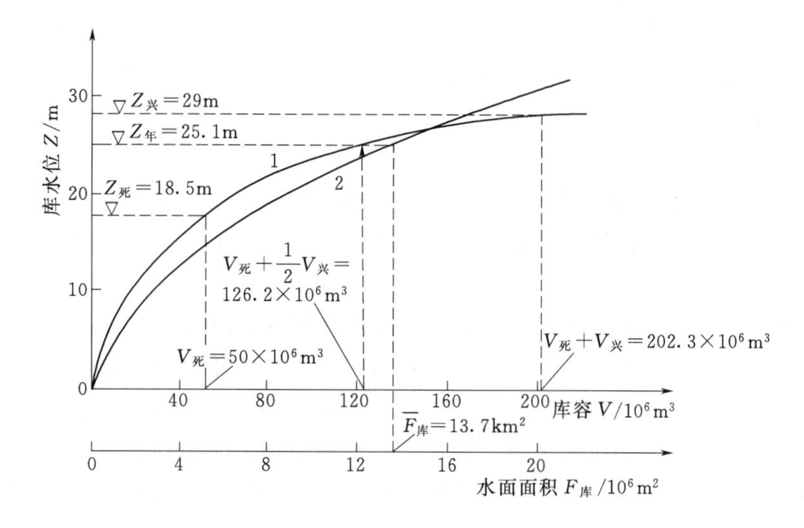

图 2-9　某水库的库容特性和面积特性

1—水库库容特性曲线；2—水库面积特性曲线

（1）径流来水过程与用水过程差别愈大，则所需兴利库容愈大。

（2）在一次充蓄条件下，累计整个供水期总不足水量和损失水量之和，即得兴利库容。任意改变供水期各月用水量，只要整个供水期总用水量不变，其不足水量是不会改变的，所求兴利库容也将保持不变，只是各月的库存水量有所变动而已。因此，为简化计算，可用供水期各月用水量的均值代替各月实际用水量，即假定整个供水期为均匀供水。称这种径流调节计算为等流量调节。

（3）上述算例中，供水期总调节水量为 $(5\times24.99+4\times39.45)\times10^6=281.75\times10^6$ (m^3)，除以供水期秒数可得相应调节流量为 11.9m^3/s。通常将设计枯水年供水期调节流量（多年调节时为设计枯水系列调节流量）与多年平均流量的比值称为调节系数 α，用以度量径流调节的程度。上述算例的 $\alpha=Q_{调}/\overline{Q}=11.9/35.0=0.34$。

（4）上述算例的水库，在调节年度内是进行一次充蓄（7—9 月）、一次供水（10 月至次年 6 月）的情况。有时水库在一年内会充水、供水两次以上。如图 2-10 所示，图 2-10 (a) 表示运用过程中各次水库供水量均小于前期蓄水量，即 $W_{供1}<W_{蓄1}$、$W_{供2}<W_{蓄2}$。这时，每次供水前水库均能单独存蓄所需水量。故两次（或多次）供水量中较大者即为所

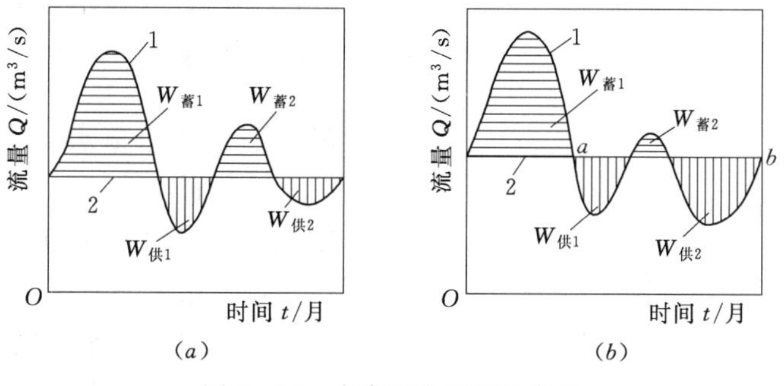

图 2-10　水库两次运用示意图

1—天然来水过程；2—用水过程

需兴利库容，此图例中 $V_{兴}=W_{供1}$。图 2-10（b）中第二次供水量大于前面的蓄水量，即 $W_{供2}>W_{蓄2}$。这时，为了满足兴利用水要求，应在水库中为第二次供水预留水量 $W_{供2}-W_{蓄2}$，故

$$V_{兴}=W_{供1}+(W_{供2}-W_{蓄2})(\mathrm{m}^3)$$

两次充、供水的列表计算的格式和步骤，仍似前述。这就是我们前面提及的供水过程中个别时段有余水的情况。$W_{蓄2}$只是供水期中的局部回蓄水量。供水期仍应指图中 a 到 b 的全部时间［图 2-10（b）］。

（5）兴利部门全年用水量不大于设计枯水年来水量时，枯水期不足水量可由径流年调节解决。当全年用水量大于设计枯水年来水量时，仅靠径流年内重新分配是不可能满足要求的，必须借助于丰水年份的水量，即需进行径流多年调节才能解决问题。

上面以年调节水库为例说明了确定兴利库容的径流调节时历列表法，其水量平衡原理和逐时段推算的步骤和方法，对于调节周期更长的多年调节和周期短的日（周）调节都基本适用。

如同前述，水库多年调节的调节周期长达若干年，且不是常数，即使有较长的水文资料其周期循环数目仍然不多，难于保证计算精度。一般认为，只是在具有 30～50 年以上水文资料时才有可能应用长系列法，否则便采用代表期（设计枯水系列）法进行径流调节时历列表计算。

对于周期短的日（周）调节，其计算时段常按小时（日）计，当采用代表期法时，则针对设计枯水日（周）进行径流调节时历列表计算。

二、根据兴利库容确定调节流量

具有一定调节库容的水库，能将天然枯水径流提高到什么程度，也是水库规划设计中经常碰到的问题。例如在多方案比较时常需推求各方案在供水期能获得的可用水量（调节流量 $Q_{调}$），进而分析每个方案的效益，为方案比较提供依据；对于选定方案则需进一步进行较为精确的计算，以便求出最终效益指标。

这时，由于调节流量为未知值，不能直接认定蓄水期和供水期。只能先假定若干调节流量方案，对每个方案采用上述方法求出各自需要的兴利库容，并一一对应地点绘成 $Q_{调}\sim V_{兴}$曲线。根据给定的兴利库容 $V_{兴0}$，即可由 $Q_{调}\sim V_{兴}$曲线查定所求的调节流量 $Q_{调}$（图 2-11）。

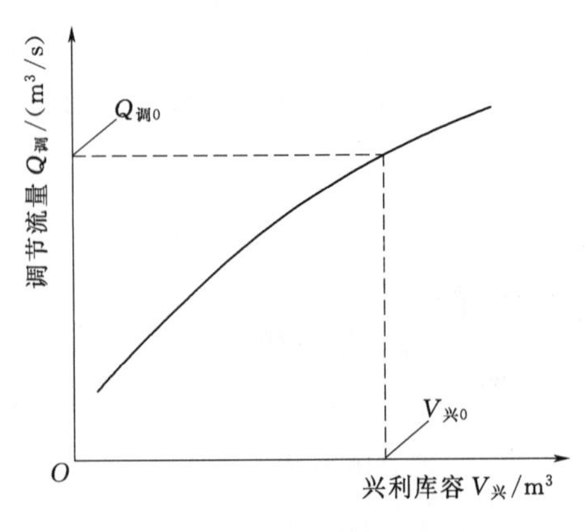

图 2-11　调节流量与兴利库容关系曲线

对于年调节水库，也可直接用下式计算：

$$Q_{调}=\frac{W_{设供}-W_{供损}+V_{兴}}{T_{供}}(\mathrm{m}^3/\mathrm{s}) \quad (2-16)$$

式中　$W_{设供}$——设计枯水年供水期来水总量，m^3；

$W_{供损}$——设计枯水年供水期水量损失，m^3；

$T_{供}$——设计枯水年供水期历时，s。

应用式（2-16）时要注意以下两个问题：

（1）水库调节性能问题。首先应判明水库确

属年调节，因只有年调节水库的$V_{兴}$才是当年蓄满且存水全部用于该调节年度的供水期内。

如同前述，一般库容系数$\beta=8\%\sim30\%$时为年调节水库，$\beta>30\%$即可进行多年调节，这些经验数据可作为初步判定水库调节性能的参考。通常还以对设计枯水年按等流量进行完全年调节所需兴利库容$V_{完}$为界限，当实际兴利库容大于$V_{完}$时，水库可进行多年调节，否则为年调节。显然，令各月用水量均等于设计枯水年平均月水量，对设计枯水年进行时历列表计算，即能求出$V_{完}$值。按其含义，$V_{完}$也可直接用下式计算

$$V_{完}=\overline{Q}_{设年}T_{枯}-W_{设枯}(\mathrm{m}^3) \tag{2-17}$$

式中 $\overline{Q}_{设年}$——设计枯水年平均天然流量，m^3/s；

$W_{设枯}$——设计枯水年枯水期来水总量，m^3；

$T_{枯}$——设计枯水年枯水期历时，s。

(2) 划定蓄、供水期的问题。应用式 (2-16) 计算供水期调节流量时，需正确划分蓄、供水期。前面已经提到，径流调节供水期指天然来水小于用水，需由水库放水补充的时期。水库在调节年度内一次充蓄、一次供水的情况下，供水期开始时刻应是天然流量开始小于调节流量之时，而终止时刻则应是天然流量开始大于调节流量之时。可见，供水期长短是相对的，调节流量愈大，要求供水的时间愈长。但在此处，调节流量是未知值，故不能很快地定出供水期，通常需试算。先假定供水期，待求出调节流量后进行核对，如不正确则重新假定后再算。

现通过一个算例介绍式 (2-16) 的应用。

【例 2-1】 某拟建水库坝址处多年平均流量为$\overline{Q}=22.5\mathrm{m}^3/\mathrm{s}$，多年平均年水量$\overline{W}_{年}=710.1\times10^6\mathrm{m}^3$。按设计保证率$P_{设}=90\%$选定的设计枯水年流量过程线如图 2-12 所示。初定兴利库容$V_{兴}=120\times10^6\mathrm{m}^3$，试计算调节流量和调节系数。

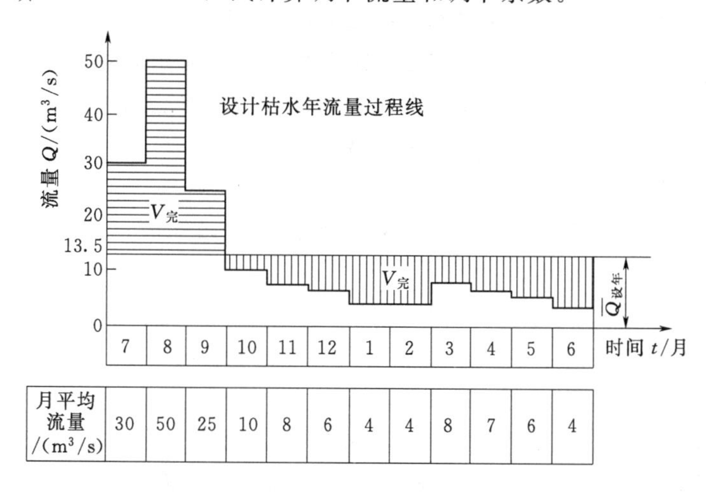

月平均流量/(m³/s)	30	50	25	10	8	6	4	4	8	7	6	4

图 2-12 某水库设计枯水年完全年调节

解

1. 判定水库调节性能

水库库容系数$\beta=120\times10^6/(710.1\times10^6)\approx0.17$，初步认定为年调节水库。

进一步分析设计枯水年进行完全年调节的情况，以确定完全年调节所需兴利库容，其

步骤为：

(1) 计算设计枯水年平均流量和年水量。$\overline{Q}_{设年}=13.5\text{m}^3/\text{s}$，$W_{设年}=426.1\times10^6\text{m}^3$。

(2) 定出设计枯水年枯水期。进行完全年调节时，调节流量为 $\overline{Q}_{设年}$，由图 2-12 可见，其丰、枯水期十分明显，即当年 10 月到次年 6 月为枯水期，$T_{枯}=9\times2.63\times10^6=23.67\times10^6(\text{s})$。

(3) 求设计枯水年枯水期总水量。$W_{设枯}=57\times2.63\times10^6=149.91\times10^6(\text{m}^3)$。

(4) 确定设计枯水年进行完全年调节所需兴利库容 $V_{完}$。根据式 (2-17) 得

$$V_{完}=(13.5\times23.67-149.9)\times10^6=169.6\times10^6(\text{m}^3)$$

已知兴利库容小于 $V_{完}$，判定拟建水库是年调节水库。

2. 按已知兴利库容确定调节流量（不计水量损失）

该调节流量一定比 $\overline{Q}_{设年}$ 小，先假定 11 月到次年 6 月为供水期，由式 (2-16) 得

$$Q_{调}=\frac{120\times10^6+47\times2.63\times10^6}{8\times2.63\times10^6}\approx11.6(\text{m}^3/\text{s})$$

计算得的 $Q_{调}$ 大于 10 月天然流量，故 10 月也应包含在供水期之内，即实际供水期应为 9 个月。按此供水期再进行计算，得

$$Q_{调}=\frac{120\times10^6+57\times2.63\times10^6}{9\times2.63\times10^6}\approx11.4(\text{m}^3/\text{s})$$

计算得的 $Q_{调}$ 小于 9 月天然流量，说明供水期按 9 个月计算是正确的。

该水库所能获得的调节流量为 $11.4\text{m}^3/\text{s}$，其调节系数为

$$\alpha=\frac{Q_{调}}{\overline{Q}}=\frac{11.4}{22.5}=0.51$$

三、根据既定兴利库容和水库操作方案推求水库运用过程

所谓推求水库运用过程，主要内容为确定库水位、下泄量和弃水等的时历过程，并进而计算、核定工程的工作保证率。在既定库容条件下，水库适用过程与其操作方式有关，水库操作方式可分为定流量和定出力两种类型。

(一) 定流量操作

这种水库操作方式的特点是设想各时段调节流量为已知值。当各时段调节流量相等时，称等流量操作。

水库对于灌溉、给水和航运等部门的供水，多根据需水过程按定流量操作。在初步计算时也可简化为等流量操作。这时，可分时段直接进行水量平衡，推求出水库运用过程[表 2-5 第 (9) ～ (11) 栏，表 2-7 第 (12)、(13) 栏以及图 2-8]。显然，对于既定兴利库容和操作方案来讲，入库径流不同，水库运用过程亦不同。以年调节水库为例，若供水期由正常蓄水位开始推算，当遇特枯年份，库水位很快消落到死水位，后一段时间只能靠天然径流供水，用水部门的正常工作将遭破坏。而且，在该种年份的丰水期，兴利库容也可能蓄不满，则供水期缺水情况就更加严重。相反，在丰水年份，供水期库水位不必降到死水位便能保证兴利部门的正常用水，而在丰水期则水库可能提前蓄满并有弃水。显而易见，针对长水文系列进行径流调节计算，即可统计得出工程正常工作的保证程度。而对于设计代表期（日、年、系列）进行定流量操作计算，便得出具有相应特定含义的水库

运用过程。

（二）定出力操作

为满足用电要求，水电站调节水量要与负荷变化相适应，这时，水库应按定出力操作。

定出力操作又有两种方式。第一种是供水期以 $V_{兴}$ 满蓄为起算点，蓄水期以 $V_{兴}$ 放空为起算点，分别顺时序算到各自的期末。其计算结果表明水电站按定出力运行水库在各种来水情况下的蓄、放水过程。类似于定流量操作，针对长水文系列进行定出力顺时序计算，可统计得出水电站正常工作的保证程度；第二种方式是供水期以期末 $V_{兴}$ 放空为起算点，蓄水期以期末 $V_{兴}$ 满蓄为起算点，分别逆时序计算到各自的期初。其计算结果表明水电站按定出力运行且保证 $V_{兴}$ 在供水期末正好放空、蓄水期末正好蓄满，各种来水年份各时段水库必须具有的蓄水量。

由于水电站出力与流量和水头两个因素有关，而流量和水头彼此又有影响，定出力调节常采用逐次逼近的试算法。表 2-8 给出顺时序一个时段的试算数例。如上所述，计算总是从水库某一特定蓄水情况（库满或库空）开始，即第（11）栏起算数据为确定值。表中第（4）栏指电站按第（2）栏定出力运行时应引用的流量，它与水头值有关，先任意假设一个数值（表中为 40m³/s），依此进行时段水量平衡，求得水库蓄水量变化并定出时段

表 2-8　　　　定出力操作水库调节计算（顺时序）

时间/月		(1)	某月			
水电站月平均出力 $N/10^3$kW		(2)	15			
月平均天然流量 $\overline{Q}_{天}/(m^3/s)$		(3)	30			
水电站引用流量 $Q_{电}/(m^3/s)$		(4)	40	（假定）	37.5	
其他部门用水流量/(m^3/s)		(5)	0		0	
水库水量损失 $\sum Q_{损}/(m^3/s)$		(6)	0		0	
水库存入或放出的流量 $\Delta Q/(m^3/s)$	多余流量	(7)				
	不足流量	(8)	10		7.5	
水库存入或放出的水量 $\Delta\overline{W}/10^6m^3$	多余水量	(9)				
	不足水量	(10)	26.3		19.7	
时段初水库蓄水量 $W_{初}/10^6m^3$		(11)	126.0		126.0	106.3
时段末水库蓄水量 $W_{末}/10^6m^3$		(12)	99.7		106.3	
弃水量 $W_{弃}/10^6m^3$		(13)	0		0	
时段初上游水位 $Z_{初}$/m		(14)	201		201	199.4
时段末上游水位 $Z_{末}$/m		(15)	199		199.4	
上游平均水位 $\overline{Z}_{上}$/m		(16)	200		200.2	
下游平均水位 $\overline{Z}_{下}$/m		(17)	150.0		149.9	
平均水头 $\overline{H}$/m		(18)	50.0		50.3	
校核出力值 $N'/10^3$kW		(19)	16.0		15.09	

注　1. 已知正常蓄水位为 201.0m，相应的库容为 $126\times10^6m^3$。

2. 出力计算公式 $N=AQ_{电}\overline{H}=8.0Q_{电}\overline{H}$。

平均库水位 $\overline{Z}_{上}$ [第（16）栏]。根据假设的发电流量并计及时段内通过其他途径泄往下游的流量，查出同时段下游平均水位 $\overline{Z}_{下}$，填入（17）栏。同时段上、下游平均水位差即为该时段水电站的平均水头 $\overline{H}$，填入（18）栏。将第（4）栏的假设流量值和（18）栏的水头值代入公式 $N'=AQ_{电}\overline{H}$（本算例出力系数 A 取值 8.0），求得出力值并填入（19）栏。比较（2）栏的 N 值和（19）栏的 N'值，若两者相等，表示假设的 $Q_{电}$ 无误，否则另行假定重算，直至 N'和 N 相符为止。本算例第一次试算 $N'=16.0\times10^3$kW，与要求出力 $N=15.0\times10^3$kW 不符，而第二次试算求得 $N'=15.09\times10^3$kW，与要求值很接近。算完一个时段后继续下个时段的试算，直至期末。在计算过程中，上时段末水库蓄水量就是下个时段初的水库蓄水量。

根据列表计算结果，即可点绘出水库蓄水量或库水位[表 2-8 中第（12）栏或（16）栏]过程线、兴利用水[表 2-8 中第（4）、（5）栏]过程线和弃水流量[表 2-8 第（13）栏]过程线等。

定出力逆时序计算仍可按表 2-8 格式进行。这时，由于起算点控制条件不同，供水期初库水位不一定是正常蓄水位，蓄水期初兴利库容也不一定正好放空。针对若干典型天然径流进行定出力逆时序操作，绘出水库蓄水量（或库水位）变化曲线组，它是制作水库调度图的重要依据之一（见第八章）。

第七节　兴利调节时历图解法

时历图解法（以下简称图解法）常用于年调节和多年调节水库的兴利调节计算中，此法解算速度快，特别是对于多方案比较的情况，优点更为明显。

一、水量累积曲线和水量差积曲线

图解法是利用水量累积曲线或水量差积曲线进行计算的。因此，在讨论图解法之前，先介绍此两条曲线的绘制及特性。

（一）水量累积曲线

图解法的计算原理与列表法相同，都是以水量平衡为原则，即通过天然来水量和兴利部门用水（可计入水量损失）之间的对比求得供需平衡。

来水或用水随时间变化的关系可用流量过程线表示，也可用水量累积曲线表示。这两种曲线均以时间为横坐标，如图 2-13 所示。在流量过程线上，纵坐标表示相应时刻的流量值，而水量累积曲线上纵坐标则表示从计算起始时刻 t_0（坐标原点）到相应时刻 t 之间的总水量，即水量累积曲线是流量过程线的积分曲线，而流量过程线则是水量累积曲线的一次导数线，表示两者关系的数学式为

$$W=\int_{t_0}^{t}Q\mathrm{d}t \tag{2-18}$$

$$Q=\frac{\mathrm{d}W}{\mathrm{d}t} \tag{2-19}$$

在绘制累积曲线时，为简化计算，可采用近似求积法，即将流量过程线历时分成若干时段 Δt，求各时段平均流量 $\overline{Q}$，并用它代替时段内变化的流量[图 2-13（c）]，则式

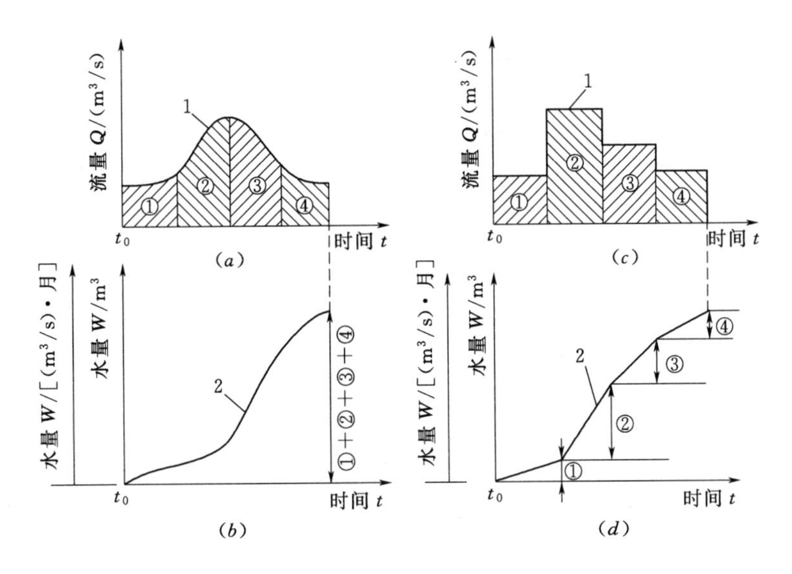

图 2-13 流量过程线和水量累积曲线

1—流量过程线；2—水量累积曲线

(2-18) 可改写为

$$W = \sum \Delta W = \sum_{t_0}^{t} \overline{Q} \Delta t \tag{2-20}$$

Δt 的长短可视天然流量变化情况、计算精度要求及调节周期长短而定，在长周期调节计算中，一般采用一个月、半个月或一旬。

显然，针对流量过程资料即能绘出水量累积曲线，计算步骤如表 2-9 所示。计算时段取一个月（即 $\Delta t = 2.63 \times 10^6$s），表中第（5）栏就是从某年 7 月初起，逐月累计来水量增值 ΔW 而得出各月末的累积水量值。若以月份［表中第（1）栏］为横坐标，各月末相应的第（5）栏 $\sum \Delta W$ 值为纵坐标，便可绘出水量累积曲线［图 2-13（d）］。

为了便于计算和绘图，常以［$(m^3/s) \cdot$ 月］为水量的计算单位。其含义是 $1m^3/s$ 的流量历时一个月的水量，即

$$1[(m^3/s) \cdot 月] = 1 \times 2.63 \times 10^6 = 2.63 \times 10^6 (m^3)$$

表 2-9 中的第（4）栏和第（6）栏就是以［$(m^3/s) \cdot$ 月］为单位的各月水量增值 ΔW 和水量累积值 W。按表中（1）栏和（6）栏对应数据点绘成的水量累积曲线，其纵坐标即以［$(m^3/s) \cdot$ 月］为单位。

归纳起来，水量累积曲线的主要特性是：

（1）曲线上任意 A、B 两点的纵坐标差值 ΔW_{AB} 表示 $t_A \sim t_B$ 期间（即 Δt_{AB}）的水量（图 2-14）。

（2）连接曲线上任意 A、B 两点得割线 AB，它与横轴夹角 β 的正切，正好表示 Δt_{AB} 内的平均流量。因为 $BCm_W / ACm_t = \overline{Q}_{AB}$，即斜率 $\text{tg}\beta = BC/AC = \overline{Q}_{AB} m_t / m_W$，式中的 m_W 和 m_t 分别为水量和时间的比尺。如图 2-14 所示，全历时（t_0 到 t_D）的平均流量可用连接曲线首、末两端的直线 OD 的斜率表示。

表 2-9　　　　**水量累积曲线计算表**

时间		月平均流量 $\overline{Q}_{月}$ /(m³/s)	水量增值 ΔW		水量累积值 $W=\sum \Delta W$	
年	月		按 10^6m³ 计	按[(m³/s)·月]计	按 10^6m³ 计	按[(m³/s)·月]计
(1)		(2)	(3)	(4)	(5)	(6)
某年					0(月初)	0(月初)
	7	Q_7	$Q_7\times2.63$	Q_7	$Q_7\times2.63$	Q_7
	8	Q_8	$Q_8\times2.63$	Q_8	$(Q_7+Q_8)\times2.63$	Q_7+Q_8
	9	Q_9	$Q_9\times2.63$	Q_9	$(Q_7+Q_8+Q_9)\times2.63$	$Q_7+Q_8+Q_9$
	10	Q_{10}	$Q_{10}\times2.63$	Q_{10}	$(Q_7+Q_8+Q_9+Q_{10})\times2.63$	$Q_7+Q_8+Q_9+Q_{10}$
	⋮	⋮	⋮ ⋮	⋮ ⋮	⋮	⋮

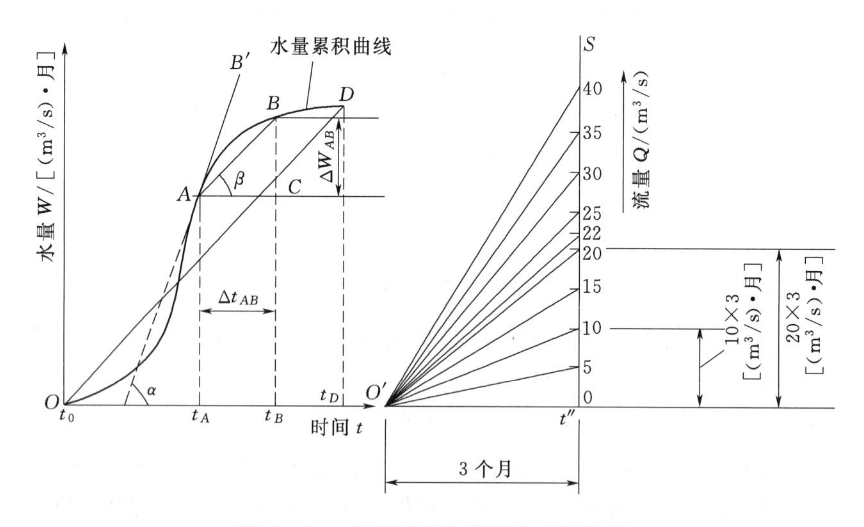

图 2-14　水量累积曲线及其流量比尺

(3) 如使曲线上 B 点逐渐逼近 A 点，最后取时段 Δt 为无限小，则割线 AB 将成为曲线在 A 点处的切线 AB'。这时，AB' 的斜率 $\mathrm{tg}\alpha=\mathrm{d}W/\mathrm{d}t$ 表示时刻 t_A 的瞬时流量（应计入坐标比尺关系，下同）。即水量累积曲线上任意一点的切线斜率代表该时刻的瞬时流量。可见，若某时段流量为常数，则该时段内水量累积曲线应为直线段。也就是说按时段平均流量绘成的水量累积曲线呈折线状［图 2-13 (*c*)、(*d*)］；而按瞬时流量绘制时，则呈曲线状［图 2-13 (*a*)、(*b*)］。

由上述切线斜率表示流量的特性可见，当选定比尺绘成水量累积曲线后，必然产生与之相对应的流量比尺。为绘出这种比尺，先取任意历时（图 2-14 的比尺是取 3 个月），针对所取定历时计算水量和流量的关系（见表 2-10）。再取水平线段 $O't''$，令其长度代表水量累积曲线时间比尺 3 个月（或 7.89×10^6s）。根据表 2-10 中若干水量值，例如 0、5×3、10×3 和 15×3[(m³/s)·月] 等，在图 2-14 中的垂直线 $t''S$ 上按水量比尺截取 0、5、10、15 等点，则这些点与 O' 点的连线（呈射线状）的斜率就分别代表流量为 0、5、10、15（单位为 m³/s）。同理，在 $t''S$ 纵线上可按水量比尺截取各水量值的点，或在若干水量值内按比例内插其他水量值，作出刻度，各刻度点与 O' 连线的斜率即分别表示各刻度所示流量值（图 2－14 中的 $22m^3/s$ 等）。显然，水平线 $O't''$ 的斜率为零，它所代表的流量即等于零。绘成流量比尺后，可很方便地在水量累积曲线上直接读出各时刻的瞬时流量或各时段的平均流量。

表 2－10　　　　流量与水量计算关系表

流量 $Q/(m^3/s)$		(1)	0	5	10	15	2	…
水量 W	(m^3/s)·月	(2)	0	5×3*	10×3	15×3	20×3	…
	$10^6 m^3$	(3)	0	5×7.89*	10×7.89	15×7.89	20×7.89	…

*　分别为月数和根据月数算出的秒数。

天然径流不会是负值，故水量累积曲线呈逐时上升状。当历时较长时，图形在纵向将有大幅度延伸，使绘制和使用均不方便。若缩小水量比尺，又会降低图解精度。针对这个缺点，在工程设计中常采用水量差积曲线来代替水量累积曲线。

（二）水量差积曲线

如图 2－15 所示，图 2－15（b）图系斜坐标网格内的水量累积曲线（称斜坐标水量累积曲线）。斜坐标网格的绘制是保持横坐标网格（即时间间隔）原有宽度不变，使水平横轴向下倾斜一个角度即作一种“错动”，也就是说把表示流量值等于零的水平横轴 $0t$ 错动到 $0t'$ 位置。而通常把所需绘制水量累积曲线的平均流量值 $\overline{Q}$“错动”到水平横轴上，即让横轴 $0t$ 方向线代表平均流量 $\overline{Q}$。这样所绘制水量累积曲线的最后一点正好落在横轴上[图 2－15（b）上的 f' 点]。但在实际绘制工作中，为便于计算，往往让水平方向线代表接近于平均流量值的整值数。如平均流量为 $47.5m^3/s$，则可令水平方向线代表 $45m^3/s$ 流量，那么，绘制出的水量累积曲线终值点将略高于横轴；如果令水平方向线代表 $50m^3/s$ 流量，则水量累积曲线终值点将略低于横轴。斜坐标累积曲线是一条围绕横轴上下起伏的曲线［图2－15（b）］，实际使用时，只需查用图 2－15（b）中水平点划线间的带状区域。

斜坐标累积曲线的纵距仍代表水量累积值，只不过量度的起始线不是横轴，而是倾斜的 $0t'$ 轴。例如某年 5 月初到 8 月底的总水量在直坐标里以 jd 线段量度［图 2－15（a）］，等于 450[(m^3/s)·月]；而在斜坐标里则以 $j'd'$ 量度［图 2－15（b）］，$jd=j'd'$，但读数时要过 d' 作与 $0t'$ 平行的线在纵轴上读出，仍为 450［(m^3/s)·月］。在斜坐标水量累积曲线上，$j'd'=j'h'+h'd'$，故 $h'd'=j'd'-j'h'$。其中 $j'h'=4\overline{Q}$［(m^3/s)·月］$=jh$（因水平轴方向代表平均流量 $\overline{Q}$）。同理，$k'c'=3\overline{Q}=kc$，$i'g'=5\overline{Q}=ig$，…。可见，从斜坐标水平轴上 t_x 时刻量到水量累积曲线的纵距，表示自起始时刻 t_0 到 t_x 期间的总水量与以水平轴方向所代表流量（图 2－15 为平均流量 $\overline{Q}$）的同期水量之差，称差积水量。其读数可在直坐标纵轴上读出。例如 d' 点的差积水量 $h'd'=j'd'-j'h'=450-400=50$［$(m^3/s)$·月］，它可由过 d' 点作平行于横轴的水平线在纵轴上读出。因此，这种在斜坐标里绘成的水量累积曲线对水平轴而言，叫做水量差积曲线。即把斜坐标网格换成水平横坐标网格，却不变动其曲线，这时曲线就成水量差积曲线。差积水量的数学表达式为

$$W_{差积}=\int_{t_0}^{t}(Q-Q_{定})\mathrm{d}t=\int_{t_0}^{t}Q\mathrm{d}t-\int_{t_0}^{t}Q_{定}\,\mathrm{d}t \qquad (2-21)$$

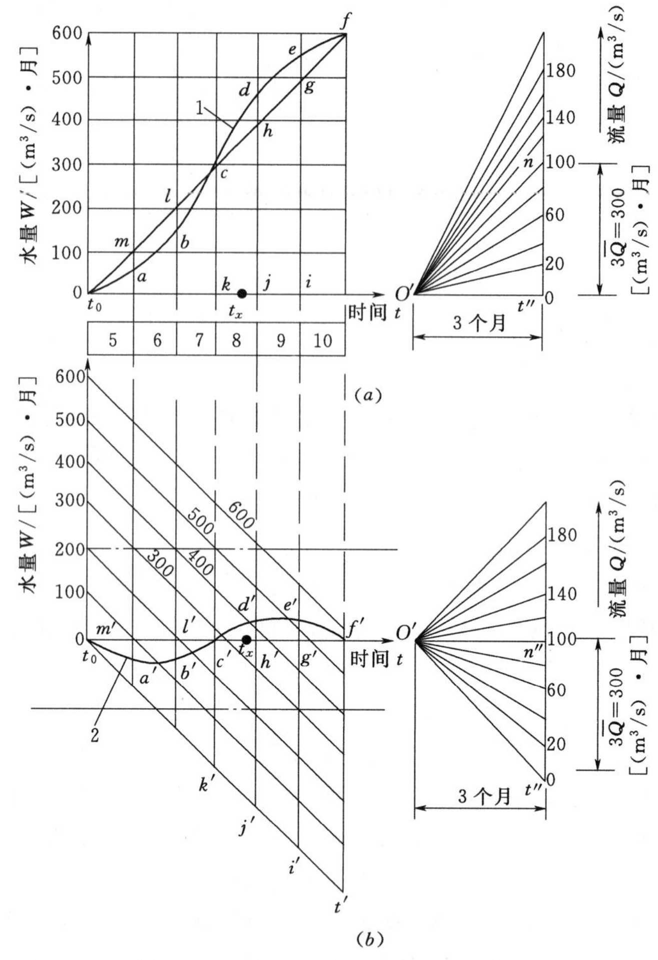

图 2-15　水量差积曲线及其流量比尺

1—直坐标水量累积曲线；2—斜坐标水量累积曲线

或近似表示为

$$W_{差积} = \sum_{t_0}^{t}(Q - Q_{定})\Delta t \tag{2-22}$$

式中　Q——在式（2-21）和式（2-22）中分别为瞬时流量和时段平均流量；

　　$Q_{定}$——接近于绘图历时平均流量的整数值，图例 2-15 中的 $Q_{定}$ 等于 $\overline{Q}$。

根据上述讨论，绘制水量差积曲线的具体计算可按表 2-11 格式进行。表中数例与图 2-15 所示者一致。在此例中，水平轴方向表示的流量值等于绘图历时（共 6 个月）的平均流量 $\overline{Q}$，即 $Q_{定}=\overline{Q}=100\text{m}^3/\text{s}$。根据表 2-11 中（1）、（5）两栏数据，即可在直坐标网上点绘出水量差积曲线来。再次指出：差积曲线上水量的量度仍以水平轴为基准，但量度的数值不是总水量累积值，而是水量差积值（如表 2-11）。这差积值有正有负，遇正值往水平轴上部量取，如图 2-15 中 $h'd'=50[(\text{m}^3/\text{s})\cdot 月]$，$g'e'=50[(\text{m}^3/\text{s})\cdot 月]$，即表 2-11 中 8 月末和 9 月末的情况；遇负值则自水平轴向下量取，如图中 $m'a'=-50[(\text{m}/\text{s})\cdot 月]$，$l'b'=-50[(\text{m}^3/\text{s})\cdot 月]$，即表中 5 月末和 6 月末的情况；表中水量差积值为零的点则恰好落在横轴上，如图 2-15 中 c' 点及 f' 点，即表 2-11 中 7 月末和 10 月末的情况。

表 2-11　　水量差积曲线计算表（Δt=1 月）

时间		月平均流量 $\overline{Q}_{月}$ /(m³/s)	月水量 $W_{月}(=\overline{Q}_{月}\Delta t)$ /[(m³/s)·月]	水量差值 $W_{月}-W_{定}(=\overline{Q}_{月}\Delta t-Q_{定}\Delta t)$ /[(m³/s)·月]	水量差积值 $\sum(W_{月}-W_{定})$ /[(m³/s)·月]
年	月				
(1)		(2)	(3)	(4)	(5)
					0(月初值)
某年	5	50	50	(50－100＝)－50	－50
	6	100	100	(100－100＝)0	－50
	7	150	150	(150－100＝)50	0
	8	150	150	(150－100＝)50	50
	9	100	100	(100－100＝)0	50
	10	50	50	(50－100＝)－50	0
平均值		$\overline{Q}=100=Q_{定}$			

再研究水量差积曲线上的流量表示法。对式（2-21）取一次导数，得

$$\frac{\mathrm{d}W_{差积}}{\mathrm{d}t}=Q-Q_{定} \tag{2-23}$$

或

$$Q=\frac{\mathrm{d}W_{差积}}{\mathrm{d}t}+Q_{定} \tag{2-24}$$

式（2-23）和式（2-24）说明水量差积曲线也有以切线斜率表示流量的特性。但曲线上某点切线斜率并不等于该时刻实际流量值 Q，而等于实际流量与某固定流量 $Q_{定}$ 的差值。或者说，任意时刻的实际流量等于水量差积曲线上该时刻切线斜率（计及坐标比尺关系）与 $Q_{定}$ 的代数和。可见，水量差积曲线也具有与水量和时间比尺相适应的流量比尺，只不过这时水平方向不表示流量为零，而表示接近于绘图历时平均流量的整数流量 $Q_{定}$。流量等于零的射线已“错动”到倾向右下方的 $O't''$位置，如图 2-15（b）所示。

水量差积曲线流量比尺的具体做法是：先画水平线段 $O'n''$，使它按时间比尺表示某一定时段 Δt（图中为 Δt=3 个月的例子）。然后由 n''点垂直向下作线段 $n''t''$，使它按水量比尺等于 $Q_{定}\ \Delta t$[(m³/s)·月]。图 2-15（b）中 $n''t''=3\overline{Q}=300$[(m³/s)·月]。这时，水平线 $O'n''$的方向即代表 $Q_{定}=100\text{m}^3/\text{s}$，而 $O't''$的指向即是流量等于零的方向。将 $t''n''$及其延长线等分，即可绘出水量差积曲线的流量比尺。不难证明，按上述方法绘出的流量比尺，是与式（2-24）所描述的关系相符的。

归纳起来，水量差积曲线的主要特性是：

（1）$Q>Q_{定}$ 时，曲线上升；$Q<Q_{定}$ 时，曲线下降。当 $Q_{定}$ 等于或接近于绘图历时的平均流量时，曲线将围绕水平轴上下摆动。

（2）水量差积曲线上任一时刻 t_x 的纵坐标（对水平轴而言，读数仍用直坐标），表示从起始时刻 t_0 到该时刻 t_x 期间的水量差积值 $\sum_{t_0}^{t_x}(Q-Q_{定})\Delta t=\sum_{t_0}^{t_x}Q\Delta t-\sum_{t_0}^{t_x}Q_{定}\ \Delta t$。而从水平轴到倾斜线 $0t'$的垂直距离，则表示同期累积水量 $\sum_{t_0}^{t_x}Q_{定}\Delta t$。也就是说，从倾斜线 $0t'$

量到差积曲线上的纵距表示某时刻为止的实际总累积水量。为便于定出曲线上的总累积水量，通常利用斜坐标网格，即在坐标系统里按比尺绘制一些与 $0t'$ 线平行的斜线组，并注明各斜线的水量值，见图 2－15（b）中斜线上的 300、400 等，单位是 [(m^3/s)·月]，以便读数。

（3）曲线上任意两点量至斜线 $0t'$ 的垂直距离之差，即该两点历时内的实际水量。

（4）任一时刻的流量可由水量差积曲线上该点切线斜率按流量比尺确定。当某时段流量为常数时，该时段内差积曲线呈直线状。某时段的平均流量可由水量差积曲线相应两点的连线斜率，按流量比尺确定。

可见，水量差积曲线具有与水量累积曲线十分相似的基本特性。

二、根据用水要求确定兴利库容的图解法

解决这类图解的途径是在来水水量差积曲线坐标系统中，绘制用水水量差积曲线，按水量平衡原理对来水和用水进行比较、解算。

（一）确定年调节水库兴利库容的图解法（不计水量损失）

当采用代表期法时，首先根据设计保证率选定设计枯水年，然后针对设计枯水年进行图解，其步骤为：

（1）绘制设计枯水年水量差积曲线及其流量比尺（图 2－16）。

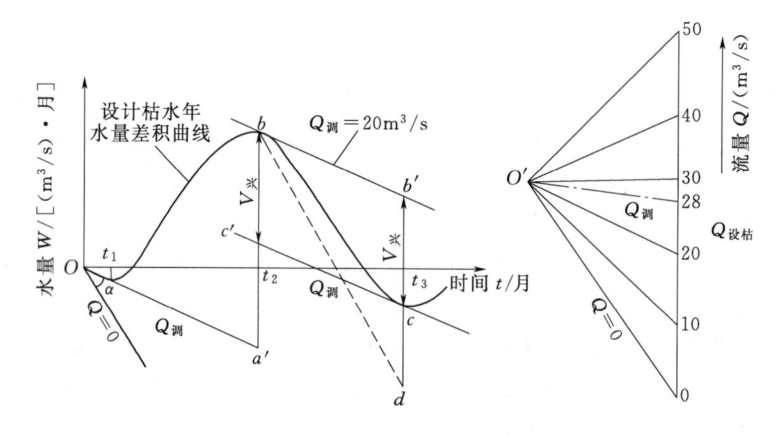

图 2－16　确定年调节水库兴利库容图解法（代表期法）

（2）在流量比尺上定出已知调节流量的方向线（$Q_{调}$ 射线），绘出平行于 $Q_{调}$ 射线并与天然水量差积曲线相切的平行线组。

（3）供水期（bc 段）上、下切线间的纵距，按水量比尺量取，即等于所求的水库兴利库容 $V_{兴}$。

图 2－16 中给出的例子为：当 $Q_{调}=20m^3/s$ 时，年调节水库兴利库容 $V_{兴}=b'cm_W=bc'm_W$[(m^3/s)·月]。它的正确性是不难证明的，作图方法本身确定了图 2－16 中 a 点（t_1 时刻）、b 点（t_2 时刻）和 c 点（t_3 时刻）处天然流量均等于调节流量 $Q_{调}$。而在 b 点前和 c 点后天然流量均大于调节流量，不需水库补充供水，b 点后和 c 点前的 $t_2 \sim t_3$ 期间，天然流量小于调节流量，为水库供水期。过 b 点作平行于零流量线（$Q=0$ 射线）的辅助线 bd，由差积曲线特性可知：纵距 cd 按水量比尺等于供水期天然来水量。同时，在坐标

系统中，bb'也是一条流量为 $Q_{调}$ 的水量差积曲线，即水库出流量差积曲线，则 $b'dm_W$ [(m^3/s) · 月]为供水期总需水量。水库兴利库容应等于供水期总需水量与同期天然来水量之差，即 $V_{兴}=(b'd-cd)m_W=b'cm_W=bc'm_W$[$(m^3/s)$ · 月]。

十分明显，上切线 bb'和天然来水量差积曲线间的纵距表示各时刻需由水库补充的水量，而切线 bb'和 cc'间纵距为兴利库容 $V_{兴}$，它减去水库供水量即为水库蓄水量（条件是供水期初兴利库容蓄满）。因此，天然水量差积曲线与下切线 cc'之间的纵距表示供水期水库蓄水量变化过程。例如 t_2 时 $V_{兴}$ 蓄满，为供水期起始时刻，t_3 时 $V_{兴}$ 放空。

应该注意，图中 aa'和 bb'虽也是与 $Q_{调}$ 射线同斜率且切于天然水量差积曲线的两条平行线，但其间纵距 ba'却不表示水库必备的兴利库容。这是因为 $t_1 \sim t_2$ 为水库蓄水期，故 ba'表示多余水量而并非不足水量。因此，采用调节流量平行切线法确定兴利库容时，首先应正确地定出供水期，要注意供水期内水库局部回蓄问题，不要把局部回蓄当作供水期结束；然后遵循由上切线（在供水期初）顺时序计量到相邻下切线（在供水期末）的规则。

以上系等流量调节情况。实际上，对于变动的用水流量也可按整个供水期需用流量的平均值进行等流量调节，这对确定兴利库容并无影响。但是，当要求确定枯水期水库蓄水量变化过程时，则变动的用水流量不能按等流量处理。这时，水库出流量差积曲线不再是一条直线。

当采用径流调节长系列时历法时，首先针对长系列实测径流资料，用与上述代表期法相同的步骤和方法进行图解，求出各年所需的兴利库容。再按由大到小顺序排列，计算、绘制兴利库容经验频率曲线。最后，根据设计保证率 $P_{设}$ 由兴利库容频率曲线查定所求的兴利库容［图 2－17（a）］。

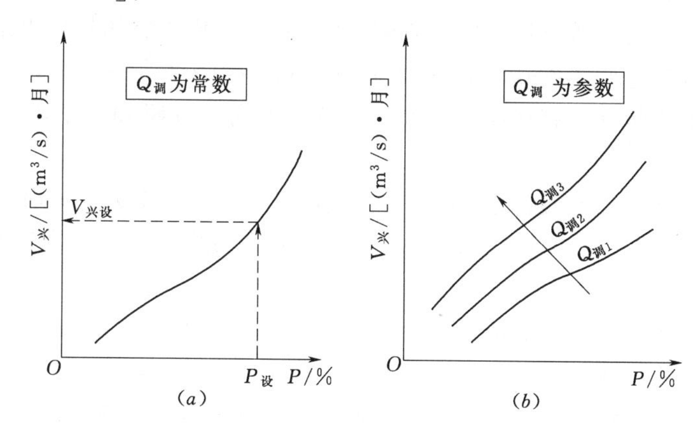

图 2－17　年调节水库兴利库容频率曲线

显然，改变 $Q_{调}$ 将得出不同的 $V_{兴}$。针对每一个 $Q_{调}$ 方案进行长系列时历图解，将求得各自特定的兴利库容经验频率曲线，如图 2－17（b）所示。

（二）确定多年调节水库兴利库容的图解法（不计水量损失）

利用水量差积曲线求解多年调节兴利库容的图解法，比时历列表法更加简明，在具有长期实测径流资料（30～50 年以上）的条件下，是水库工程规划设计中常用的方法。

针对设计枯水系列进行多年调节的图解方法，与上述年调节代表期法相似，其步骤为：

（1）绘制设计枯水系列水量差积曲线及其流量比尺。

（2）按照公式 $T_{破}=n-P_{设}(n+1)$ 计算在设计保证率条件下的允许破坏年数［见式(2-13)］。图2-18示例具有30年水文资料，即 $n=30$，若 $P_{设}=94\%$，则 $P_{破}=30-0.94\times31\approx1$ 年。

（3）选出最严重的连续枯水年系列，并自此系列末期扣除 $T_{破}$，以划定设计枯水系列。如图2-18所示，由于 $T_{破}=1$ 年，在最严重枯水年系列里找出允许被破坏的年份为1961—1962年，则1955—1961年即为设计枯水系列。

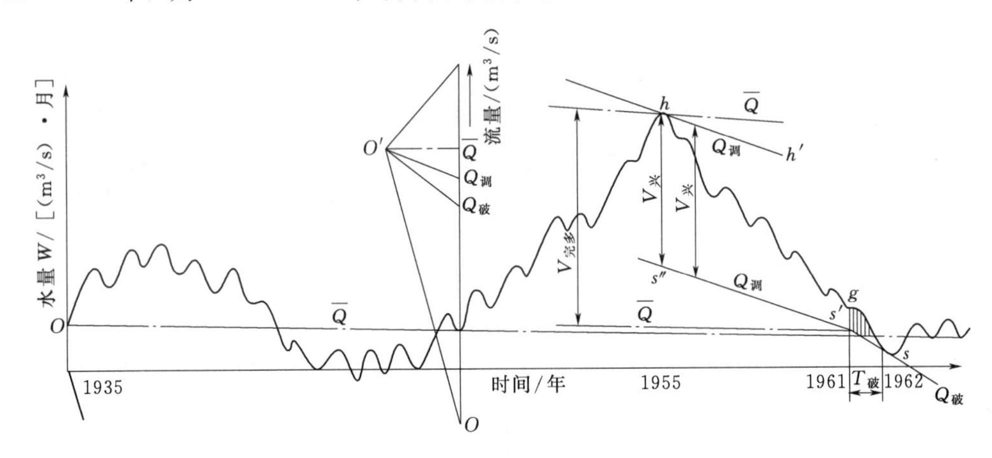

图2-18 确定多年调节水库兴利库容图解法（代表期法）

（4）根据需要与可能，确定在正常工作遭破坏年份的最低用水流量 $Q_{破}$，$Q_{破}<Q_{调}$。

（5）在最严重枯水年系列末期（最后一年）作天然水量差积曲线的切线，使其斜率等于 $Q_{破}$（图中 ss'）。差积曲线与切线 ss' 间纵距表示正常工作遭破坏年份里水库蓄水量变化情况，如图2-18中竖阴影线所示，其中 $gs'm_W$［(m^3/s)·月］表示应在破坏年份前一年枯水期末预留的蓄水量（只有这样才能保证破坏年份内能按照 $Q_{破}$ 放水），从而得出特定的 s' 点位置。

（6）自点 s' 作斜率等于 $Q_{调}$ 的线段 $s's''$。同时在设计枯水系列起始时刻作差积曲线的切线 hh'，其斜率也等于 $Q_{调}$，切点为 h。$s's''$ 与 hh' 间的纵距便表示该多年调节水库应具备的兴利库容，即 $V_{兴}=hs''m_W$［(m^3/s)·月］。

（7）当长系列水文资料中有两个以上的严重枯水年系列而难于确定设计枯水系列时，则应按上述步骤分别对各枯水年系列进行图解，取所需兴利库容中的最大值，以策安全。

显然，多年调节的调节周期和兴利库容值均将随调节流量的改变而改变。多年调节水库调节流量的变动范围为：大于设计枯水年进行等流量完全年调节时的调节流量（即 $\overline{Q}_{设枯}$），小于整个水文系列的平均流量 $\overline{Q}$。在图2-18中用点划线示出确定完全多年调节（按设计保证率）兴利库容 $V_{完多}$ 的图解方法。

也可对长系列水文资料，运用推调节流量平行切线的方法，求出各种年份和年组所需的兴利库容，而后对各兴利库容值进行频率计算，按设计保证率确定必需的兴利库容。在图2-19中仅取10年为例，说明确定多年调节兴利库容的长系列径流调节时历图解方法。首先绘出与天然水量差积曲线相切，斜率等于调节流量 $Q_{调}$ 的许多平行切线。画该平行切线组的规则是：凡天然水量差积曲线各年低谷处的切线都绘出来，而各年峰部的切线，只有不与前一年差积曲线相交的才有效，若相交则不必绘出（图 2－19 中第 3 年、第 4 年、第 5 年及第 10 年）。然后将每年天然来水量与调节水量比较。不难看出，在第 1、2、6、7、8、9 年等 6 个年度里，当年水量即能满足兴利要求，确定兴利库容的图解法与年调节时相同。如图 2－19 所示，由上、下 $Q_{调}$ 切线间纵距定出各年所需兴利库容为 V_1、V_2、V_6、V_7、V_8 及 V_9。对于年平均流量小于 $Q_{调}$ 的枯水年份，如第 3、4、5、10 年等，各年丰水期水库蓄水量均较少（如图 2－19 中阴影线所示），必须连同它前面的丰水年份进行跨年度调节，才有可能满足兴利要求。例如第 10 年连同前面来水较丰的第 9 年，两年总来水量超过两倍要求的用水量，即 $\overline{Q}_{10}+\overline{Q}_9>2Q_{调}$。这一点可由图中第 10 年末 $Q_{调}$ 切线延线与差积曲线交点 a 落在第 9 年丰水期来说明。于是，可把该两年看成一个调节周期，仍用绘制调节流量平行切线法，求得该调节周期的必需兴利库容 V_{10}。再看第 3 年，也是来水不足，且与前一年组合在一块的来水总量仍小于两倍需水量，必须再与更前一年组合。第 1 年、第 2 年和第 3 年三年总来水量已超过三倍调节水量，即 $\overline{Q}_1+\overline{Q}_2+\overline{Q}_3>3Q_{调}$。对这样三年为一个周期的调节，也可用平行切线法求出必需的兴利库容 V_3 来。同理，对于第 4 年和第 5 年，则分别应由四年和五年组成调节周期进行调节，这样才能满足用水要求，由图解确定其兴利库容分别为 V_4 和 V_5。由图 2－19（a）可见，在该 10 年水文系列中，从第 2 年到第 5 年连续出现四个枯水年，它们成为枯水年系列。显然，枯水年系列在多年调节计算中起着重要的作用。

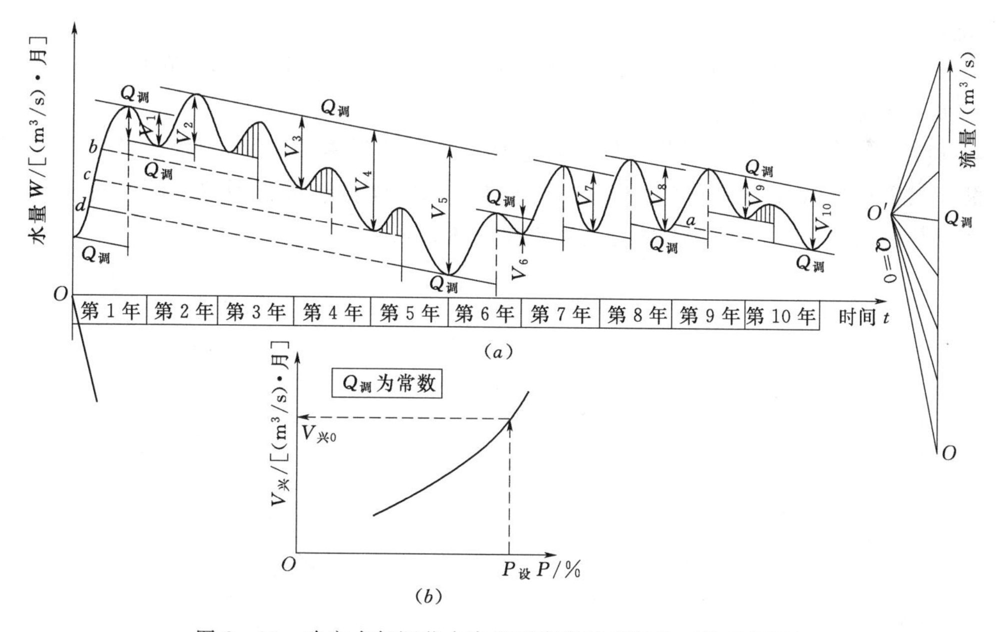

图 2－19　确定多年调节水库兴利库容的图解法（长系列法）

在求出各种年份和年组所需的兴利库容 V_1、V_2、V_3、…、V_{10}之后，按由小到大顺序排列，计算各兴利库容值的频率，并绘制兴利库容频率曲线，根据 $P_{设}$ 便可在该曲线上查定所需多年调节水库的兴利库容 $V_{兴}$［图 2－19（b）］。

（三）计入水库水量损失确定兴利库容的图解法

图解法对水库水量损失的考虑，与时历列表法的思路和方法基本相同。常将计算期（年调节指供水期；多年调节指枯水系列）分为若干时段，由不计损失时的蓄水情况初定各时段的水量损失值。以供水终止时刻放空兴利库容为控制，逆时序操作并逐步逼近地求出较精确的解答。

为简化计算，常采用计入水量损失的近似方法。即根据不计水量损失求得的兴利库容定出水库在计算期的平均蓄水量和平均水面面积，从而求出计算期总水量损失并折算成损失流量。用既定的调节流量加上损失流量得出毛调节流量，再根据毛调节流量在天然水量差积曲线上进行图解，便可求出计入水库水量损失后的兴利库容近似解。

三、根据兴利库容确定调节流量的图解法

如同前述，采用时历列表法解决这类问题需进行试算，而图解法可直接给出答案。

（一）确定年调节水库调节流量的图解法

当采用代表期法时，针对设计枯水年进行图解的步骤为：

（1）在设计枯水年水量差积曲线下方绘制与之平行的满库线，两者间纵距等于已知的兴利库容 $V_{兴}$（图 2－20）。

（2）绘制枯水期天然水量差积曲线和满库线的公切线 ab。

（3）根据公切线的方向，在流量比尺上定出相应的流量值，它就是已知兴利库容所能获得的符合设计保证率要求的调节流量。切点 a 和 b 分别定出按等流量调节时水库供水期的起讫日期。

（4）当计及水库水量损失时，先求平均损失流量，从上面求出的调节流量中扣除损失流量，即得净调节流量（有一定近似性）。

在设计保证率一定时，调节流量值将随兴利库容的增减而增减（图 2－11）；当改变 $P_{设}$ 时，只需分别对各个 $P_{设}$ 相应的设计枯水年，用同样方法进行图解，便可绘出一组以 $P_{设}$ 为参数的兴利库容与调节流量的关系曲线（图 2－21）。

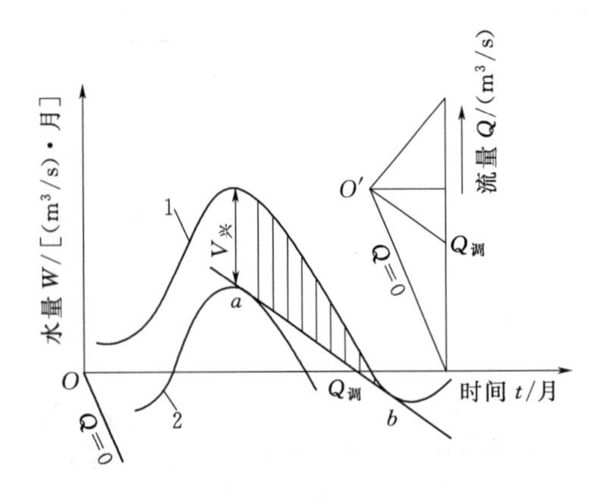

图 2－20　确定调节流量的图解法（代表期法）

1—设计枯水年水量差积曲线；2—满库线

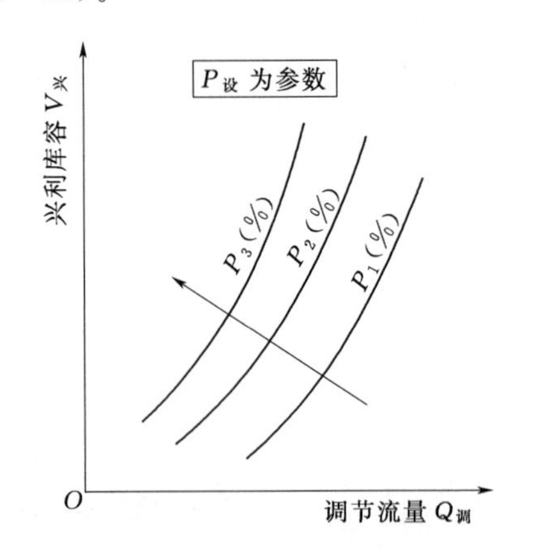

图 2－21　$P_{设}$ 为参数的 $V_{兴}$～$Q_{调}$曲线组

可按上述步骤对长径流系列进行图解（即长系列法），求出各种来水年份的调节流量（$V_{兴}$ 为常数）。将这些调节流量值按大小顺序排列，进行频率计算并绘制调节流量频率曲线。根据规定的 $P_{设}$，便可在该频率曲线上查定所求的调节流量值，见图 2-22（a）。对若干兴利库容方案，用相同方法进行图解，就能绘出一组调节流量频率曲线，如图 2-22（b）所示。

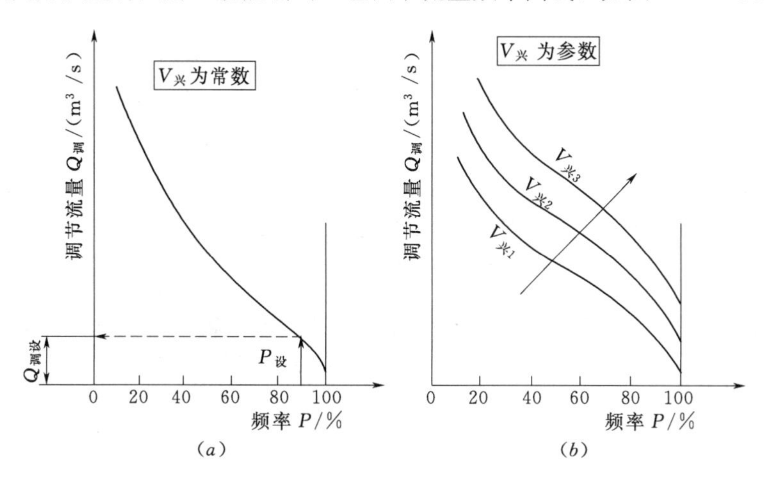

图 2-22 年调节水库调节流量频率曲线

（a）$V_{兴}$ 为常数；（b）$V_{兴}$ 为参数

（二）确定多年调节水库调节流量的图解法

图 2-23 中给出从长水文系列中选出的最枯枯水年组。若使枯水年组中各年均正常工作，则将由天然水量差积曲线和满库线的公切线 ss''方向确定调节流量 $Q_{调}$。实际上，根据水文系列的年限和设计保证率，按式（2-13）可算出正常工作允许破坏年数，据此在图中确定 s'点位置。自 s'点作满库线的切线 $s's''$，可按其方向在流量比尺上定出调节流量 $Q_{调}$。

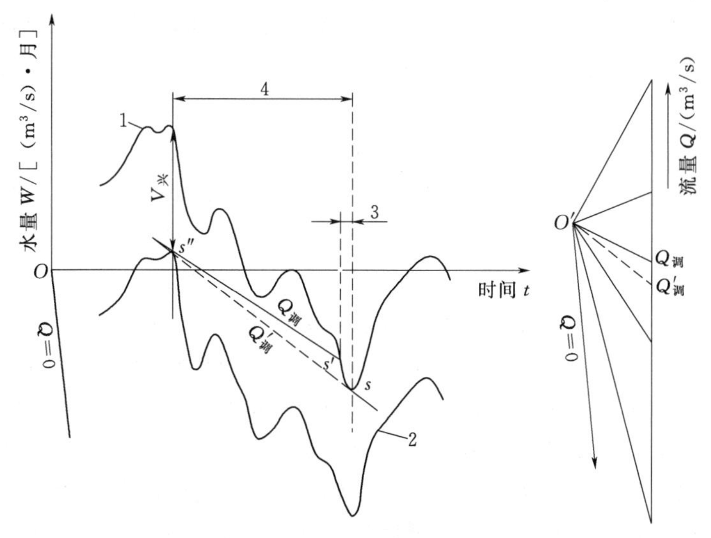

图 2-23 确定多年调节水库调节流量的图解法（代表期法）

1—天然水量差积曲线；2—满库线；3—允许破坏的时间；4—最枯枯水年组

这类图解也可对长系列水文资料进行，如图 2－24 所示。表示用水情况的调节水量差积曲线，基本上由天然水量差积曲线和满库线的公切线组成。但应注意，该调节水量差积曲线不应超越天然水量差积曲线和满库线的范围。例如图 2－24 中 T 时期内就不能再拘泥于公切线的做法，而应改为两种不同调节流量的用水方式（即 $Q_{调7}$ 和 $Q_{调8}$）。

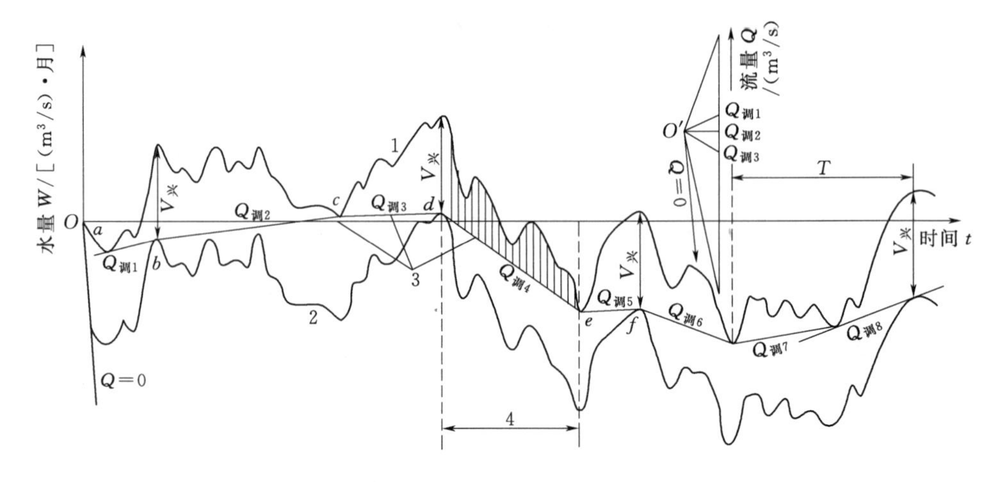

图 2－24　确定多年调节水库调节流量的图解法（长系列法）

1—天然水量差积曲线；2—满库线；3—调节方案；4—最枯枯水年组

以上这种作图方法所得调节方案，就好似一根细线绷紧在天然水量差积曲线与满库线之间的各控制点上（要尽量使调节流量均衡些），所以又被形象地称为“绷线法”。

根据图解结果便可绘制调节流量的频率曲线，然后按 $P_{设}$ 即可查定相应的调节流量[类似图 2－22（a）]。

综合上述讨论，可将 $V_{兴}$、$Q_{调}$ 和 $P_{设}$ 三者的关系归纳为以下几点：

（1）$V_{兴}$ 一定时，$P_{设}$ 越高，可能获得的供水期 $Q_{调}$ 越小，反之则大（图 2－22）。

（2）$Q_{调}$ 一定时，要求的 $P_{设}$ 越高，所需的 $V_{兴}$ 也越大，反之则小［图 2－17 和图 2－19（b）］。

（3）$P_{设}$ 一定时，$V_{兴}$ 越大，供水期 $Q_{调}$ 也越大（图 2－21）。

显然，若将图 2－17、图 2－21 和图 2－22 上的关系曲线绘在一起，则构成 $V_{兴}$、$Q_{调}$ 和 $P_{设}$ 三者的综合关系图。这种图在规划设计阶段，特别是对多方案的分析比较，应用起来很方便。

四、根据水库兴利库容和操作方案，推求水库运用过程

利用水库调节径流时，在丰水期或丰水年系列应尽可能地加大用水量，使弃水减至最少。对于灌溉用水，由于丰水期雨量较充沛，需用水量有限。而对于水力发电来讲，充分利用丰水期多余水量增加季节性电能，是十分重要的。因此，在保证蓄水期末蓄满兴利库容的前提下，在水电站最大过水能力（用 Q_T 表示）的限度内，丰水期径流调节的一般准则是充分利用天然来水量。在枯水期，借助于兴利库容的蓄水量，合理操作水库，以便有效地提高枯水径流，满足各兴利部门的要求。

下面以年调节水电站为例，介绍确定水库运用过程的图解方法。

(一) 等流量调节时的水库运用过程

为了便于确定水库蓄水过程，特别是具体确定兴利库容蓄满的时刻，先在天然水量差积曲线下绘制满库线。若水库在供水期按等流量操作，则作天然水量差积曲线和满库线的公切线［图 2-25（a_1）上的 cc'线］，它的斜率即表示供水期水库可能提供的调节流量 $Q_{调1}$。在丰水期，则作天然水量差积曲线的切线 aa' 和 $a''m$，使它们的斜率在流量比尺上对应于水电站的最大过流能力 Q_T。切线 aa'与满库线交于 a'点（t_2 时刻），说明水库到 t_2 时刻恰好蓄满。$a''m$ 线与天然水量差积曲线切于 m 点（t_3 时刻）。显然，t_3 时刻即天然来水流量 $Q_{天}$大于和小于 Q_T 的分界点，这就定出了丰水期的放水情况。总起来讲是：在 $t_1 \sim t_2$ 期间，放水流量为 Q_T，因为 $Q_{天} > Q_T$，故水库不断蓄水，到 t_2 时刻将 $V_{兴}$ 蓄满；$t_2 \sim t_3$ 期间，$Q_{天}$ 仍大于 Q_T，天然流量中大于 Q_T 的那一部分流量被弃往下游，总弃水量等于 qpm_W[(m^3/s)·月]；$t_3 \sim t_4$ 期间，$Q_{天} < Q_T$，但仍大于 $Q_{调1}$，水电站按天然来水流量运行，$V_{兴}$ 保持蓄满，以利提高枯水流量。而 $t_4 \sim t_5$ 期间，水库供水，水电站用水流量等于 $Q_{调1}$，至 t_5 时刻，水库水位降到死水位。

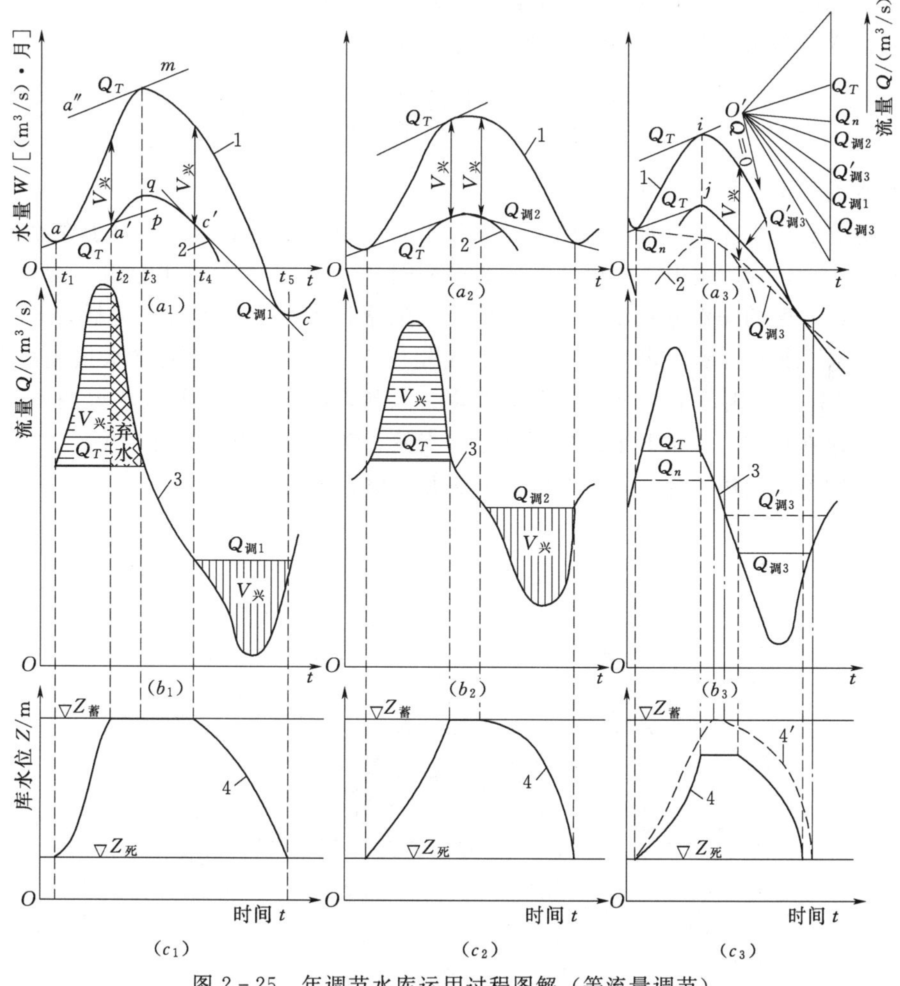

图 2-25　年调节水库运用过程图解（等流量调节）

1—天然水量差积曲线；2—满库线；3—天然流量过程线；4—库水位变化过程线

综上所述，$aa'qc'c$ 就是该年内水库放水水量差积曲线。任何时刻兴利库容内的蓄水量将由天然水量差积曲线与放水水量差积曲线间的纵距表示。根据各时刻库内蓄水量，可绘出库内蓄水量变化过程。借助于水库容积特性，可将不同时刻的水库蓄水量换算成相应的库水位，从而绘成库水位变化过程线［图 2－25（c_1）］。在图 2－25（b_1）中，根据水库操作方案，给出水库蓄水、供水、不蓄不供及弃水等情况。整个图 2－25 清晰地表示出水库全年运用过程。

显然，天然来水不同，则水库运用过程也不相同。实际工作中常选择若干代表年份进行计算，以期较全面地反映实际情况。图 2－25（a_2）中所示年份的特点是来水较均匀，丰水期以 Q_T 运行，$V_{兴}$ 可保证蓄满而并无弃水，供水期具有较大的 $Q_{调2}$。图 2－25（a_3）所示年份为枯水年，丰水期若仍以 Q_T 发电，则 $V_{兴}$ 不能蓄满，其最大蓄水量为 $ijmw$［(m^3/s)·月］，枯水期可用水量较少，调节流量仅为 $Q_{调3}$。为了在这年内能蓄满 $V_{兴}$ 以提高供水期调节流量，则在丰水期应降低用水，其用水流量值 Q_n 由天然水量差积曲线与满库线的公切线方向确定［在图 2－25（a_3）中，以虚线表示］，显然 $Q_n<Q_T$。由于 $V_{兴}$ 蓄满，使供水期能获得较大的调节流量 $Q'_{调3}$（即 $Q'_{调3}>Q_{调3}$）。

通常用水量利用系数 $K_{利用}$ 表示天然径流的利用程度，即

$$K_{利用}=\frac{利用水量}{全年总水量}=\frac{全年总水量-弃水量}{全年总水量}\times 100\% \qquad (2-25)$$

对于无弃水的年份，$K_{利用}=100\%$。

对于综合利用水库，放水时应同时考虑若干兴利部门的要求，大多属于变流量调节。如图 2－26 所示，为满足下游航运要求，通航期间（$t_1\sim t_2$）水库放水流量不能小于 $Q_{航}$。这时，供水期水库的操作方式就由前述按公切线斜率作等流量调节改变为折线 $c'c''c$ 放水方案。其中 $c'c''$线段斜率代表 $Q_{航}$ 并与满库线相切于 c'，而全年的放水水量差积曲线为 $aa'qc'c''c$。这样，就满足了整个通航期的要求。当然，$t_2\sim t_3$ 期间所能获得的调节流量，将比整个枯水期均按等流量调节时有所减小。当然，实际综合利用水库的操作方式可能远比图 2－26 中给出的例子复杂，但图解的方法并无原则区别。

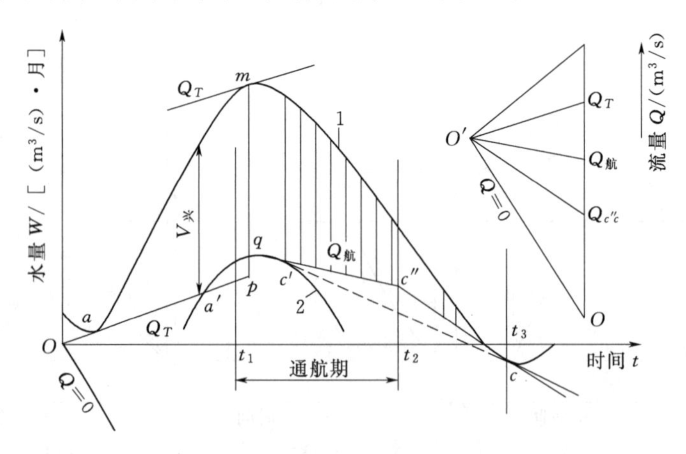

图 2－26　变流量调节

1—设计枯水年水量差积曲线；2—满库线

（二）定出力调节时的水库运用过程

采用时历列表试算的方法，不难求出定出力条件下的水库运用过程（表 2-8），而利用水量差积曲线进行这类课题的试算也是很方便的。在图 2-27 中给出定出力逆时序试算图解的例子。若需进行顺时序计算，方法基本相同，但要改变起算点，即供水期以开始供水时刻为起算时间，该时刻水库兴利库容为满蓄；而蓄水期则以水库开始蓄水的时刻为起算时间，该时刻兴利库容放空。

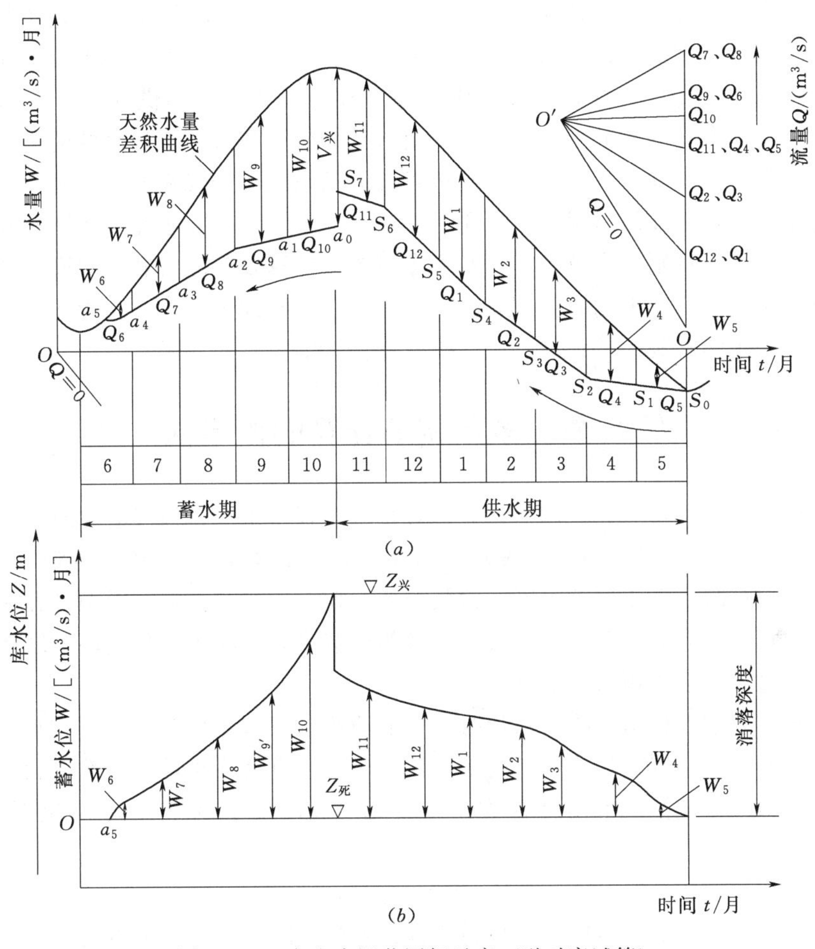

图 2-27 定出力调节图解示意（逆时序试算）

在图 2-27 的逆时序作图试算中，先假设供水期最末月份（图中为 5 月）的调节流量 Q_5，并按其相应斜率作天然水量差积曲线的切线（切点为 S_0）。该月里水库平均蓄水量 $\overline{W}_5$ 即可由图查定，从而根据水库容积特性得出上游月平均水位，并求得水电站月平均水头 $\overline{H}_5$。再按公式 $\overline{N}=AQ_5\overline{H}_5$(kW) 计算该月平均出力。如果算出的 $\overline{N}$ 值与已知的 5 月固定出力值相等，则表示假设的 Q_5 无误，否则，另行假定调节流量值再算，直到符合为止。5 月调节流量经试算确定后，则 4 月底（即 5 月初）水库蓄水量便可在图中固定下来，也就是说放水量差积曲线 4 月底的位置可以确定（图中 S_1 点）。以 S_1 点为起点，采用和 5 月相同的试算过程，可定出 3 月底放水量差积曲线位置 S_2。依此类推，即能求出整个供水期的放水量差积曲线，如图中折线 $S_0S_1S_2S_3S_4S_5S_6S_7$。

蓄水期的定出力逆时序调节计算是以蓄水期末兴利库容蓄满为前提的。如图 2-27 所示，由蓄水期末（即 10 月底）的 a_0 点开始，采用与供水期相同的作图试算方法，即可依次确定 a_1、a_2、a_3、a_4、a_5 诸点，从而绘出蓄水期放水量差积曲线，如图中折线 $a_0a_1a_2a_3a_4a_5$。显然，图中天然水量差积曲线与全年放水量差积曲线间的纵距，表示水库中蓄水量的变化过程，据此可作出库水位变化过程线［图 2-27（*b*）］。

上面用了两节的篇幅（本章第六节、第七节），对水库兴利调节时历法（列表法和图解法）进行了比较详细的讨论。关于时历法的特点和适用情况，可归纳为以下几点：①概念直观、方法简便；②计算结果直接提供水库各种调节要素（如供水量、蓄水量、库水位、弃水量、损失水量等）的全部过程；③要求具备较长和有一定代表性的径流系列及其他如水库特性资料；④列表法和图解法又都可分为长系列法和代表期法，其中长系列法适用于对计算精度要求较高的情况；⑤适用于用水量随来水情况、水库工作特性及用户要求而变化的调节计算，特别是水能计算、水库灌溉调节计算以及综合利用水库调节计算，对于这类复杂情况的计算，采用时历列表法尤为方便；⑥对固定供水方式和多方案比较时的兴利调节，多采用图解法。

第八节　多年调节计算的概率法

规划设计水库时进行的径流调节计算具有预报工程未来工作情况的性质，调节计算结果一般用 $P_{设}$、$Q_{调}$、$V_{兴}$三者的关系表示。采用时历法进行计算，概念清晰，方法简便。但当径流系列较短时，多年调节水库的蓄放循环周期少，代表性差，影响计算成果的可靠性。尤其对于相对库容大、调节周期很长的多年调节水库，时历法径流调节结果的精度难以满足要求。这时，多采用概率法。

当年用水量超过设计枯水年年水量时，一般即需进行多年调节。这时，水库既要调整径流的年际分配，又要调节径流的年内不均，相应地，可将多年调节水库兴利库容划分为两部分，其中用于调整年际径流者称多年库容 $V_{多}$；用于调节年内径流者称年库容 $V_{年}$，即

$$V_{兴}=V_{多}+V_{年} \tag{2-26}$$

图 2-28 形象地表示出多年调节兴利库容的划分情况，图中用虚曲线、实折线分别表示是否考虑径流年内不均的天然水量差积曲线。由图可见，当不需对天然来水年内不均匀性进行调节时，多年库容 $V_{多}$ 即可保证供给规定的调节流量 $Q_{调}$，否则，需另增年库容 $V_{年}$。

从上述概念出发，水库多年调节计算概率法常采用分别求多年库容 $V_{多}$ 和年库容 $V_{年}$ 的方法。多年库容用概率法计算，年库容用时历法计算，将两部分库容相加即可求得总的兴利库容。这类方法中 $V_{年}$ 的保证率概念不明确，两部分库容硬性相加在理论上也不够严格，但比较简单，可应用径流多年调节线解图直接求 $V_{多}$（图 2-28），应用较广。

一、确定多年库容

采用概率法求多年库容时，其基本假定是年径流量具有典型的概率分布而且是平稳

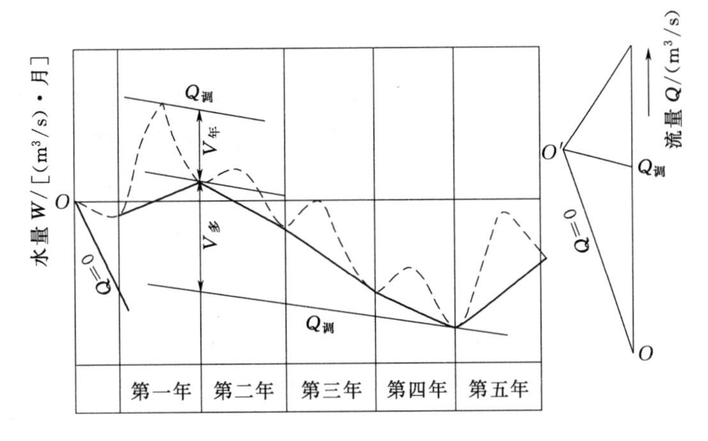

图 2-28　多年库容和年库容的划分

的，相邻年份的年径流相互独立。在多年库容和调节流量固定的条件下，应用概率法推求其对应的工作保证率的步骤为：

1. 绘制天然年水量模数频率曲线

年水量模数 K 即年水量与多年平均年水量之比值，又称模比系数，即 $K=W_{年}/\overline{W}_{年}$。可根据实测径流资料或统计参数绘制年水量模数频率曲线（图 2-29）。

2. 推求第一年末水库蓄水频率曲线

假设由库空起调，在年水量模数频率曲线上作水平线 AD，使其与横轴间相距调节系数 α（调节流量与多年平均流量的比值，即 $\alpha=Q_{调}/\overline{Q}$）。再在 AD 线上方作水平线 BC，两线相距库容系数 $\beta_{多}$（多年库容与多年平均年水量的比值，即 $\beta_{多}=V_{多}/\overline{W}_{年}$）。这样，就把年水量模数频率曲线划分成为三个部分（图 2-29）：

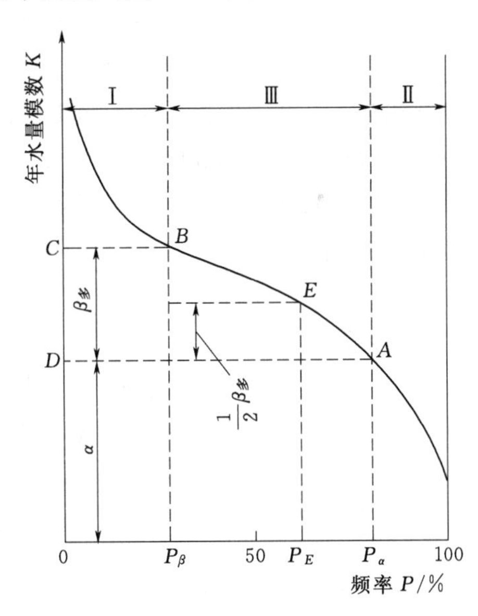

图 2-29　年水量模数频率曲线

第Ⅰ部分为 B 点以上的丰水年份，其 $K>\alpha+\beta_{多}$，即除 α 得到保证且蓄满 $\beta_{多}$ 外，尚有余水，B 点频率 P_{β} 为第一年末 $\beta_{多}$ 能被蓄满的频率。

第Ⅱ部分为 A 点以下的枯水年份，其 $K<\alpha$，α 得不到满足，相应横坐标宽度 $(100-P_{\alpha})\%$ 即正常工作遭受破坏的频率。

第Ⅲ部分为介于 A、B 两点之间的年份，其 $(\alpha+\beta_{多})>K>\alpha$，即除保证供水外尚有部分余水蓄进水库。例如，图中 E 点频率 P_E 即第一年末多年库容能充蓄一半的频率，等等。而 AB 段相应横坐标宽度 $(P_{\alpha}-P_{\beta})\%$ 是第一年末多年库容各种蓄水情况的频率。

综上所述，$K\sim P$ 线中的 $ABCD$ 部分为第一年末多年库容蓄水频率曲线，把这部分单独绘成图 2-30。

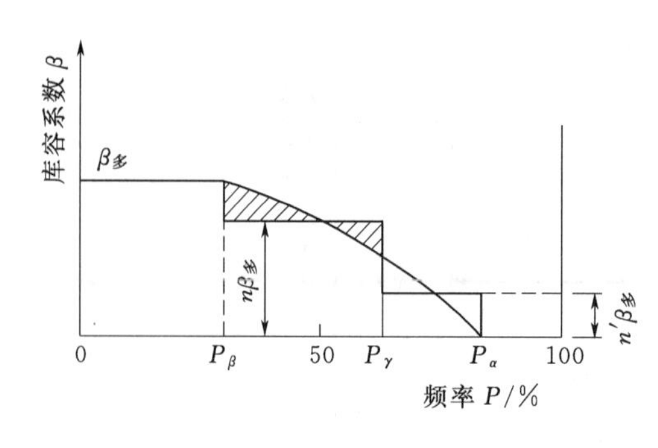

图 2-30　第一年末水库蓄水频率曲线

3. 推求第二年末水库蓄水频率曲线

显然，第二年末水库可能的蓄水情况与第一年末（即第二年初）蓄水多少和第二年天然来水情况有关。而第一年末水库蓄水情况和第二年天然来水情况均被认为是独立的简单事件，因此，可根据全概率原理（频率组合原理）按下述步骤推求第二年末水库蓄水频率曲线：

（1）为计算方便，把第一年末水库蓄水频率曲线划分为阶梯形。分阶梯时，注意使分阶梯的横、竖线与曲线形成的面积尽可能地相近（如图 2-30 中的上、下阴影面积和两空白面积）。根据经验，当 $\beta_{多}$ 较小时，分 2～3 个阶梯即可；当 $\beta_{多}$ 较大时，宜多分几个阶梯。如图 2-30 所示，第一年末（即第二年初）蓄水频率曲线被阶梯线分为四部分，即：①横坐标宽度 $(100-P_{\alpha})\%$为库空的频率；②阶梯宽度 $(P_{\alpha}-P_{\gamma})\%$表示多年库容蓄水量为 $n'\beta_{多}$ 的频率；③阶梯宽度 $(P_{\gamma}-P_{\beta})\%$表示蓄水量为 $n\beta_{多}$ 的频率；④阶梯宽度 $P_{\beta}\%$表示多年库容蓄满的频率。这四部分表示第二年初水库蓄水的四种可能情况。

（2）根据频率相乘原理，将 $K\sim P$ 线按图 2-30 划分的各阶梯宽度成比例地缩小横坐标，绘成图 2-31（a）的形式。因为第二年初蓄是一个事件（其频率如图 2-30 各阶梯宽度所示），第二年可能遇到的天然来水情况是第二个事件（其频率由 $K\sim P$ 线表示），此两事件互相独立，两者同时发生的频率即两者各自频率的乘积。这就是将 $K\sim P$ 线横坐标分别乘上各阶梯宽度，形成图 2-31（a）所示图解方法的依据。由它定出第二年不同初蓄条件下可能得到的各种终蓄的频率。

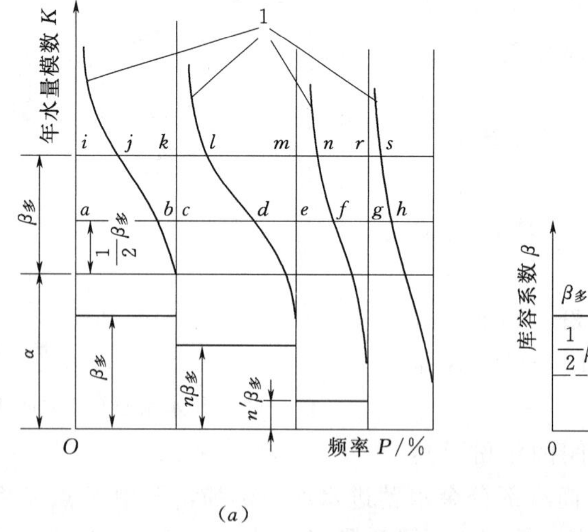

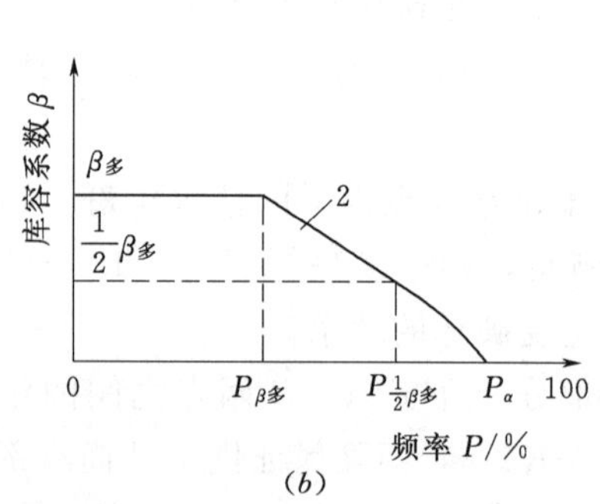

图 2-31　用频率组合图解法求水库终蓄频率曲线

1—$K\sim P$ 线；2—第二年末蓄水频率曲线

（3）如图 2-31（a）所示，在离横轴 α 及（$\alpha+\beta_{多}$）处各划一条水平线。该两直线间包含了第二年初水库不同初蓄条件下，第二年末的蓄水频率曲线。每一种初蓄情况下的第二年末蓄水频率曲线称为部分终蓄曲线，它们都是不相容的组合事件（即不可能同时出现的事件），根据频率相加原理，第二年末水库终蓄出现的总频率应是各种组合事件各自频率之和。因此，将各部分终蓄曲线上终蓄相同的部分频率相加，即得终蓄曲线。如图所示，第二年末终蓄为$\frac{1}{2}\beta_{多}$的频率为

$$P_{\frac{1}{2}\beta_{多}}=P_{ab}+P_{cd}+P_{ef}+P_{gh}$$

而终蓄为$\beta_{多}$的频率则为

$$P_{\beta_{多}}=P_{ij}+P_{kl}+P_{mn}+P_{rs}$$

采用相同方法，可求出其他终蓄的频率，从而绘出第二年末的水库蓄水频率曲线，如图2－31（*b*）。

4. 推求水库蓄水频率稳定曲线

第二年水库终蓄曲线也就是第三年初蓄曲线，按上述同样方法可求出第三年、第四年等的年末蓄水频率曲线。运算多年并将各年终蓄曲线画在同一张图上。随着计算年数的增加，两相邻年份蓄水频率曲线逐渐接近，趋于重合，最后的曲线即为所求的水库蓄水频率稳定曲线（图2－32中的粗线）。可见，该蓄水频率稳定曲线是考虑了一年、二年等所有可能组合情况求出来的。

5. 确定水库工作保证率及其他状态的频率

显然，水库蓄水频率稳定曲线与横轴的交点就是已知$\beta_{多}$和α条件下的水库工作保证率P_{α}(%)；$(100-P_{\alpha})$%标志正常工作遭到破坏的频率；图2－32中P_{β}即为保证供水前提下多年库容能够蓄满的频率；而$(P_{\alpha}-P_{\beta})$%则为多年库容各种蓄水情况的频率。

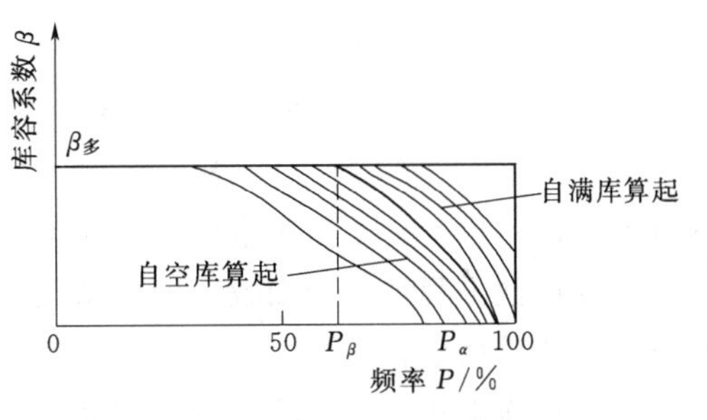

图2－32　水库蓄水频率稳定曲线

前面我们曾假设第一年初蓄为零（即以库空为起算点），实际上它并不是必要条件。不论第一年初蓄是多少，经过多年运算之后，最终的蓄水频率曲线的稳定情况都是相同的。在图2－32中同时给出了第一年初蓄为库空和满蓄两种条件下，推求蓄水频率稳定曲线的趋势示意图，可供比较。

以上通过图解分析的方式，说明径流多年调节概率法的步骤，具体计算时常采用列表法进行多年推算，求出水库蓄水频率稳定曲线，同时也就确定了既定$\beta_{多}$、α条件下的工作保证率P_{α}（%）。

此外，也可采用数值法直接求解水库蓄水频率稳定曲线。如图2－33所示，*FADCBE*为任定的水库初蓄频率曲线，*E*点纵坐标设定为$\beta_{多}/2$。假定水库放空概率为X_1；蓄水0～$\beta_{多}/2$之间的概率为X_2；蓄水$\beta_{多}/2$～$\beta_{多}$之间的概率为X_3；满蓄概率为X_4。将入库年水量频率曲线的横坐标分别乘以X_1、X_2、X_3、X_4后叠加在*AF*、*IJ*、*GH*、*CB*等阶梯上。根据全概率原理和蓄水频率稳定曲线特征，由图2－33可建立求解蓄水频率曲线的线性代数方程组

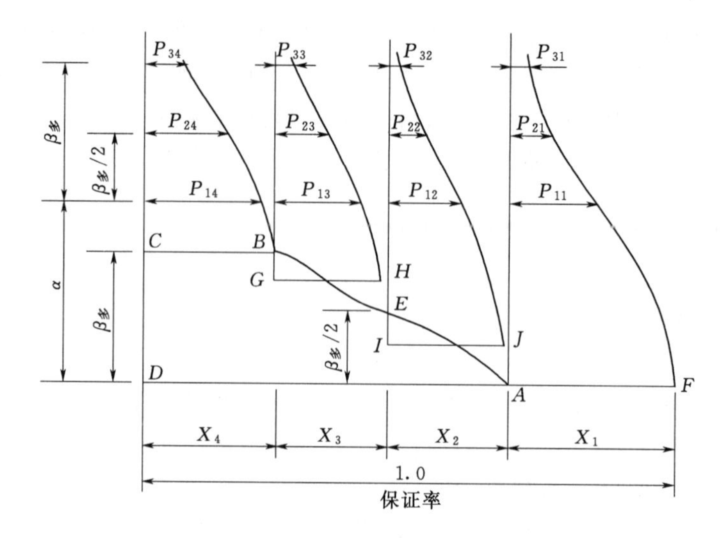

图 2-33　水库蓄水频率曲线组合

$$
\begin{cases}
P_{11}X_1+P_{12}X_2+P_{13}X_3+P_{14}X_4=1-X_1 \\
P_{21}X_1+P_{22}X_2+P_{23}X_3+P_{24}X_4=1-X_1-X_2 \\
P_{31}X_1+P_{32}X_2+P_{33}X_3+P_{34}X_4=1-X_1-X_2-X_3 \\
X_1+X_2+X_3+X_4=1
\end{cases}
\tag{2-27}
$$

采用迭代法求解式（2-27）的 X_1、X_2、X_3、X_4，则水库各种蓄水保证率（稳定值）为：$P(\beta_多)=X_4$；$P(\beta_多/2)=X_3+X_4$；$P(0)=X_2+X_3+X_4=1-X_1$。显然，水库放空的保证率 $P(0)$ 也就是水库正常供水保证率 P_α。

线性代数方程组的未知数（即阶梯数）究竟取多少，要依据初蓄频率曲线变化情况和计算精度要求而定。

由于水库多年调节计算概率法的运算工作相当繁复，许多国家以年水量理论频率曲线为基础，研制出各种用于多年调节计算的线解图。其中，常用的水库入流概率分布有：皮尔逊Ⅲ型（Pearson Ⅲ）分布、正态分布、对数正态分布、韦布尔（Weibull）分布等，有的在入流中还考虑了相邻年径流系列的不同相关系数 γ。当入流参数已知时，只要给定 $\beta_多$、α、P 中的任意两个值，应用线解图能迅速查出待定的未知值。

1939 年苏联 Я. Ф. 普列什科夫根据 C. H. 克里茨基和 M. Ф. 明凯里提出的概率法制作的多年调节计算线解图，应用很广。该图的入流为皮尔逊Ⅲ型分布（$C_s=2C_v$），相邻年径流相互独立，工作保证率包括 75%、80%、85%、90%、95%、97%等 6 种情况（图 2-34）。中国在应用中曾对 $C_s\neq 2C_v$ 的情况，提出了应用该线解图的改进方法。这时，首先要对水文参数作如下换算：

$$C_v'=\frac{C_v}{1-a_0} \tag{2-28}$$

$$\alpha'=\frac{\alpha-a_0}{1-a_0} \tag{2-29}$$

式中 $a_0=(m-2)/m$，而 $m=C_s/C_v$。根据 C_v'和 α'在普氏线解图上查出 $\beta_多'$，再按下式求 $\beta_多$。

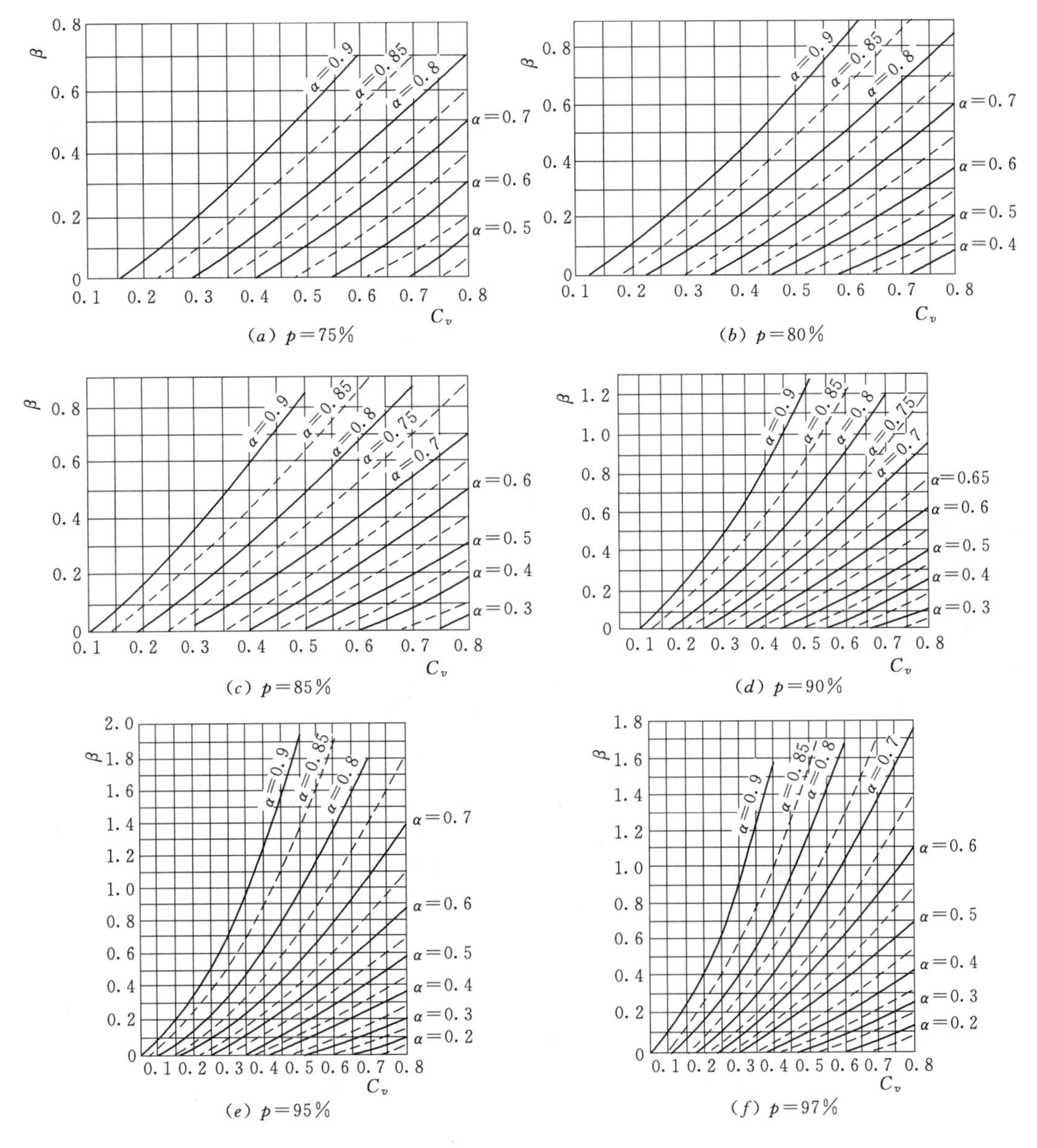

图 2-34　普列什柯夫线解图（图中 β 即 $\beta_{多}$）

$$\beta_{多}=(1-a_0)\beta'_{多} \tag{2-30}$$

【例 2-2】　某多年调节水库，设计保证率 $P_{设}$ 为 90%，河流多年平均流量 $\overline{Q}$ 为 $40m^3/s$，平均年水量 $\overline{W}_{年}=480[(m^3/s)\cdot月]$，年水量的 $C_v=0.5$，而 $C_s=2C_v$。试求 α 与 $\beta_{多}$ 的关系。

解　采用查线解图的方法求得多年库容与调节流量的关系如表 2-12 所示。

关于径流多年调节线解图，中国许多学者还进行过有效的工作。例如，对入流取皮尔逊Ⅲ型分布，$C_s=2C_v$，相邻年径流相关系数 r 取 0.1、0.2、0.3、0.4、0.5、0.6，以及 $C_s=1.5C_v$、$C_s=4C_v$，r 取 0.3，应用随机模拟法作出 2000 年的年径流系列，并分别对

表 2-12　　$Q_{调}$ 与 $V_{多}$ 关系计算表（$P_{设}=90\%$）

调节系数 α	调节流量 $Q_{调}$ /(m^3/s)	多年库容系数 $\beta_{多}$	多年库容 $V_{多}$	
			/[(m^3/s) ·月]	/10^6m^3
(1)	(2)	(3)	(4)	(5)
0.65	26	0.27	129.6	340.8
0.70	28	0.37	177.6	467.1
0.75	30	0.50	240.0	631.2
0.80	32	0.65	312.0	820.6
0.85	34	0.89	427.2	1123.5
0.90	36	1.25	600.0	1578.0

P 等于 75%、85%、90%、95%、97%、99%等 6 种情况，概括成线解图，图 2-35 为 $C_s=2C_v$ 的两个图例。1965 年又有学者分别制作了年径流为正态分布、对数正态分布、韦布尔分布，相邻年径流相互独立，P 等于 90%、95%、97%、99% 4 种情况的类似线解图（当相邻年径流存在系列相关时，可按给出的经验改正曲线予以修正）。

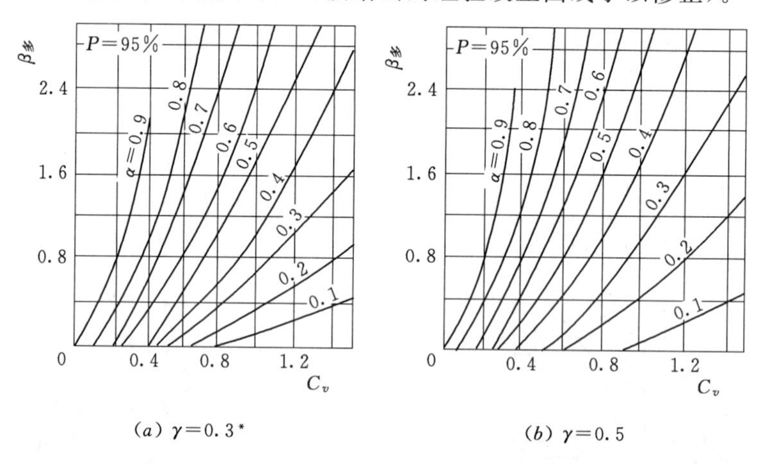

图 2-35　随机模拟生成系列的径流多年调节线解图

上述多年调节线解图具有较高的概括性、综合性和适应性，已经在实际工作中普遍应用。

二、年库容的决定

天然径流年内分配不同于年际径流变化的随机特性，年内径流是按丰、枯水期相继出现，并互有一定联系的。所以从一个年循环中取出若干个流量值，不能认为它们是偶然的。正是由于天然径流年内分配的规律性，所以允许用某些典型年份进行年调节计算。多年调节水库年库容的概念和年调节兴利库容是一致的，所以关于确定年调节兴利库容的时历法，对确定多年调节水库年库容仍是适用的。

年库容应为枯水期用水量与枯水期来水量之差，表示为

$$\beta_{年}=\frac{\alpha T_{枯}}{12}-K_{枯} \qquad (2-31)$$

式中　$T_{枯}$——枯水期月数；

$K_{枯}$——枯水期水量模数。

公式很简单，关键问题是需合理地定出 $K_{枯}$ 值。各种年份的 $K_{枯}$ 值是不相同的，代入公式就将得出不同的结果。在工程设计中一般作如下考虑：由于年库容决定于设计枯水系列的前一年（图 2－28），该年来水量必然大于或等于 α，年水量小于 α 的年份应包括在多年调节的枯水系列里，不能用来计算年库容。此外，一般说来，年水量大者枯水期水量也较大，为保险起见，即采用年水量等于（或十分接近）α 的年份的 $K_{枯}$ 值，作为计算值。

当年水量接近 α 的年份不止一个时，常采用年内分配接近于多年平均情况的年份作为计算年，取其 $K_{枯}$ 值代入式（2－31）进行计算，或者应用水量差积曲线进行图解。

实际上，紧邻设计枯水系列不一定正好遇上年水量等于用水量的年份。故在工程设计中的另一种考虑是：取多年平均枯水期水量 $\overline{K}_{枯}$ 乘以 α 值作为枯水期水量模数的计算值，即 $K_{枯}=\alpha\overline{K}_{枯}$。这时，式（2－31）变为

$$\beta_{年}=\frac{\alpha T_{枯}}{12}-\alpha\overline{K}_{枯}=\alpha\left(\frac{T_{枯}}{12}-\overline{K}_{枯}\right) \tag{2-32}$$

式（2－32）适用于丰、枯水分期较明显而稳定的河流。此外，还可采用其他形式的计算公式或用绘制年库容频率曲线的方法决定年库容。

到此为止，前面有关径流多年调节概率法的论述，是以把兴利库容划分为多年库容和年库容两个部分为前提的。所有论及的计算方法，如列表法、数值法以及线解图法等，都是针对多年库容 $\beta_{多}$ 给出的，而把兴利库容硬性划分成两部分是不尽合理的。此外，关于如何具体考虑相邻水文期水量间相关关系等，都存在值得探讨的问题。对此，中国学者也都曾提出过直接求多年调节总兴利库容的概率法及考虑水量相关关系的径流多年调节计算（概率法）等研究成果。

关于径流多年调节计算概率法的特点和适用情况，可归纳为以下几点：①概率法仅需有年径流的概率分布或频率（保证率）曲线便可进行计算，可用于资料短缺地区；②能考虑径流的各种可能组合情况，对于长周期的多年调节来讲，概率法计算结果比时历法计算结果更符合实际；③可用于供水量与来水量具有统计相关的调节计算，如灌溉变动供水调节计算；④计算方法比较繁杂，但其中数值法可通过电子计算机求解，速度快、精度高，可解决较复杂的径流多年调节课题。此外，已作出的许多有关线解图，应用很方便；⑤概率法求得的是库空、库满、各种蓄水情况、不足水量、多余水量等的概率，不能求出它们发生的具体时间和水库充水、供水等的时历过程。

第三章 洪 水 调 节

第一节 水库调洪的任务与防洪标准

一、水库的调洪作用与任务

在第一章中曾提到，利用水库蓄洪或滞洪是防洪工程措施之一。通常，洪水波在河槽中经过一段距离时，由于槽蓄作用，洪水过程线要逐步变形。一般是，随着洪水波沿河向下游推进，洪峰流量逐渐减小，而洪水历时逐渐加长。水库容积比一段河槽要大得多，对洪水的调蓄作用也比河槽要强得多。特别是当水库有泄洪闸门控制的情况，洪水过程线的变形更为显著。

当水库有下游防洪任务时，它的作用主要是削减下泄洪水流量，使其不超过下游河床的安全泄量。水库的任务主要是滞洪，即在一次洪峰到来时，将超过下游安全泄量的那部分洪水暂时拦蓄在水库中，待洪峰过去后，再将拦蓄的洪水下泄掉，腾出库容来迎接下一次洪水（图 3－1）。有时，水库下泄的洪水与下游区间洪水或支流洪水相遇，相叠加后其总流量会超过下游的安全泄量。这时就要求水库起“错峰”的作用，使下泄洪水不与下游洪水同时到达需要防护的地区。这是滞洪的一种特殊情况。若水库是防洪与兴利相结合的综合利用水库，则除了滞洪作用外还起蓄洪作用。例如，多年调节水库在一般年份或库水位较低时，常有可能将全年各次洪水都拦蓄起来供兴利部门使用；年调节水库在汛初水位低于防洪限制水位，以及在汛末水位低于正常蓄水位时，也常可以拦蓄一部分洪水在兴利库容内，供枯水期兴利部门使用。这都是蓄洪的性质。蓄洪既能削减下泄洪峰流量，又能减少下游洪量；而滞洪则只削减下泄洪峰流量，基本上不减少下游洪量。在多数情况下，水库对下游承担的防洪任务常常主要是滞洪。湖泊、洼地也能对洪水起调蓄作用，与水库滞洪类似。

若水库不需承担下游防洪任务，则洪水期下泄流量可不受限制。但由于水库本身自然地对洪水有调蓄作用，洪水流量过程经过水库时仍然要变形，客观上起着滞洪的作用。当然，从兴利部门的要求来说，更重要的是蓄洪。

洪水流量过程线经过水库时的具体变化情况，与水库的容积特性、泄洪建筑物的型式和尺寸以及水库运行方式等有关。特别是，泄洪建筑物是否有闸门控制，对下泄洪水流量过程线的形状有不同的影响，可参见图 3－1 的例子。在水库调蓄洪水的过程中，入库洪水、下泄洪水、拦蓄洪水的库容、水库水位的变化以及泄洪建筑物型式和尺寸等之间存在着密切的关系。水库调洪计算的目的，正是为了定量地找出它们之间的关系，以便为决定水库的有关参数和泄洪建筑物型式、尺寸等提供依据。

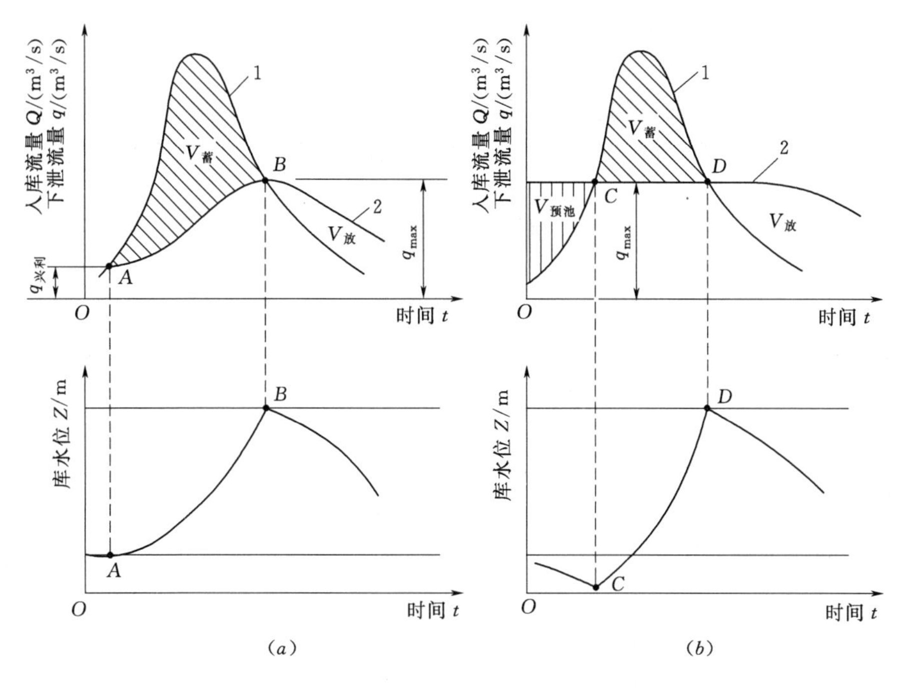

图 3-1 水库调蓄后洪水过程线的变形示例

(*a*) 无闸门控制时；(*b*) 有闸门控制时

1—入库洪水过程线；2—下泄洪水过程线

二、防洪标准

在水库调洪过程中，入库洪水的大小不同，下泄洪水、拦蓄库容、水库水位变化等也将不同。通常，入库洪水的大小要根据防洪标准或水工建筑物的设计标准来选定。因此，在进行水库调洪计算时，必须先确定一个合理的防洪标准或水工建筑物的设计标准。

若水库不需承担下游防洪任务，则应按水工建筑物设计标准的规定（规定设计洪水和校核洪水的频率），选定合适的设计洪水和校核洪水的流量过程线作为调洪计算的原始资料。

若水库要承担下游防洪任务，则除了要选定水工建筑物的设计标准外，还要选定下游防护对象的防洪标准，即防护对象所应抗御的设计洪水频率。国家统一规定了不同重要性的防护对象所应采用的防洪标准，作为推求设计洪水、设计防洪工程的依据。防护对象的防洪标准，应根据防护对象的重要性、历次洪灾情况及对政治、经济的影响，结合防护对象和防洪工程的具体条件，并征求有关方面的意见，参照表 3-1 选用。并注意以下几点：

表 3-1　　不同防护对象的防洪标准

防护对象			防洪标准	
城镇	工矿区	农田面积/万亩	重现期/年	频率/%
特别重要城市	特别重要的	>500	>100	<1
重要城市	重要的	100～500	50～100	1～2
中等城市	中等的	30～100	20～50	2～5
一般城市	一般的	<30	10～20	5～10

（1）对洪水泛滥后可能造成特殊严重灾害的城市、工矿和重要粮棉基地，其防洪标准可适当提高；

（2）防洪标准一时难以达到者，可采用分期提高的办法；

（3）交通运输及其他部门的防洪标准，可参照有关部门的规定选用。

第二节　水库调洪计算的原理

洪水在水库中行进时，水库沿程的水位、流量、过水断面、流速等均随时间而变化，其流态属于明渠非恒定流。根据水力学，明渠非恒定流的基本方程，即圣维南方程组为

$$\left.\begin{aligned} &\text{连续性方程} \qquad \frac{\partial \omega}{\partial t}+\frac{\partial Q}{\partial s}=0 \\ &\text{运动方程} \qquad -\frac{\partial Z}{\partial s}=\frac{1}{g}\frac{\partial v}{\partial t}+\frac{v}{g}\frac{\partial v}{\partial s}+\frac{Q^2}{K^2} \end{aligned}\right\} \tag{3-1}$$

式中　ω——过水断面面积，m^2；

t——时间，s；

Q——流量，m^3/s；

s——沿水流方向的距离，m；

Z——水位，m；

g——重力加速度，m/s^2；

v——断面平均流速，m/s；

K——流量模数，m^3/s。

通常，这个偏微分方程组难以得出精确的分析解，而是采用简化了的近似解法：瞬态法、差分法和特征线法等。长期以来，普遍采用的是瞬态法，即用有限差值来代替微分值，并加以简化，以近似地求解一系列瞬时流态。它比较简便，宜于手算。近年来，随着电子计算机的广泛使用，国内外不少人用差分法进行电算，使差分法的应用出现了良好的发展前景。本书中将介绍目前普遍采用的瞬态法，而其他方法请参阅水力学书籍。

瞬态法将式（3-1）进行简化而得出基本公式（推导过程从略），再结合水库的特有条件对基本公式进一步简化，则得专用于水库调洪计算的实用公式如下：

$$\overline{Q}-\overline{q}=\frac{1}{2}(Q_1+Q_2)-\frac{1}{2}(q_1+q_2)=\frac{V_2-V_1}{\Delta t}=\frac{\Delta V}{\Delta t} \tag{3-2}$$

式中　Q_1、Q_2——计算时段初、末的入库流量，m^3/s；

$\overline{Q}$——计算时段中的平均入库流量，m^3/s，它等于$(Q_1+Q_2)/2$；

q_1、q_2——计算时段初、末的下泄流量，m^3/s；

$\overline{q}$——计算时段中的平均下泄流量，m^3/s，即$\overline{q}=(q_1+q_2)/2$；

V_1、V_2——计算时段初、末水库的蓄水量，m^3；

ΔV——V_2和V_1之差；

Δt——计算时段，一般取1～6h，需化为秒数。

式（3-2）实际上为一个水量平衡方程式，表明：在一个计算时段中，入库水量与下

泄水量之差即为该时段中水库蓄水量的变化。显然，式（3-2）中并未计及洪水入库处至泄洪建筑物间的行进时间，也未计及沿程流速变化和动库容等的影响。这些因素均是其近似性的一个方面。

当已知水库入库洪水过程线时，Q_1、Q_2、$\overline{Q}$ 均为已知；V_1、q_1 则是计算时段 Δt 开始时的初始条件。于是，式（3-2）中的未知数仅剩 V_2、q_2。当前一个时段的 V_2、q_2 求出后，其值即成为后一时段的 V_1、q_1 值，使计算有可能逐时段地连续进行下去。当然，用一个方程式来解 V_2、q_2 是不可能的，必需再有一个方程式 $q_2=f(V_2)$，与式（3-2）联立，才能同时解出 V_2、q_2 的确定值。假定暂不计及自水库取水的兴利部门泄向下游的流量，则下泄流量 q 应是泄洪建筑物泄流水头 H 的函数，而当泄洪建筑物的型式、尺寸等已定时：

$$q=f(H)=AH^B \tag{3-3}$$

式中 A——系数，与建筑物型式和尺寸、闸孔开度以及淹没系数等有关（可查阅水力学书籍）；

B——指数，对于堰流，B 一般等于 3/2；对于闸孔出流，一般等于 1/2。

对于已知的泄洪建筑物来说，$B=1/2$ 或 3/2，视流态而变，而 A 也随有关的水力学参数而变。因此，式（3-3）常用泄流水头 H 与下泄流量 q 的关系曲线来表示。根据水力学公式，H 与 q 的关系曲线并不难求出。若是堰流，H 即为库水位 Z 与堰顶高程之差；若是闸孔出流，H 即为库水位 Z 与闸孔中心高程之差。因此，不难根据 H 与 q 的关系曲线求出 Z 与 q 的关系曲线 $q=f(Z)$。并且，由水库水位 Z，又可借助于水库容积特性 $V=f(Z)$，求出相应的水库蓄水容积（蓄存水量）V。于是，式（3-3）最终也可以用下泄流量 q 与库容 V 的关系曲线来代替，即

$$q=f(V) \tag{3-4}$$

式（3-2）与式（3-4）组成一个方程组，就可用来求解 q_2 与 V_2 这两个未知数，但式（3-4）是用关系曲线的形式来表示的。此外，当已知初始条件 V_1 时，也可利用式（3-4）来求出 q_1；或者相反地由 q_1 求 V_1。

不论水库是否承担下游防洪任务，也不论是否有闸门控制，调洪计算的基本公式都是上述两式。只是，在有闸门控制的情况下，式（3-4）不是一条曲线，而是以不同的闸门开度为参数的一组曲线，因而计算手续要繁杂一些。在承担下游防洪任务的情况下，当要求保持 q 不大于下游允许的最大安全泄量 q_{max} 时，就要利用闸门控制 q，当然计算手续也要麻烦一些。有时，泄洪建筑物虽设有闸门，但泄洪时将闸门全开，此时实际上与无闸门控制的情况相同。也有时，在一次洪水过程中，一部分时间用闸门控制 q，而另一部分时间将闸门全开而不加控制。这种有闸门控制与无闸门控制分时段进行，当然也要繁琐一些。但不论是什么情况，所用的基本公式与方法都是一致的。

利用式（3-2）和式（3-4）进行调洪计算的具体方法有很多种，目前我国常用的是：列表试算法和半图解法。下面将分别介绍这两种方法。由于有闸门控制的情况千变万化，计算步骤也比较麻烦，我们将以比较简单的情况为例来介绍这两种方法。掌握基本方法以后，必然对比较复杂的情况可以触类旁通。

第三节　水库调洪计算的列表试算法

在水利规划中，常需根据水工建筑物的设计标准或下游防洪标准，按工程水文中所介绍的方法推求设计洪水流量过程线。因此，对调洪计算来说，入库洪水过程及下游允许水库下泄的最大流量均是已知的。并且，要对水库汛期防洪限制水位以及泄洪建筑物的型式和尺寸拟定几个比较方案，因此对每一方案来说，它们也都是已知的。于是，调洪计算就是在这些初始的已知条件下，推求下泄洪水过程线、拦蓄洪水的库容和水库水位的变化。在水库运行中，调洪计算的已知条件和要求的结果，基本上也与上述类似。

列表试算法的步骤大体如下：

(1) 根据已知的水库水位容积关系曲线 $V=f(Z)$ 和泄洪建筑物方案，用水力学公式［本节为式 (3-3)］求出下泄流量与库容的关系曲线 $q=f(V)$。

(2) 选取合适的计算时段，以秒为计算单位。

(3) 决定开始计算的时刻和此时刻的 V_1、q_1 值，然后列表计算，计算过程中，对每一计算时段的 V_2、q_2 值都要进行试算。

(4) 将计算结果绘成曲线（图 3-2），供查阅。

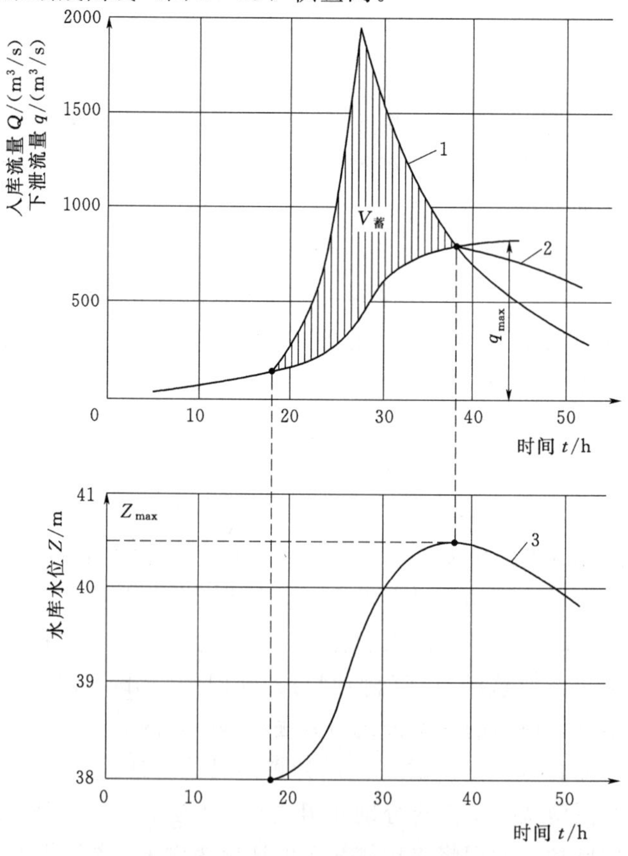

图 3-2　某水库调洪计算结果

1—入库洪水过程线；2—下泄洪水过程线；3—水库水位过程线

在计算过程中，每一时段中的Q_1、Q_2、q_1、V_1均为已知。先假定一个q_2值，代入式(3-2)，求出V_2值。然后按此V_2值在曲线$q=f(V)$上查出q_2值，将其与假定的q_2值相比较。若两q_2值不相等，则要重新假定一个q_2值，重复上述试算过程，直至两者相等或很接近为止。这样多次演算求得的q_2、V_2值就是下一时段的V_1、q_1值，可依据此值进行下一时段的试算。逐时段依次试算的结果即为调洪计算的成果。现将具体的演算过程用一例子加以说明。

【例 3-1】 某水库的泄洪建筑物型式和尺寸已定，设有闸门。水库的运用方式是：在洪水来临时，先用闸门控制q使其等于Q，水库保持汛期防洪限制水位（38.0m）不变；当Q继续加大，使闸门达到全开，以后就不用闸门控制，q随Z的升高而加大，流态为自由泄流，q_{max}也不限制，情况与无闸门控制一样。

已知水库容积特性$V=f(Z)$，并根据泄洪建筑物型式和尺寸，算出水位和下泄流量关系曲线$q=f(Z)$，见表3-2和图3-3。堰顶高程为36.0m。

表 3-2　某水库 $V=f(Z)$、$q=f(Z)$ 曲线（闸门全开）

水位 Z/m	36.0	36.5	37.0	37.5	38.0	38.5	39.0	39.5	40.0	40.5	41.0
库容 V/万 m^3	4330	4800	5310	5860	6450	7080	7760	8540	9420	10250	11200
下泄流量 $q/(m^3/s)$	0	22.5	55.0	105.0	173.9	267.2	378.3	501.9	638.9	786.1	946.0

解 将已知入库洪水流量过程线列入表3-3中的第（1）、（2）栏，并绘于图3-2中（曲线1）；选取计算时段$\Delta t=3h=10800s$；起始库水位为$Z_{限}=38.0m$；按$Z_{限}=38.0m$，在图3-2中可查出闸门全开时相应的$q=173.9m^3/s$。

在第18小时以前，$q=Q$，且均小于$173.9m^3/s$。水库不蓄水，无需进行调洪计算。从第18小时起，Q开始大于$173.9m^3/s$，水库开始有蓄水过程。因此，以第18小时为开始调洪计算的时刻，此时初始的q_1即为$173.9m^3/s$，而初始的V_1为6450万m^3。然后，按式(3-2)进行计算，计算过程列入表3-3。

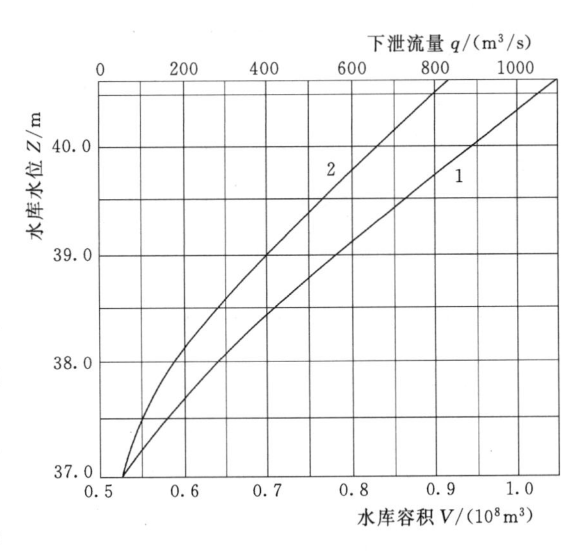

图 3-3　某水库 $V=f(Z)$ 和 $q=f(Z)$ 曲线

1—$V=f(Z)$；2—$q=f(Z)$

第一个计算时段为第18～21小时，$q_1=173.9m^3/s$，$V_1=6450$万m^3，$Q_1=174m^3/s$（接近于q_1），$Q_2=340m^3/s$。对q_2、V_2要试算，试算过程如表3-4。表中数字下有横线的为已知值，有括号的为试算过程中的中间值，无括号的是试算的最后结果。

表 3-3　　调洪计算列表计算法

时间 t/h	入库洪水流量 Q/(m³/s)	时段平均入库流量 $\overline{Q}$/(m³/s)	下泄流量 q/(m³/s)	时段平均下泄流量 $\overline{q}$/(m³/s)	时段内水库存水量变化 ΔV*/万 m³	水库存水量 V/万 m³	水库水位 Z/m
(1)	(2)	(3)	(4)	(5)	(6)	(7)	(8)
18	174		173.9			6450	38.0
		257		180.5	83		
21	340		187			6533	38.1
		595		224.5	400		
24	850		262			6933	38.4
		1385		343.5	1125		
27	1920		425			8058	39.2
		1685		522.5	1256		
30	1450		620			9314	39.9
		1280		677.0	651		
33	1110		734			9965	40.3
		1005		757.5	267		
36	900		781			10232	40.5
		830		785.5	48		
39	760		790			10280	40.51
		685		781.0	−104		
42	610		772			10176	40.4
		535		751.5	−234		
45	460		731			9942	40.3
		410		702.5	−316		
48	360		674			9626	40.1
		325		645.5	−346		
51	290		617			9280	39.9

注　表中数字下有横线者为初始已知值。

*　$\Delta V=(\overline{Q}-\overline{q})\Delta t$，$\Delta t$ 取 3h（10800s）。

表 3-4　　第一时段（第 18～21 小时）的试算过程

时间 t/h	Q/(m³/s)	Z/m	V/万 m³	q/(m³/s)	$\overline{Q}$/(m³/s)	$\overline{q}$/(m³/s)	ΔV/万 m³	V_2'/万 m³	q_2'/(m³/s)	Z_2'/m
(1)	(2)	(3)	(4)	(5)	(6)	(7)	(8)	(9)	(10)	(11)
18	174	38.0	6450	173.9	257	(211)	(50)			
21	340	(38.4)	(6950)	(248)				(6500)	(180)	(38.04)
		(38.2)	(6690)	(211)		(192.6)	(70)	(6520)	(182)	(38.06)
		38.1	6530	187		180.5	83	6533	187	38.10

注　表中 $\Delta V=(\overline{Q}-\overline{q})\Delta t$，$\Delta t=10800$s。

试算开始时，先假定 $Z_2=38.4$m，从图 3-2 的 $V=f(Z)$ 和 $q=f(Z)$ 两曲线上，查得相应的 $V_2=6950$ 万 m³、$q_2=248$m³/s。将这些数字填入表 3-4 的（3）、（4）、（5）三栏。表中原已填入 $q_1=173.9$m³/s、$V_1=6450$ 万 m³，于是 $\overline{q}=(q_1+q_2)/2=(173.9+248)/2=211$m³/s，并可求出相应的 $\Delta V=50$ 万 m³。由此，V_2 值应是 $V_2'=V+\Delta V=6450+50=6500$ 万 m³，填入表 3-4 第（9）栏，因此值与第（4）栏中假定的 V_2 值不符，故采用符号 V_2'以资区别。由 V_2'值查图 3-2，得相应的 $q_2'=180$m³/s、$Z_2'=38.04$m。显然，V_2'、q_2'、Z_2'与原假定的 V_2、q_2、Z_2 相差较大，说明假定值不合适，Z_2 假定值偏高。重新假定 $Z_2=38.2$m，重复以上试算，结果仍不合适。第三次，假定 $Z_2=38.1$m，结果 V_2 与 V_2'值很接近，其差值可视为计算与查曲线的误差。至此，第一时段的试算即告结束，最后结果是：$q_2=187$m³/s、$V_2=6533$ 万 m³ 和 $Z_2=38.1$m。

将表 3-4 中试算的最后结果 q_2、V_2、Z_2，分别填入表 3-3 中第 21 小时的第（4）、

(7)、(8) 栏中。按上述试算方法继续逐时段试算，结果均填入表 3-3，并绘制图 3-3。

由表 3-3 可见：在第 36 小时，水库水位 $Z=40.5$m、水库蓄水量 $V=10232$ 万 m^3、$Q=900m^3/s$、$q=781m^3/s$；而在第 39 小时，$Z=40.51$m、$V=10280$ 万 m^3、$Q=760m^3/s$、$q=790m^3/s$。按前述水库调洪的原理，当 q_{max}出现时，一定是 $q=Q$，此时 Z、V 均达最大值。显然，q_{max}将出现在第 36 小时与第 39 小时之间，在表 3-3 中并未算出。通过进一步试算，在第 38h16min 处，可得出 $q_{max}=Q=795m^3/s$，$Z_{max}=40.52$m，$V_{max}=10290$ 万 m^3。

了解以上试算过程后，如果编出电算程序，则可借助电子计算机很快得出计算结果。

第四节　水库调洪计算的半图解法

由第三节可知，列表试算法很麻烦，工作量较大，所以人们比较喜欢用半图解法。半图解法的具体方法又有多种，这里只介绍比较常用的一种。它要求将式 (3-2) 改写为

$$\overline{Q}+\left(\frac{V_1}{\Delta t}-\frac{q_1}{2}\right)=\frac{V_2}{\Delta t}+\frac{q_2}{2} \tag{3-5}$$

式中 $V/\Delta t$、$q/2$、$(V/\Delta t-q/2)$ 和 $(V/\Delta t+q/2)$ 均可与水库水位 Z 建立函数关系。因此，可根据选定的计算时段 Δt 值、已知的水库水位容积关系曲线，以及根据水力学公式算出的水位下泄流量关系曲线（参见表 3-2 及图 3-2），事先计算并绘制曲线组：$(V/\Delta t-q/2)=f_1(Z)$、$(V/\Delta t+q/2)=f_2(Z)$ 和 $q=f_3(Z)$，参见表 3-5 和图 3-4。其中，$q=f_3(Z)$ 即是水位下泄流量关系曲线，其余两曲线是所介绍的半图解法中必需的两根辅助曲线，故这一方法在半图解法中亦称为双辅助曲线法，以与单辅助曲线法相区别。

表 3-5　　曲线 $\left(\frac{V}{\Delta t}-\frac{q}{2}\right)=f_1(Z)$ 和 $\left(\frac{V}{\Delta t}+\frac{q}{2}\right)=f_2(Z)$ 的计算

库水位 Z /m	库容 V /万 m^3	下泄流量 q /(m^3/s)	$q/2$ /(m^3/s)	$V/\Delta t$ /(m^3/s)	$V/\Delta t-q/2$ /(m^3/s)	$V/\Delta t+q/2$ /(m^3/s)
(1)	(2)	(3)	(4)	(5)	(6)	(7)
37.0	5300	56.7	28.35	4907	4879	4936
37.5	5870	100.3	50.15	5435	5385	5485
38.0	6450	173.9	86.95	5972	5885	6059
38.5	7080	267.2	133.60	6556	6422	6689
39.0	7760	378.3	189.15	7185	6996	7374
39.5	8540	501.9	250.95	7907	7656	8158
40.0	9420	638.9	319.45	8722	8403	9042
40.5	10250	786.1	393.05	9491	9098	9884
41.0	11200	946.0	473.00	10370	9897	10843

当作好像图 3-4 中那样的辅助曲线后，就可进行图解计算。为了便于说明，利用图 3-4 中的曲线来讲解。计算步骤为：

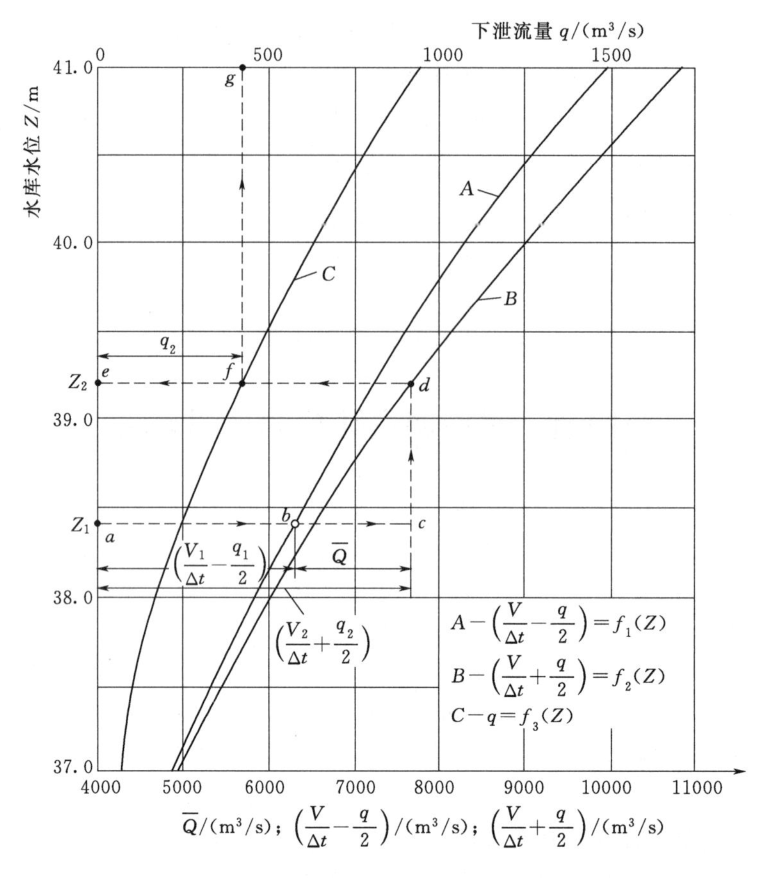

图 3-4　调洪计算半图解法示例（双辅助曲线法）

（1）根据已知的入库洪水流量过程线、水库水位容积关系曲线、汛期防洪限制水位、计算时段 Δt 等，确定调洪计算的起始时段，并划分各计算时段。算出各时段的平均入库流量 $\overline{Q}$，以及定出第一时段初始的 Z_1、q_1、V_1 各值。

（2）在图 3-4 的水位坐标轴上量取第一时段的 Z_1，得 a 点。作水平线 ac 交曲线 A 于 b 点，并使 $bc=\overline{Q}$。因曲线 A 是 $(V/\Delta t-q/2)=f_1(Z)$，a 点代表 Z_1，ab 就等于 $(V_1/\Delta t-q_1/2)$，ac 就应等于 $\overline{Q}+(V_1/\Delta t-q_1/2)$，按式（3-5），即等于 $(V_2/\Delta t+q_2/2)$。

（3）从 c 点作垂线交曲线 B 于 d 点。过 d 点作水平线 de 交水位坐标轴于 e，显然 $de=ac=(V_2/\Delta t+q_2/2)$。因曲线 B 是 $(V/\Delta t+q/2)=f_2(Z)$，d 点在曲线 B 上，e 点就应代表 Z_2，从 e 点可读出 Z_2 值。

（4）de 交曲线 C 于 f 点，过 f 点作垂线交 q 坐标轴于 g 点。因曲线 C 是 $q=f_3(Z)$，e 点代表 Z_2，于是 ef 应是 q_2，即从 g 点可以读出 q_2 的值。

（5）根据 Z_2 值，利用水库水位容积关系曲线就可求出 V_2 值。

（6）将 e 点代表的 Z_2 值作为第二时段的 Z_1，按上述同样方法进行图解计算，又可求出第二时段的 Z_2、q_2、V_2 等值。按此逐时段进行计算，将结果列成表格，即可完成全部计算。

现通过以下实例计算，可以对计算步骤了解得更为清楚。

【例 3-2】 某水库及原始资料均与［例 3-1］相同，用半图解法进行调洪计算。

解 调洪计算步骤如下：

（1）取 $\Delta t=3\text{h}=10800\text{s}$，列表计算 $(\overline{V}/\Delta t-q/2)=f_1(Z)$ 与 $(V/\Delta t+q/2)=f_2(Z)$ 两关系曲线，见表 3-50。将此两曲线连同曲线 $q=f_3(Z)$ 绘在图 3-4 上。

（2）调洪计算从第 18 小时开始。此时水库初始水位 $Z_1=38.0\text{m}$，相应的下泄流量为 $q_1=173.9\text{m}^3/\text{s}$，列于表 3-6 中第 18 小时的第（4）、（7）栏。由各时刻的入库流量 Q 计算各时段的平均入库流量 $\overline{Q}$，将各 Q 及 $\overline{Q}$ 值列于表 3-6 中第（2）、（3）两栏。

（3）从图 3-4 上 $Z=38.0\text{m}$ 处作水平线，交曲线 A 于 $(\overline{V}/\Delta t+q/2)=5885\text{m}^3/\text{s}$ 处，将此数字填入表 3-6 第 18 小时的第（5）栏。已知时段平均流量 $\overline{Q}=257\text{m}^3/\text{s}$。于是 $(V_2/\Delta t+q_2/2)=\overline{Q}+(V_1/\Delta t-q_1/2)=257+5885=6142(\text{m}^3/\text{s})$，这一步也可在图上直接作图查出 $(V_2/\Delta t+q_2/2)$ 值。将此值列入表 3-6 第 21 小时的第（6）栏。

（4）在图 3-4 上从曲线 B 查出 $(V/\Delta t+q/2)=6142\text{m}^3/\text{s}$ 处的 Z 值为 38.1m，此即时段第 18～21 小时（即第一时段）的 Z_2，或第 21 小时的 Z_1 值，将其填入表 3-6 第 18 小时的第（8）栏和第 21 小时的第（4）栏。

（5）按上述 $Z_2=38.1\text{m}$，在图 3-4 上从曲线 C 查出 q_2 应为 $188\text{m}^3/\text{s}$，这也就是第 21 小时的 q_1 值，填入表 3-6 第 21 小时的第（7）栏。至此，第一时段的计算结束。

表 3-6 **调洪计算半图解法（双辅助曲线法）**

时间 t /h	入库流量 Q /(m³/s)	平均入库流量 $\overline{Q}$ /(m³/s)	水库水位 Z_1 /m	$\dfrac{V_1}{\Delta t}-\dfrac{q_1}{2}$ /(m³/s)	$\dfrac{V_2}{\Delta t}+\dfrac{q_2}{2}$ /(m³/s)	下泄流量 q /(m³/s)	水库水位 Z /m
(1)	(2)	(3)	(4)	(5)	(6)	(7)	(8)
18	174	257	38.0	5885	⋮	173.9	38.1
21	340	595	38.1	5965	6142	188	38.4
24	850	1385	38.4	6320	6560	248	39.2
27	1920	1685	39.2	7260	7705	430	40.0
30	1450	1280	40.0	8280	8945	620	40.3
33	1110	1005	40.3	8800	9560	725	40.4
36	900	830	40.4	9000	9805	770	40.5
39	760	685	40.5	9040	9830	776	40.4
42	610	535	40.4	8920	9725	758	40.2
45	460	410	40.2	8720	9455	708	40.1
48	360	325	40.1	8460	9130	656	39.9
51	290		39.9	⋮	8785	596	⋮

注 表中数字下有横线者为初始已知值。

（6）按照上述步骤进行第二时段（第 21～24 小时）的计算，将结果列入表 3-6 相应各栏。以下依此类推。

（7）由表 3-6 可见，q_{max} 发生在第 36 小时与第 39 小时之间，而且更近于第 39 小时些，确切说应为第 38 小时与第 39 小时之间。由于 Δt 要改变，并且还不能预先知道，故不能用半图解法找出此点的确切数值，只能像［例 3－1］那样用内插法求得。

比较表 3－3 与表 3－6 可见，上述半图解法与列表试算法的结果非常相近，但半图解法的计算手续简便、迅速，因此为人们所乐于采用。

第五节　其他情况下的水库调洪计算

前两节所介绍的是不用闸门控制下泄流量 q 时的调洪计算步骤，虽设有闸门而闸门全开时的计算情况和无闸门控制时一样。这是调洪计算中最为基本的情况，工程实际中遇到的情况常常要复杂些。下面扼要地介绍几种较为复杂的情况。

利用闸门控制下泄流量 q 时，调洪计算的基本原理和方法与不用闸门控制 q 时类似，所不同的是因为水库运行方式有多种多样，要按需要随时调整闸门的开度（包括开启的闸孔数目和每个闸孔的开启高度）。在不同的闸门开度、水库水位、下游淹没等情况下，式（3－3）中的系数 A 和 B 也会不同。例如，溢流堰的下泄流量利用闸门控制时，若闸门开启高度为 e、堰前水头为 H，则 $e/H \leqslant 0.75$ 时为闸孔出流，$B=1/2$；$e/H>0.75$ 时为堰流，$B=3/2$。也就是说，尽管闸门开启高度 e 不变，而库水位升降时，B 也可能有时为 1/2、有时为 3/2，反之亦然。影响系数 A 值的因素就更多，变化更复杂。所以，利用闸门控制 q 时的调洪计算手续要麻烦得多。在这种情况下，若用半图解法进行调洪计算，则需要针对不同的泄流情况作出若干不同的辅助曲线，使计算变得很麻烦，失去了半图解法简便迅速的优越性。因此，利用闸门控制 q 时的调洪计算，以采用列表试算法较为方便。

不同的水库运用方式，要求闸门有不同的启闭过程。水库运用方式变化很多，不可能一一列举。下面举出几种常见的情况，说明利用闸门控制 q 时水库的调洪过程，如图 3－5 所示，以供参考。

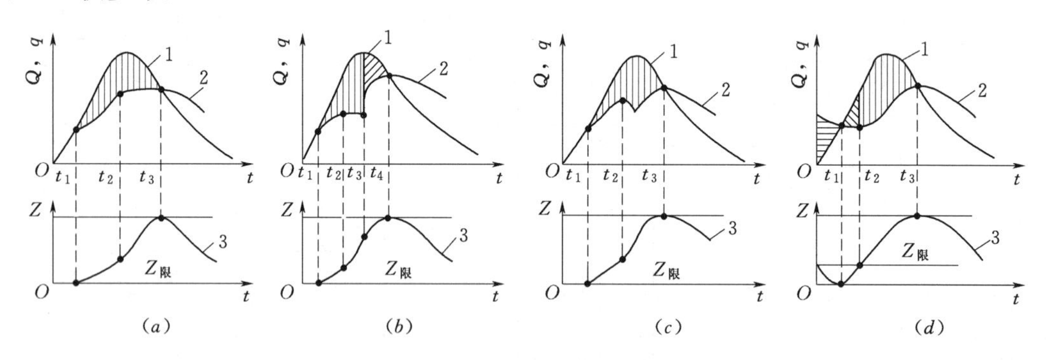

图 3－5　利用闸门控制下泄流量时，水库调洪的几种情况

（a）下游有防洪要求的情况；（b）水工建筑物设计标准大于下游防洪标准的情况；（c）水库下泄洪水要与下游区间洪水错峰的情况；（d）根据预报预泄洪水的情况

1—入库洪水过程线；2—下泄洪水过程线；3—水库水位过程线

图 3－5（a）的情况是，当下游有防洪要求时，最大下泄流量 q_{max} 不能超过下游允许的安全泄量 $q_安$。在 t_1 时刻以前，Q 较小，而闸门全开时的下泄流量较大，故闸门不应全开，而应以闸门控制，使 $q=Q$。闸门随着 Q 的加大而逐渐开大，直到 t_1 时闸门才全部打

开。因为从 t_1 时刻开始，Q 已大于闸门全开自由溢流的 q 值，即来水流量大于可能下泄的流量值，因而库水位逐渐上升。至 t_2 时刻，q 达到 $q_{安}$，于是用闸门控制，使 $q \leqslant q_{安}$，水库水位继续上升，闸门逐渐关小。至 t_3 时刻，Q 降落得重新等于 q，水库水位达到最高，闸门也不再关小。t_3 以后是水库泄水过程，水库水位逐渐回降。

图 3－5（b）的情况是下游有防洪要求，但防洪标准小于水工建筑物的设计标准。在 t_3 时刻以前，情况和图 3－5（a）类似，即在 $t_2 \sim t_3$ 间用闸门控制 q 使不大于 $q_{安}$，以满足下游防洪要求。至 t_3 时，为下游防洪而设的库容（图中竖阴影线表明的部分）已经蓄满，而入库洪水仍然较大，这说明入库洪水已超过了下游防洪标准。为了保证水工建筑物的安全（实际上也是为了下游广大地区的根本利益），不再控制 q，而是将闸门全部打开自由溢流。至 t_4 时刻，库水位达到最高，q 达到最大值。

图 3－5（c）的情况是下游要求错峰，以免水库下泄洪水与下游的区间洪水遭遇，危及下游安全。因此在 $t_2 \sim t_3$ 时刻之间用闸门控制下泄流量 q，使它与下游区间洪水叠加后仍不大于下游允许的 $q_{安}$ 值。

图 3－5（d）的情况是有短期洪水预报的情况。在 t_1 时刻以前根据预报信息预泄洪水，随着库水位的下降而逐渐开大闸门。在 $t_1 \sim t_3$ 之间，为了不使 $q > q_{安}$，随着库水位的上升而适当关小闸门，以控制 q 值。在 $t_1 \sim t_2$ 时刻水库仅将预泄的库容回蓄满，t_2 时刻以后，水库才从汛期防洪限制水位起蓄洪。

总之，针对不同的闸门启闭过程，调洪计算的具体手续会有所不同，要根据具体情况灵活运用前述的计算方法。[例 3－3] 就是一种有闸门控制的水库调洪方式，可以帮助初学者了解这一特点。至于有关水库调洪进一步的问题，将在后面有关章节作必要讨论。

【例 3－3】 水库及有关资料同 [例 3－1]，但水库防洪任务与运用方式和 [例 3－1] 不同，详见下述。

水库容积特性 $V=f(Z)$ 和水位下泄流量关系曲线 $q=f(Z)$ 均与表 3－2 和图 3－2 相同。溢洪道设有闸门，堰顶高程为 36.0m，汛期防洪限制水位为 38.0m。水库承担下游防洪任务，如图 3－6 所示。水库下泄流量 q 从坝址下游侧 A 点到达防洪防护区上游侧 B 点需历时 6h。遇设计洪水时，入库流量（Q）过程线和区间流量（$Q_{区}$）过程线如表 3－7 所示。要求水库进行错峰调节，以保证 B 点流量最大值不超过 600m³/s（$Q_B = q + Q_{区}$）。此外，水库有短期水文预报，在洪水来临前 36h，可开始全开溢洪道闸门，以预降水库水

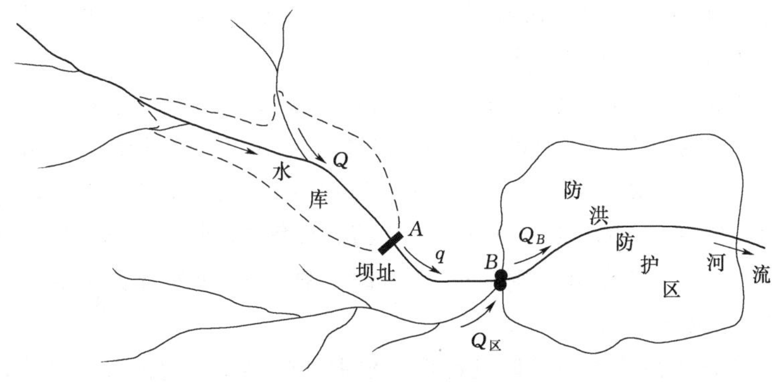

图 3－6　水库平面位置示意图

位。至于 A、B 之间的河槽调蓄作用可暂忽略不计。

表 3-7　　洪水流量过程线

时间 t /h	入库洪水流量 Q /(m³/s)	区间洪水流量 $Q_{区}$ /(m³/s)	时间 t /h	入库洪水流量 Q /(m³/s)	区间洪水流量 $Q_{区}$ /(m³/s)	时间 t /h	入库洪水流量 Q /(m³/s)	区间洪水流量 $Q_{区}$ /(m³/s)
(1)	(2)	(3)	(1)	(2)	(3)	(1)	(2)	(3)
0	36	9	24	850	213	48	360	90
3	40	10	27	1920	480	51	290	73
6	47	12	30	1450	363	54	240	60
9	57	14	33	1110	278	57	200	50
12	72	18	36	900	225	60	160	40
15	102	26	39	760	190	63	130	33
18	174	44	42	610	153	66	100	25
21	340	85	45	460	115	69	70	18

解　选取计算时段 $\Delta t=3$、$h=10800$s。先进行提前 36h 开始的预降水库水位计算。水库初始水位为 $Z=38.0$m，相应的库容为 $V=6450$ 万 m^3，相应的下泄流量（闸门全开）为 $q=173.9m^3/s$。此阶段洪水尚未来临，入库流量 Q 保持为 $36m^3/s$ 不变，计算结果列于表 3-8 中。计算过程也类似于［例 3-1］中表 3-3 那样，要经过一定的试算。为了说明这一情况，将洪水来临前 36h（即－36h）至洪水来临前 30h（即－30h）的两个时段试算列如表 3-9。先假设第－33 小时的水库水位 $Z_2=37.83$m，而相应的下泄流量 $q_2=150.0m^3/s$。此时，$Z_1=38.0$m，$V_1=6450$ 万 m^3，$q_1=173.9m^3/s$。于是，$\overline{q}=(q_1+q_2)/2=162.0m^3/s$，$\Delta V=10800(\overline{Q}-\overline{q})=-134.0$ 万 m^3，$V_2=V_1+\Delta V=6316$ 万 m^3。根据 V_2 值查图 3-2 中的曲线，得出 Z_2 值为 37.89m［即表 3-9 中第（10）栏的 Z' 值］，与原假设的 37.83m 不符，故需重新试算。重新假设 $Z_2=37.88$m，再重复以上计算步骤，最后得 $V_2=6311$ 万 m^3，查曲线得相应的 $Z_2=37.88$m，与假设值相符，结果正确。于是，第一时段的 Z_2、q_2、V_2 值就成为第二时段的初始值 Z_1、q_1、V_1 值（第－33 小时），据此可进行下一时段的试算。依此类推。计算结果列入表 3-8。从该表可知，在洪水来临时，即第 0 小时，水库水位可从 38.0m 降低至 37.19m。应以它为起点，开始洪水来临后的前半阶段——自由泄流阶段的调洪计算。

在进行自由泄流阶段的调洪计算前，应先根据错峰要求计算出各时段允许水库下泄的流量 q 的上限值，以便根据它来判断必须用闸门控制水库下泄流量的阶段起讫时间。计算结果列于表 3-10 中。计算这个上限值时，可先按 $Q_B=600m^3/s$，求出各时段的 $Q_B-Q_{区}$ 值。然后，将 $Q_B-Q_{区}$ 值移前 6h，即得相应的 $q_{上限}$ 值。以第 27 小时为例，$Q_{区}=480m^3/s$，因此 $Q_B-Q_{区}=120m^3/s$。移前 6h，则为第 21 小时，故第 21 小时允许水库下泄流量的上限值 $q_{上限}=120m^3/s$。依此类推。

现在可以开始自由泄流阶段的调洪计算。根据预降水位阶段的计算结果，在第 0 小时的初始值应是 $Z_1=37.19$m、$V_1=5516$ 万 m^3、$q_1=72.0m^3/s$，按此开始进行调洪计算。

表 3-8　　预降水位阶段的计算

时间 t/h	入库流量 Q/(m³/s)	时段平均入库流量 $\overline{Q}$/(m³/s)	下泄流量 q/(m³/s)	时段平均下泄流量 $\overline{q}$/(m³/s)	时段内水库存水量的变化 ΔV/万 m³	水库存水量 V/万 m³	水库水位 Z/m
(1)	(2)	(3)	(4)	(5)	(6)	(7)	(8)
−36	36.0		173.9			6450	38.00
		36.0		164.5	−139		
−33	36.0		155.0			6311	37.88
		36.0		147.5	−120		
−30	36.0		140.0			6191	37.79
		36.0		135.0	−107		
−27	36.0		130.0			6084	37.71
		36.0		125.0	−96		
−24	36.0		120.0			5988	37.63
		36.0		115.0	−85		
−21	36.0		110.0			5903	37.56
		36.0		105.0	−75		
−18	36.0		100.0			5828	37.47
		36.0		97.0	−66		
−15	36.0		94.0			5762	37.43
		36.0		91.0	−59		
−12	36.0		88.0			5703	37.37
		36.0		85.5	−53		
−9	36.0		83.0			5650	37.32
		36.0		81.0	−49		
−6	36.0		79.0			5601	37.27
		36.0		77.0	−44		
−3	36.0		75.0			5557	37.23
		36.0		73.5	−41		
0	36.0		72.0			5516	37.19

注　时间 t 的负值表示比洪水来临时间提前 t h。

表 3-9　　表 3-8 中的试算过程示例

时段序号	时间 t /h	Q /(m³/s)	$\overline{Q}$ /(m³/s)	q /(m³/s)	Z /m	$\overline{q}$ /(m³/s)	$\overline{Q}-\overline{q}$ /(m³/s)	ΔV /万 m³	V /万 m³	Z' /m	备注
	(1)	(2)	(3)	(4)	(5)	(6)	(7)	(8)	(9)	(10)	(11)
1	−36	36.0	36.0	173.9	38.0	(162.0)	(−124.0)	(−134.0)	6450	38.00	初始值
	−33	36.0		(150.0)	(37.83)				(6316)	(37.89)	$Z\neq Z'$
				155.0	37.88	164.5	−128.5	−138.8	6311	37.88	$Z=Z'$，可
2	−33	36.0	36.0	155.0	37.88	(137.5)	(−101.5)	(−109.6)	6311	37.88	初始值
	−30	36.0		(135.0)	(37.74)				(6201)	(37.80)	$Z\neq Z'$
				140.0	37.79	147.5	−111.5	−120.4	6191	37.79	$Z=Z'$，可

注　表中括号中的数字是试算过程中的中间数；数字下有横线者是已知数值。

表 3-10　　各时刻允许水库下泄流量的上限

时间 t /h	$Q_区$ /(m³/s)	$Q_B-Q_区$ /(m³/s)	允许的 $q_{上限}$ /(m³/s)	时间 t /h	$Q_区$ /(m³/s)	$Q_B-Q_区$ /(m³/s)	允许的 $q_{上限}$ /(m³/s)	时间 t /h	$Q_区$ /(m³/s)	$Q_B-Q_区$ /(m³/s)	允许的 $q_{上限}$ /(m³/s)
(1)	(2)	(3)	(4)	(1)	(2)	(3)	(4)	(1)	(2)	(3)	(4)
21			120	39	190	410	485	57	50	550	567
24			237	42	153	447	510	60	40	560	575
27	480	120	322	45	115	485	527	63	33	567	582
30	363	237	375	48	90	510	540	66	25	575	
33	278	322	410	51	73	527	550	69	18	582	
36	225	375	447	54	60	540	560	72			

计算也需进行试算，试算步骤与表 3－1 和表 3－8 中的类似，结果列入表 3－11，解释从略。由于一开始洪水流量较小，而 q 却较大，因而水库水位继续有所下降，直至第 12 小时以后才重新开始蓄水而使库水位上升。至第 27 小时，按闸门全开自由泄流方式，$q=330.0\text{m}^3/\text{s}$。但按表 3－10，该时刻允许下泄流量的上限值为 $q_{上限}=322\text{m}^3/\text{s}$。这说明从第 27 小时起，要按错峰要求，用闸门控制使 q 不大于 $q_{上限}$。因此，自由泄流阶段到第 24 小时结束。

表 3－11　　自由泄流阶段的调洪计算

时间 t/h	入库洪水流量 Q/(m³/s)	时段平均入库洪水流量 $\overline{Q}$/(m³/s)	下泄流量 q/(m³/s)	时段平均下泄流量 $\overline{q}$/(m³/s)	时段中水库存水量的变化 ΔV/万 m³	水库存水量 V/万 m³	水库水位 Z/m
(1)	(2)	(3)	(4)	(5)	(6)	(7)	(8)
0	36.0		72.0			5516	37.19
		38.0		70.5	－35.0		
3	40.0		69.0			5481	37.16
		43.5		67.5	－26.0		
6	47.0		66.0			5455	37.12
		52.0		65.0	－14.0		
9	57.0		64.0			5441	37.11
		64.5		64.0	1.0		
12	72.0		64.0			5442	37.11
		87.0		65.5	23.0		
15	102.0		67.0			5465	37.14
		138.0		70.0	73.0		
18	174.0		73.0			5538	37.21
		257.0		81.5	190.0		
21	340.0		90.0			5728	37.38
		595.0		120.0	513.0		
24	850.0		150.0			6241	37.84
		1385.0		(240.0)	(1237.0)		
27	1920.0		(330.0)			(7478)	(38.80)

注　27h 处括号中的数据是不用的数，因这时已进入错峰调洪阶段。

错峰阶段的调洪计算，以表 3－11 中第 24 小时的计算结果为第 27 小时的初始值，即 $Z_1=37.84\text{m}$、$V_1=6241$ 万 m^3、$q_1=150.0\text{m}^3/\text{s}$。计算结果列入表 3－12。这阶段的调洪计算不需试算。因为各时刻的 q_2 均为已知（取用表 3－10 中的 $q_{上限}$ 值），可以直接计算出 $\overline{q}=(q_1+q_2)/2$、$\Delta V=10800(\overline{Q}-\overline{q})$、$V_2=V_1+\Delta V$ 各值。然后查图 3－2 中的 $V=f(Z)$ 曲线，以求 Z_2。应该注意，在此阶段，不能应用图 3－2 中的 $q=f(Z)$ 曲线，因为该曲线是自由泄流曲线。本阶段不是自由泄流，而是有闸门控制的泄流，基本上是孔口出流（闸下出流）。详细的计算还应包括各时刻闸门开度的计算在内。但那样的计算，应针对某一定的闸孔数、闸门尺寸和型式、各闸门的启闭方式和先后次序等参数，按水力学公式来进行，这些参数可能有多个组合方案，因此计算将非常麻烦，这里从略。

从表 3－12 中的计算结果可见，到第 45 小时，水库水位达到 $Z_{max}=40.95\text{m}$，相应的水库总蓄水量 $V_{max}=1.1121$ 万 m^3。但最大下泄流量 q_{max} 却未发生在第 45 小时，这是因为有闸门控制，使下泄流量远小于自由泄流流量的缘故。从第 48 小时起，虽然 q 继续加大，但 Z、V 均逐步下降，洪水流量也减至很小，不再有任何威胁。第 63 小时以后的计算略去。此外，从第 48 小时起，也可以用闸门控制，使 $q=527\text{m}^3/\text{s}$（即保持第 45 小时的 q 值不变），虽然 Z、V 的下降会慢一些，但也能满足错峰要求，也是一种可取的泄流方案。

表 3-12　　错峰阶段的调洪计算

时间 t/h	入库洪水流量 Q/(m^3/s)	时段平均入库洪水流量 $\overline{Q}$/(m^3/s)	下泄流量 q/(m^3/s)	时段平均下泄流量 $\overline{q}$/(m^3/s)	时段中水库存水量的变化 ΔV/万 m^3	水库存水量 V/万 m^3	水库水位 Z/m
(1)	(2)	(3)	(4)	(5)	(6)	(7)	(8)
24	850.0		150.0			6241	37.84
		1385.0		236.0	1241		
27	1920.0		322.0			7482	38.81
		1685.0		348.5	1443		
30	1450.0		375.0			8925	39.73
		1280.0		392.5	959		
33	1110.0		410.0			9884	40.28
		1005.0		428.5	623		
36	900.0		447.0			10507	40.63
		830.0		466.0	399		
39	760.0		485.0			10900	40.83
		685.0		497.5	203		
42	610.0		510.0			11103	40.94
		535.0		518.5	18		
45	460.0		527.0			11121	40.95
		410.0		533.5	−133		
48	360.0		540.0			10988	40.88
		325.0		545.0	−238		
51	290.0		550.0			10750	40.75
		265.0		555.0	−313		
54	240.0		560.0			10437	40.60
		220.0		563.5	−371		
57	200.0		567.0			10066	40.37
		180.0		571.0	−422		
60	160.0		575.0			9644	40.15
		145.0		578.5	−468		
63	130.0		582.0			9176	39.87

注　至 63h，本阶段计算尚未结束，但以下计算从略。

第四章 水利水电经济计算与评价

第一节 水利水电经济计算的任务和内容

为了提高水利工程的经济效益，必须掌握经济发展的客观规律，不断学习与研究水利工程经济理论与方法，为我国水利事业的发展作出贡献。研究水利水电经济计算，主要解决下列问题：

（1）对计划兴建的水利工程，在做好勘测、规划、设计的基础上，研究不同规模、不同标准、不同投资、不同效益的各个比较方案，通过分析论证和经济计算，从中选择技术上正确、经济上合理、财务上可行的最佳方案。例如，在某河流上拟修建一座水利工程，根据已知的地形、地质条件，可以考虑修建高坝大水库方案，本方案防洪效益显著，灌溉面积较大，水电站年发电量较多，航运通航里程较长，但水库淹没损失较大，所需投资较多，建设期较长；也可以考虑修建低坝小水库方案，其情况恰与上述相反，就须根据国民经济发展要求与国家、地方财政承担能力选择经济上合理、财务上可行的方案。又例如，某地区要求于2000年增加电力100万kW，年供电量40亿kW·h，根据本地区资源情况，可以修建水电站，也可以修建火电站，但水电站所需投资较多，施工期较长，建成投产后所需年运行费却较少，仅为投资的1%～2%；火电站的情况恰与上述相反，建成投产后所需年运行费较多，约为投资的5%～6%，且需大量燃料，为保护周围环境尚需一定费用，为此须进行水利水电经济计算与动能经济论证，才能确定应选方案。

（2）对已建成的水利工程仍须进行经济评价，研究进一步发挥工程经济效益的途径。当水利项目建成投产后，仍须不断收集有关资料，分析项目实际运行状况与预期目标之间的差距及其产生的原因，以便提出改进措施，进一步提高经营管理水平，在保证工程安全，充分发挥工程效益的前提下，尽可能增加企业和管理单位的财务收入。

（3）水利水电经济计算的内容比较广泛，在国民经济评价阶段，用影子价格计算各种费用与效益。费用包括固定资产投资与年运行费。所谓固定资产投资，是指项目达到设计规模所需投入的全部建设费用；所谓年运行费，是指项目在运行初期和正常运行期每年所需支出的全部运行费用。水利工程效益包括防洪（防凌、防潮）效益、治涝（治碱、治渍）效益、灌溉效益、城镇供水效益、水力发电效益、航运效益以及其他水利效益。国民经济评价指标计算中有经济内部收益率、经济净现值和经济效益费用比等。在财务评价阶段，用市场价格计算各种财务支出和财务收入。财务支出包括水利建设项目的总投资、年运行费、总成本费用和税金等。总成本费用包括年运行费、折旧费、摊销费和利息净支出；税金包括产品销售税金及附加、所得税等。财务收入应包括出售水利产品和提供服务所获得的水费、电费等收入。财务评价指标计算中有财务内部收益率、财务净现值、投资回收期、投资利润率、投资利税率、固定资产投资借款偿还期等。

第二节　资金的时间价值及其计算公式

一、资金的时间价值

一般可供利用的资源（包括土地、水资源、原材料、劳动力等），其价值都可以用一定数量的货币资金来表达，简称为资金。资金是具有时间价值的，如果把资金用于开办工厂或兴建水利水电工程，则当工厂投产或工程生效后，每年产品销售所得收入扣除总成本费用及销售税金（包括附加）等后即为利润总额。随着时间的延续，生产劳动所创造的利润总额也是不断增值的。按照现行财会制度，项目实现年利润总额的具体分配办法是：①按照规定税率上交所得税，作为国家的财政收入；②缴纳所得税后的利润首先计提特种基金。特种基金是指能源交通重点建设基金和国家预算调节基金；③项目实现的利润总额在弥补亏损、交纳所得税和特种基金后为可供分配利润。其分配顺序如下：弥补以前年度的亏损、提取盈余公积金、提取公益金、向投资者分配利润，其中盈余公积金可以作为企业扩大再生产所需用的发展基金。因此，只要企业不断改善经营管理水平，产品适销对路，不断提高产品（水利水电工程的产品即为“水”和“电”）的数量和质量，则利润会逐年提高，企业资金也是随着时间的延续而不断增值，这也就是资金的时间价值。

关于资金时间价值的来源及其形成过程可以作如下的分析。众所周知，产品从价值形态看，可以划分为三部分，即

$$S=C+V+m \tag{4-1}$$

式中　S——产品的价值；

C——在生产过程中消耗掉的生产资料的转移价值；

V——物质生产劳动者为自己创造的必要产品价值（即必要劳动所创造的价值），体现为劳动报酬及劳保福利费等；

m——物质生产者为社会创造的剩余产品价值（即剩余劳动所创造的价值），体现为税金和利润等。

由此可见，资金所以随着时间的延续而增值，主要由于在生产经营活动过程中由劳动所创造的新价值。这种新创造的产品价值，包括必要产品价值和剩余产品价值两部分（即$V+m$），简称为社会净产值，又称为国民收入。国民收入是我国国民经济的最重要的综合指标之一，能比较确切地综合反映社会生产的发展速度、规模、结构以及增产节约等情况。按人口平均的国民收入，可以综合反映社会生产力的发展水平，国际上经常用人均国民收入这个指标来比较各个国家的经济实力。

如果兴建某水利水电工程所需的资金，是由开发公司向银行贷款而得到的，则须在贷（借）款协议书上明确规定贷款数额、贷款利率及贷款归还期限。贷款利息一般自贷款日起即开始计算，在工程建设期内的利息，则应按规定计入固定资产内。工程投产后，每年按固定资产（用货币表达时即称为固定资金）的某一百分比提取基本折旧基金、大修理基金以及其他费用，这是为实现简单再生产所必需的资金。此外，从产品销售中所获得的利润，其中一部分可供偿还贷款的本息，另一部分可作扩大再生产所需用的资金，利润为企

业扩大再生产创造了条件。显然，资金利润率应大于银行贷款利率，而银行贷款利率又应大于储蓄存款利率。贷款与存款利息之间的差额，即为银行进行经营活动所获得的收入。在无论何种社会制度的国家里，资金的时间价值都是由劳动者在一定时间内创造出来的。

我国在20世纪50—70年代，大型水利水电工程的基建资金（即固定资产投产与流动资金）均由国家无偿拨付，既不要求工程管理单位偿还本金，更不要求支付利息，因而有些单位盲目争项目、争投资，造成国家重大损失。有些工程是应该修建的，但由于不管施工期多长，概不考虑资金的积压损失，在核定工程的固定资产时均按造价的原值计算，因此有些单位任凭施工期拖延，并无经济压力之感。过去考核工程总效益时亦不计算资金的时间价值。不管工程何时发挥效益，不同时期内相同数量的效益，其价值均不随时间而变，结果使得某些工程迟迟不配套，长期达不到设计规模，使国家资金不能及时充分发挥效益。国家不能按原定计划征收税金和利润，难以不断进行扩大再生产。这些都是我国在某一时期内国民经济发展速度与经济效益不够理想的重要原因之一。在总结过去基本建设中的经验教训后，从80年代起对某些大中型水利水电工程的基建实行“拨改贷”制度，即将工程投资由国家无偿拨付改为工程单位向建设银行申请贷款。这是一项重要的改革措施，可促使有关部门对工程项目进行详细的经济核算，尽量降低造价，缩短施工期，争取早日建成投产，充分发挥工程效益，及时偿还银行贷款，从而加速社会主义建设。今后无论规划、设计、施工或运行管理单位，都必须考虑资金的时间价值，尽可能进行动态经济分析。那种不考虑资金时间价值的静态经济分析是不符合当前国内外经济活动的客观规律的，违反客观规律就要在经济上受到惩罚。下面将分述动态经济分析的基本计算方法。

二、资金流程图和计算基准年

为了考虑资金的时间价值，必须知道资金在整个建设期和生产期内的投入与产出情况，必须知道在整个计算期（包括建设期与生产期）内各年资金数量的多少及其收支的具体时间。在建设期内，工程需要逐年投入资金（即投资），到建设后期工程部分投产，在此初始运行期内工程仍需部分投资，但投资额逐年减少，而年运行费与年效益则随着投产规模逐年扩大而增加，至建设期结束时由于施工机械及一部分临时建筑物已不再需要而可按新旧程度折价给其他单位，因而尚可回收一部分资金，投资减去这部分回收的资金，称为工程造价，或称工程的净投资。建设期结束后即进入生产期，工程应以其设计规模投入正常运行，在此期内工程一般不需再投资，但每年有年运行费以及还本、付息、税金等费用支出，由于工程在生产期内已发挥全部效益，所以每年均有一定收入，且年收入一般大于年支出。由上述可知，各年资金收支情况变化较多，因此常用资金流程图示意说明，参阅图4-1。

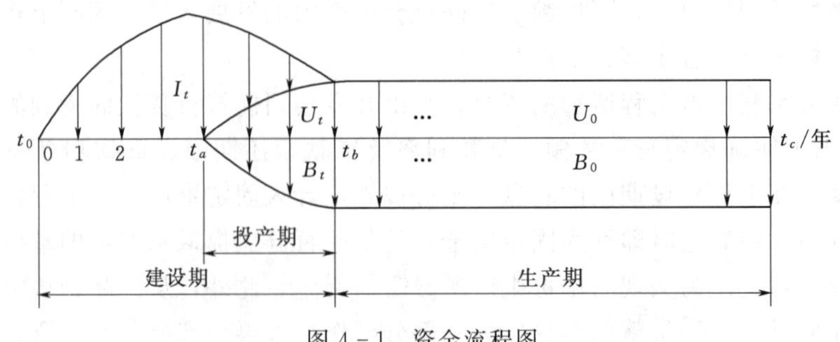

图4-1 资金流程图

资金流程图以横坐标表示时间，时间的进程方向为正，反之为负；以纵坐标的大小表示资金的多少，投入的箭头方向朝向时间轴，产出的箭头方向背向轴。

在图 4-1 上，建设期由 t_0 开始，至 t_b 为止，在此期内主要支出为投资 I_t，投产期（初始运行期）为 t_a～t_b，在此期内部分工程（例如部分水电站机组）陆续投入运行，因而年收益 B_t 与年运行费 U_t 均逐年增加；在生产期（正常运行期）t_b～t_c，由于工程已全部正常发挥效益，相应年效益 B_0 及年运行费 U_0 均可假设为常数。对于水利水电工程的土建部分而言，由于其经济寿命较长，可以假设生产期 $n=50$ 年，但机电设备（例如水电站机组）的经济寿命较短，一般假设 $n_{机}=25$ 年，因此，在生产期的中间须重新投资更新机电设备，这样又可正常运行 25 年，直到生产期末 t_c，假设届时整个水利水电工程包括土建部分和机电部分同时"退役"，到此时生产期宣告结束。

关于计算基准年，由于资金（包括投资、年运行费及年效益等）的收入或支出的数量与时间均不相同，为了对各个方案进行评价、比较，并便于考虑资金的时间价值，必须引入计算基准年的概念，犹如在进行图解计算时，首先应确定坐标轴及其原点一样。从理论上说，计算基准年可以选择在计算期内的任何一年，例如建设期的第一年年初 t_0 或生产期的第一年年初 t_b，也可以选择在初始运行期的第一年年初 t_a，但一经确定后在整个计算过程中不能改变，这样才不会影响综合分析与方案评价的结果。一般建议计算基准年定在建设期即施工期的第一年年初 t_0。根据此基准年，统一计算各方案各年资金的时间价值。下面分述计算资金时间价值的几个基本公式。

三、基本计算公式

首先对基本计算公式采用的几个符号加以说明。

P——资金的现值。所谓现值，是指资金折算至基准年的数值；

F——资金的期值或终值，即从基准年起折算资金至第 n 年年末的数值；

A——资金的年值或等额年值，指第一年至第 n 年每年年末的一系列收入或支出值；

i——折现率或银行的利率；

n——计算期的时间，一般以年计。

1. 一次收付期值公式

已知本金现值 P，年利率为 i，则 n 年后的终值（本利和）为 F。如图 4-2（a）。F 的计算式为

$$F=P(1+i)^n=P[F/P,i,n] \quad (4-2)$$

F 值相当于银行按复利计算时整存 P 而在期末（n 年后）可整取的金额。式中 $(1+i)^n$ 或 $[F/P,i,n]$ 称为一次收付期值因子。

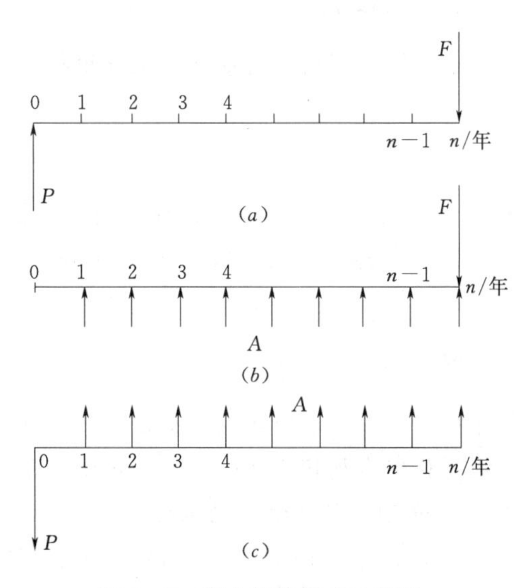

图 4-2 资金折算模式示意图

【例 4-1】 已知本金现值 $P=1$ 万元，年利率 $i=12\%$，问 5 年后的本利和 F 为多少？

解 根据式（4-2），$F=P(1+i)^n=10000\times(1+0.12)^5=17620$ 元。设年利率 $i=12\%$不变，但要求按月计算复利，则计算期数

$n'=5\times12=60$，相应地应把年利率折算为月利率 $i'=\frac{0.12}{12}=0.01=1\%$，则 5 年后本利和 $F'=P(1+i')^{n'}=10000\times(1+0.01)^{60}=18170$(元)。

由此可见，虽然本金与年利率相同，但由于计息期不同，因而所求出的终值即本利和是有差别的。

2. 一次收付现值公式

已知 n 年后的期值（终值）为 F，要反求现值 P。如图 4-2 (a) P 的计算式为

$$P=F/(1+i)^n=F[P/F,i,n] \tag{4-3}$$

式中 $1/(1+i)^n$ 或 $[P/F,i,n]$ ——一次收付现值因子。

【例 4-2】 某人持一张未到期的票据（5 年后的期票）1 万元到银行兑现作为现金收付手段，年贴现率（年折现率）$i=10\%$，问某人可以从银行取得多少现金？

解 根据式（4-3），$P=F/(1+i)^n=10000/(1+0.1)^5=6209$（元）。即 5 年后的一张壹万元期票，到银行兑现时银行须从中扣除到期以前的那一部分利息 3791 元。在此情况下 i 应称为贴现率或折现率。

3. 分期等收（付）期值公式

已知从现在起，每年年末向银行存入等额年值 A，年利率 i，求 n 年后的终值（本利和）F。参阅图 4-2 (b)。F 的计算式为

$$\begin{aligned}F&=A[(1+i)^{n-1}+(1+i)^{n-2}+\cdots+1]\\&=A\left[\frac{(1+i)^n-1}{i}\right]\\&=A[F/A,i,n]\end{aligned} \tag{4-4}$$

式中 $[F/A,i,n]$ ——分期等付（收）期值因子。

这个问题相当于银行按复利计算的零存整取。

4. 基金存储公式

如已知 n 年后的终期 F，反求每年年末的年值 A，则由式（4-4）可求得

$$A=F\left[\frac{i}{(1+i)^n-1}\right]=F[A/F,i,n] \tag{4-5}$$

式中 $[A/F,i,n]$ ——基金存储因子，如图 4-2 (b) 所示。

【例 4-3】 设已知 25 年后须重新投资，更换水电站机组设备，$F=100$ 万元，问从现在起每年年末须提存多少基本设备更新基金 A？设 $i=10\%$。

解 $A=F\left[\frac{i}{(1+i)^n-1}\right]=100\times10^4\times\left[\frac{0.10}{(1+0.1)^{25}-1}\right]=10170$（元）。即从现在起，每年年末从该年电费收入中提取 10170 元，然后立刻存入银行，直到第 25 年末，届时可从银行获得本利和 $F=100$ 万元作为更新机组设备的资金。

5. 分期等付（收）现值公式

已知某工程正式投产后每年年末获得收益 A，生产期为 n 年，则整个生产期的总收益折算至生产期初的现值为 P。如图 4-2 (c)。P 的计算式为

$$P=\frac{A}{1+i}+\frac{A}{(1+i)^2}+\cdots+\frac{A}{(1+i)^n}$$
$$=A\left[\frac{(1+i)^n-1}{i(1+i)^n}\right]$$
$$=A[P/A,i,n] \tag{4-6}$$

式中　$[P/A,i,n]$ ——分期等付（收）现值因子。

【例 4-4】　设某工程建设期 $m=5$ 年，平均每年投资 $I=1000$ 万元；生产期 $n=50$ 年，平均每年净收益 $b=500$ 万元，设 $i=10\%$，问修建该工程在经济上是否有利？

解　设基准年定在建设期末，则该工程的总投资（包括建设期内的利息）K 为

$$K=I[F/A,i,m]$$
$$=1000\times10^4\times\left[\frac{(1+0.1)^5-1}{0.1}\right]$$
$$=6105(万元)$$

该工程在生产期内的总净收益 B 为

$$B=b[P/A,i,n]$$
$$=500\times10^4\times\left[\frac{(1+0.1)^{50}-1}{0.1\times(1+0.1)^{50}}\right]$$
$$=4958(万元)$$

比较折算后的总投资 K 与总收益 B，因 $B<K$，故从经济上看修建该工程并不有利。

如果按过去惯用的静态经济计算，该工程静态总投资 $K'=1000\times5=5000$（万元），而静态总收益 $B'=500\times50=25000$（万元），因 $B'>K'$，从而会得出经济上十分有利的错误结论。

6. 本利摊还（资金回收）公式

设现在借入一笔现金 P，年利率为 i，则在 n 年内每年年末需等额摊还本息 A，才能保证在第 n 年末清偿全部本金和利息，如图 4-2（c）所示。

由式（4-6）可逆推求出

$$A=P\left[\frac{i(1+i)^n}{(1+i)^n-1}\right]=P[A/P,i,n] \tag{4-7}$$

式中　$[A/P,i,n]$ ——本利摊还因子，如果这笔钱是自有资金，则该因子就称为资金回收因子。

【例 4-5】　设某电力公司拟修建电站以满足当地负荷发展要求，第一方案拟修建水电站，需投资 $I_1=1$ 亿元，建成后每年尚须支付占投资 1%的年运行费 u_1（包括生产期内电站正常运行所需的材料、修理、工资及其他管理维护费用），经济寿命 $n_1=50$ 年；第二方案拟修建火电站，需投资 $I_2=7000$ 万元，建成后每年尚须支付占投资 8%的年运行费（包括燃料费），经济寿命 $n_2=25$ 年。设 $i=10\%$，试比较这两个方案的年费用（包括投资年回收值与年运行费两部分），以便确定哪个方案在经济上比较有利。

解　年费用 AC 的计算式为

$$AC=I[A/P,i,n]+u \tag{4-8}$$

第一方案水电站的年费用

$$
\begin{aligned}
AC_1 &= I_1[A/P, i, n_1] + u_1 \\
&= 1\times 10^8 \times \left[\frac{0.1\times(1+0.1)^{50}}{(1+0.1)^{50}-1}\right] + 1\times 10^8\times 1\% \\
&= 1008.6 + 100 \\
&= 1108.6(\text{万元})
\end{aligned}
$$

第二方案火电站的年费用

$$
\begin{aligned}
AC_2 &= I_2[A/P, i, n_2] + u_2 \\
&= 7000\times 10^4 \times \left[\frac{0.1\times(1+0.1)^{25}}{(1+0.1)^{25}-1}\right] + 7000\times 10^4\times 8\% \\
&= 1331.2(\text{万元})
\end{aligned}
$$

从达到同样目的的两个方案的年费用大小来比较，显然修建年费用较小的水电站在经济上比较有利。

【讨论】 由式（4－8），年费用为

$$
\begin{aligned}
AC &= I\left[\frac{i(1+i)^n}{(1+i)^n-1}\right] + u \\
&= I\left[i + \frac{i}{(1+i)^n-1}\right] + u \\
&= Ii + I\left[\frac{i}{(1+i)^n-1}\right] + u
\end{aligned}
\tag{4-9}
$$

式中第一项为投资 I（假设全部为银行贷款）每年应支付的利息（i 为年利率），而第二项为 n 年后还本而每年须存储的基金 A［见式（4－5）］。这可证明如下：

第一年末存储的基金 A，到 n 年末为 $I\left[\frac{i}{(1+i)^n-1}\right](1+i)^{n-1}$；

第二年末存储的基金 A，到 n 年末为 $I\left[\frac{i}{(1+i)^n-1}\right](1+i)^{n-2}$；

…；

第 n 年末存储的基金 A，到 n 年末为 $I\left[\frac{i}{(1+i)^n-1}\right]$。

根据式（4－4），每年存储的基金 A，累计到 n 年末为

$$
\begin{aligned}
& I\left[\frac{i}{(1+i)^{n-1}}\right][(1+i)^{n-1} + (1+i)^{n-2} + \cdots + 1] \\
&= I\left[\frac{i}{(1+i)^n-1}\right]\left[\frac{(1+i)^n-1}{i}\right] \\
&= I
\end{aligned}
\tag{4-10}
$$

式（4－10）说明每年存储的基金 A，累计到 n 年末恰好偿还本金 I。式（4－9）中的第三项为生产期内每年须支付的年运行费 u。

为了便于比较，现将反映资金时间价值的几个基本计算公式及其折算因子，汇总列于表 4－1。必须注意，在应用式（4－2）～式（4－10）时，现值 P 是在第一年的年初，终值（期值）F 是在第 n 年的年末，年值 A 是在每年的年末，否则不能直接应用上述各个

计算公式。为了节省计算工作量，现将 $i=3\%\sim15\%$ 考虑资金时间价值的各个折算因子的计算结果，分别列入附表 1～附表 8，见本教材的附录。

表 4-1　　反映资金时间价值的计算公式与折算因子

序号	折算因子		基本计算公式
	名称	符号	
1	一次收付期值因子	$[F/P,i,n]$	$F/P=(1+i)^n$
2	一次收付现值因子	$[P/F,i,n]$	$P/F=1/(1+i)^n$
3	分期等付期值因子	$[F/A,i,n]$	$F/A=[(1+i)^n-1]/i$
4	基金存储因子	$[A/F,i,n]$	$A/F=i/[(1+i)^n-1]$
5	分期等付现值因子	$[P/A,i,n]$	$P/A=[(1+i)^n-1]/i(1+i)^n$
6	本利摊还(资金回收)因子	$[A/P,i,n]$	$A/P=i(1+i)^n/[(1+i)^n-1]$

第三节　国民经济评价

水利水电建设项目经济评价，包括国民经济评价与财务评价两大部分，是建设项目优选与科学决策的重要依据。国民经济评价是从全社会国民经济的角度出发，分析用影子价格计算项目所需投入的费用和可以获得的效益，评价建设项目的经济合理性。财务评价是从项目财务核算单位的角度出发，分析用财务价格计算项目所需的支出和可以获得的收益，评价建设项目的财务可行性。本节着重讨论国民经济评价。

一、概述

在国民经济评价中，所谓建设项目的费用，是指国民经济为项目建设所需投入的全部代价；所谓建设项目的效益，是指项目为国民经济所作出的全部贡献。因此，为了全面准确地衡量项目的实际效果，不仅应计及其直接费用和直接效益，而且还应计及其明显的间接费用和间接效益。例如，水电与火电进行经济比较时，为了同等程度地满足某一地区的负荷发展要求，水电系统费用应包括水电站本身及其输配变电等工程的投资与年运行费；火电系统费用应包括火电站本身及其有关的煤矿、铁路和输配变电工程的投资与年运行费。水电效益应包括水电站容量与电量效益以及水库防洪、灌溉、城镇供水、航运等综合利用效益。火电效益应包括发电效益，并计及其对环境污染等的负效益。必要时可将上述各方面“捆”起来一起进行综合评价。

国民经济评价中的费用与效益，应采用影子价格和社会折现率进行动态经济计算。影子价格是真实价值的一种度量，在资源或产品数量有限的情况下，影子价格是这种资源或产品增加或减少一个单位引起边际效益改变的量值。对于产品而言，投入物的影子价格就是它产生的边际效益，对于产出物而言，增产单位产品所需的边际成本，就是它的影子价格。由于机会成本是指把一定资源用于生产某种产品时所放弃的生产另一种产品的价值，因此当资源得到最优配置时，它的边际成本、边际效益和机会成本三者是相等的。在完全自由竞争市场中，产品的市场价格基本上就是它的影子价格。实际上，由于资料缺乏，详细计算产品的影子价格是十分困难的，因此常用国际市场价格法（适用于有进出口关系的外贸货物）、分解成法（是测算非外贸货物影子价格的重要方法）、机会成本法等。当与现行价格换算时，可按国家计委定期颁布的《建设项目经济评价参数》确定。

社会折现率是项目国民经济评价的重要通用参数，在项目国民经济评价中作为计算经济净现值的折现率，并作为衡量经济内部收益率的基准值。它是项目经济可行性和方案比选的主要判据。采用适当的社会折现率进行建设项目国民经济评价，有助于合理使用建设资金，引导投资方向，调控投资规模，促进资金在短期与长期项目之间的合理配置。根据我国在一定时期内的投资收益水平、资金机会成本、资金供求状况以及最近几年建设项目国民经济评价的实际情况，现在采用的社会折现率为 $i_s=12\%$。

水利建设项目投资，是指达到项目设计效益所需的全部一次性投资，其中包括主体工程投资和相应配套工程投资。主体工程投资一般包括枢纽工程投资和水库淹没处理补偿投资两大部分，枢纽工程投资由建筑工程投资、机电设备费、安装工程投资、临时工程投资及其他费用组成。水库淹没处理补偿投资由农村移民安置迁建费、城镇迁建补偿费、库底清理费、防护工程费和环境影响补偿费等组成。配套工程投资是指为全面实现项目效益所需同时建设的有关配套设施（例如水电站的输配变电工程、灌溉项目的干支渠系工程等）的一次性投资和为消除该项目带来不利影响所须采取某些补偿措施的一次性投资。国民经济评价中配套投资计算的范围，应与效益计算的范围一致。

水利建设项目的年运行费，是指项目建成投产后在运行管理中每年所需支付的各项费用，一般包括：材料和燃料动力费、维修费、大修理费、管理费及其他费用。材料和燃料动力费指工程设施在运行过程中所耗用的材料和油、煤、电等的费用；维修费指维修、养护工程设施所需的费用；大修理费指为进行工程设施大修理每年所需分担的费用，这部分费用实际上并非每年均衡支出，但为简化计算，才将隔几年进行一次的大修理所需费用总额平均分摊到各年；管理费包括管理机构的职工工资、工资性津贴、福利基金和行政费以及日常的防汛、观测和科研、试验等费用；其他费用包括：为消除或减轻项目所带来的不利影响每年所需的补偿措施费用（例如清淤、冲淤、排水、治碱等）；为扶持移民的生产、生活每年所需的补助或提成费用；当遭遇超过防洪标准水情时所需支付的救灾或赔偿费用等。在投产期（初始运行期）内各年的年运行费，可按已投产规模与设计规模的比例计算。在国民经济评价中，与建设项目直接关联的税金、利润、国内借款利息和补贴等，由于都属于国民经济内部的转移支付，所以不列为项目的费用与效益。

水利建设项目的效益，按其功能可划分为防洪效益、治涝效益、灌溉效益、供水效益、水力发电效益、航运效益等。一项水利工程往往同时具有几种功能，评价时除分别计算各个分效益外，还应计算其总效益，但注意不要简单地把几个分效益相加即作为总效益，一定要剔除其重复计算的部分。另一方面，也要注意到水利项目建成后可能带来一些不利影响，一般统称为负效益，如果有的影响已采取了补救措施，例如已计入所需的一次性投资或经常性支出，则不应再计算其负效益。在计算水利建设项目的效益时，还应考虑水文现象的随机性，尽可能采用长系列水文资料逐年进行计算，除计算其多年平均效益外，还须计算特大洪、涝年份和特大干旱年份的效益，供项目决策时参考。

防洪效益通常指：有、无防洪项目对比时可以减免的国民经济损失值，可采用其多年平均损失值及特大洪水年份的损失值表示，一般采用频率曲线法或长系列年值法计算。由于防洪保护区内工农业生产和人民生活水平不断增长和提高，所以在计算期内防洪效益是逐年增长的。治涝效益通常指：有、无治涝项目对比时可以减免的农作物损失值，大涝年份有时还应包括可以减免的房屋和其他财产的损失值。灌溉效益是指：有、无灌溉措施对比时所增加的农作物主副产品的产值，一般用其多年平均效益值和特大干旱年的效益值表示。由于农业增产不仅依靠灌溉措施，也与其他农业技术措施有关，因此灌溉效益只应占农业总增产值中的一定比例，在某些地区计算灌溉效益时，一般采用农业总增产值的40%左右。城镇供水效益是指：有、无供水项目对比时可以为城镇居民增加生活用水和为工矿企业增供生产用水所获得的效益，可按供水量和水的影子价格计算其效益，也有按举办最优等效替代工程所需的年费用（包括投资年回收值与年运行费）表示，在水资源贫乏地区可按缺水使工矿企业生产所遭受的损失值计算。水力发电效益是指：水电站向电网或用户提供有效电量和容量所创造的价值，可以用影子电价和上网电量计算其发电效益，也有按用最优等效替代电站（例如火电站）的年费用表示。航运效益是指：有、无航运项目对比时所能增加的效益，其中包括增加运输能力、节约运输费用以及其他经济效益，也有按用最优等效替代工程（例如铁路）所需的年费用表示。此外，水利建设项目可能还有旅游效益、水产养殖效益，等等，不拟详述。

二、国民经济评价指标和评价准则

进行水利建设项目的国民经济评价时，应以经济效益费用流程报表反映建设项目在各年的效益、费用和净效益流程，并据以计算其经济内部收益率、经济净现值、经济效益费用比等评价指标和评价准则，现分述如下。

1. 经济内部收益率（$EIRR$）

经济内部收益率是使项目在计算期内的经济净现值累计等于零时的折现率，它是反映项目对国民经济所作贡献的相对指标，其表达式为

$$\sum_{t=1}^{n}(B-C)_t(1+EIRR)^{-t}=0 \qquad (4-11)$$

式中 B——年效益，万元；

C——年费用，万元；

$(B-C)_t$——第 t 年的净效益，万元；

t——计算期各年的序号，基准年（点）的序号为0；

n——计算期，a。

建设项目的经济合理性，应根据经济内部收益率（$EIRR$）与规定的社会折现率（i_s）的对比分析后确定。当经济内部收益率大于或等于社会折现率（i_s）时，该项目在经济上是合理的。

2. 经济净现值（$ENPV$）

经济净现值是用社会折现率（i_s）将项目计算期内各年的净效益，折算到计算期初（基准年点）的现值之和表示，它是反映项目对国民经济所作贡献的绝对指标。当经济净现值大于零时，表示国家为拟建项目付出代价后，除得到符合社会折现率的社会盈余外，还可以得到以现值计算的超额社会盈余，经济净现值愈大，项目经济效果愈好。其表达式为

$$ENPV = \sum_{t=1}^{n}(B-C)_t(1+i_s)^{-t} \tag{4-12}$$

式中　i_s——社会折现率；

其他符号意义同前。

建设项目的经济合理性，应根据经济净现值（$ENPV$）的大小确定。当经济净现值大于或等于零（$ENPV \geqslant 0$）时，该项目在经济上是合理的。

3. 经济效益费用比（$EBCR$）

经济效益费用比是以项目效益现值与费用现值之比表示，它反映项目单位费用为国民经济所作贡献的一项相对指标。其表达式为

$$EBCR = \frac{\sum_{t=1}^{n} B_t(1+i_s)^{-t}}{\sum_{t=1}^{n} C_t(1+i_s)^{-t}} \tag{4-13}$$

式中　B_t——第 t 年的效益，万元；

C_t——第 t 年的费用，万元。

项目的经济合理性应根据经济效益费用比（$EBCR$）的大小确定。当经济效益费用比大于或等于 1.0（$EBCR \geqslant 1.0$）时，该项目在经济上是合理的。

第四节　财　务　评　价

一、概述

水利水电建设项目的财务评价，是根据现行财税制度和现行财务价格，分析测算项目直接发生的实际收入和支出，编制财务报表，计算评价指标，考察项目的盈利能力、清偿能力等财务状况，据以判别项目的财务可行性。

在建设项目资金筹措中，要拟定建设资金的渠道来源、各种资金的贷款利率、金额与借款期限等条件。财务评价以动态分析为主，静态分析为辅。计算期包括建设期和生产期，建设期为设计的施工总工期（含初期运行期，亦称投产期），生产期一般采用 20～30 年，折现基准年一般为建设期第一年年初。在财务评价时，对供水、供电等水利水电产品价格，应先采用现行水价、电价，当计算结果影响项目的财务可行性时，还应按照满足还贷条件及行业财务基准收益率（i_c），反求推算合理的水价、电价，使项目在财务上可行而又不超过用户的承受能力。对于不直接产生利润只具有公益性质的水利项目（例如防洪等），应计算其经营成本（年运行费）和折旧费，测算项目所需国家或地方提供政策性的财务补贴，并建议有关部门实行减免税金等优惠措施。水力发电建设项目的费用和效益，只计算到发电环节，专用配套输变电工程现暂计入发电环节。水利行业财务基准收益率（i_c）尚未公布，目前水电财务基准收益率（i_c）暂定为 12%。若建设项目国民经济评价合理，而财务评价不可行，可以提出相应优惠政策的建议，使项目具有财务上的生存能力。

二、费用支出计算

项目费用主要包括总投资、年经营成本和各项应纳税金等。

1. 总投资

$$总投资=固定资产投资+建设期利息+流动资金 \tag{4-14}$$

式中固定资产投资直接采用概算表中的静态投资与价差预备费之和，所谓价差预备费，是指计入建设期内物价上涨率导致额外增加的费用。静态投资包括建筑工程、机电设备购置费和安装费、金属结构设备购置费和安装费、临时工程费、水库淹没补偿费、其他费用及基本预备费。建设期利息应根据各项水工建筑物和各台水电机组的投产时间分别计算，利率根据资金来源加权平均计算，按年计息，按复利计。建设期利息还包括应付的手续费、承诺费等，根据工程项目贷款的类型和条件分年计算。流动资金是指项目投产运行后用于维持生产的周转资金，其中包括购置燃料、材料、备品备件和支付工资等所需的周转性资金。

2. 总成本费用

总成本费用包括经营成本、折旧费、摊销费和利息支出。其中经营成本包括修理费、职工工资及福利费、材料费、库区维护费和其他费用。折旧费为生产过程中每年耗费的固定资产价值中的一部分。

$$折旧费=固定资产价值\times 折旧率 \tag{4-15}$$

$$固定资产价值=固定资产投资+建设期利息-递延资产价值-无形资产价值 \tag{4-16}$$

式中固定资产是指使用期限超过一年，单位价值在规定标准以上，并且在使用过程中保持原有物质形态的资产，包括房屋及建筑物、机器设备、运输设备、工具器具等。无形资产是指能长期使用但没有物质形态的资产，例如专利权、土地使用权、非专利技术等。递延资产是指不能全部计入当年损益，应在以后年度内分期摊销的各项费用，例如开办费、租入固定资产的改良支出等。摊销费包括无形资产和递延资产的分期摊销，没有规定期限的一般按 10 年摊销。利息支出为固定资产和流动资金在生产期内应支付的借款利息。在项目投产期内既有固定资产投资，又有产品销售收入，则应根据不同情况分别计入固定资产或项目总成本费用，如果当年还款资金出现小于当年应付借款利息之前这段时间内发生的借款利息，应计入固定资产；如果当年还款资金出现大于当年应付借款利息之后这段时间内发生的借款利息，应计入项目总成本费用内。

3. 税金

税金应包括增值税、销售税金附加和所得税，其中增值税为价外税，不包括在电价或水价之内，最后由用户负担。由电力公司统一结算的水电站，发电环节预征的增值税税率为 4 元/(MW·h)。实行独立核算的集资电厂，增值税税率为应纳税所得额的 17%，县以下小水电站，增值税税率为应纳税所得额的 6%。销售税金附加包括城市维护建设税和教育费附加，以增值税税额为计算基数，城市维护建设税根据纳税人所在地区计算，市区为 7%，县城和镇为 5%，农村为 1%。教育费附加为 3%。所得税为应纳税所得额的 33%。上述应纳税所得额的计算公式如下：

$$应纳税所得额=发电销售收入-总成本费用-销售税金附加 \tag{4-17}$$

三、财务收入

水利水电建设项目的财务收入应包括出售产品（水和电）和提供服务所获得的收入。

水电站的发电效益应包括电量效益和容量效益，目前主要计算电量效益，有条件时还应计算容量效益：

$$发电电量收入=上网电量\times上网电价(不含增值税) \tag{4-18}$$

式中上网电量=有效发电量×(1－厂用电率)×(1－专用配套输变电线损率)。

$$发电容量收入=电站必需容量\times容量价格 \tag{4-19}$$

式（4－19）中容量价格可根据电站所在电网规定确定。

$$年利润总额=年财务收入-年总成本费用-年销售税金附加 \tag{4-20}$$

年利润总额应首先弥补上年度的亏损，再按有关规定交纳所得税，而后再按财会制度进行分配。分配顺序如下：

（1）被没收的财物损失，支付各项滞纳金和罚款。

（2）弥补企业以前年度的亏损。

（3）提取盈余公积金，按照所得税后利润扣除前两项后的10％提取，作为扩大再生产的发展资金。

（4）提取公益金，供发展职工集体福利事业。

（5）向投资者分配利润，例如股息、红利等。

（6）剩余的未分配利润，可用于偿还借款。

关于水利水电建设项目的销售收入、成本、税金和利润的关系，如下所示。

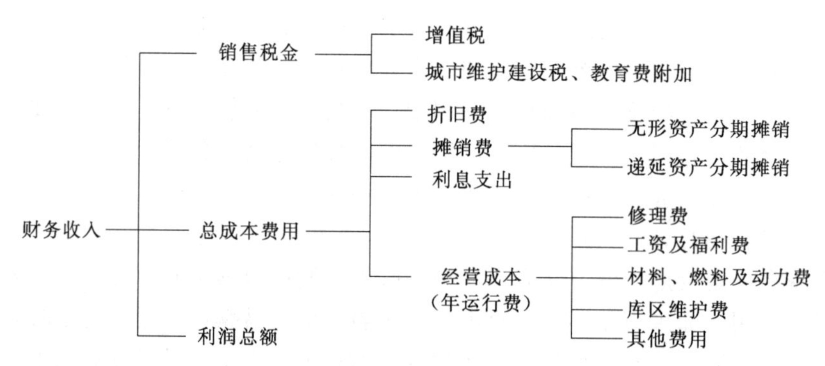

四、清偿能力分析

水电建设项目清偿能力分析包括根据借款条件测算上网电价、分析市场对电价的承受能力、计算借款偿还期和资产负债率等。

1．电价测算

在偿还贷款期间，应根据资金来源和还款条件测算上网电价；还清借款后应按规定投资利润率测算上网电价。按照建设体制，发电站上网电价应计算到专用配套输变电工程的网端。如果由于某种原因难以确定专用配套输变电工程投资时，此时测算的水电站电价不含专用配套输变电工程投资，实为出厂电价。

在还贷期内，电价主要由五部分构成，即成本、股息及红利、盈余公积金和公益金，还本付息和各种税金。借款还清之后，由于没有还本付息问题，成本将大为降低，因此在还清贷款后，应按规定的利润率测算电价，以说明水电站在生产期全过程的电价状况。

2. 借款偿还期

借款偿还期是指水电建设项目投产后用可用于还贷的资金偿还固定资产投资借款的本息所需要的时间。当借款偿还期满足贷款机构的要求期限时，即认为该项目有清偿能力。根据《建设项目经济评价方法与参数参考资料》，大中型项目的借款期限应不超过12年，特大型项目（暂定为装机容量50万kW及以上的水电建设项目）为15年。外资借款偿还期限按协议计算。

3. 还贷资金

水电建设项目可用于还贷的资金来源有：发电利润、折旧费和摊销费。

$$\text{还贷利润}=\text{税后发电利润}-\text{盈余公积金}-\text{公益金}-\text{应付利润} \tag{4-21}$$

式中税后发电利润＝发电收入－发电总成本费用－发电所得税－销售税金附加。

盈余公积金和公益金一般按税后发电利润的10％和5％提取。应付利润为企业法人每年需支付的利润，如股息、红利等。

$$\text{还贷折旧}=\text{折旧费}\times\text{折旧还贷比例} \tag{4-22}$$

式中折旧还贷比例可由企业自行确定，一般可按90％用于偿还借款。

摊销费用于还贷的比例同折旧。

4. 资产负债率

资产负债率是项目在建设期和生产期企业负债额和全部资产的比率。它反映项目的风险程度和偿还能力，是财务评价的一个重要指标。在设计阶段，项目资产由负债和权益构成，凡投资中需要偿还本息的资金，均作负债处理；权益为业主对项目投入的资本以及形成的公积金和未分配的利润等。

$$\text{资产负债率}=\frac{\text{负债合计}}{\text{资产合计}}=\frac{\text{负债合计}}{\text{负债合计}+\text{权益合计}} \tag{4-23}$$

五、盈利能力分析

建设项目财务盈利能力分析，主要考察投资的盈利水平，主要计算指标为：财务内部收益率、投资回收期；根据实际需要，也可计算财务净现值、投资利润率、投资利税率等。

1. 财务内部收益率（$FIRR$）

财务内部收益率是衡量建设项目在财务上是否可行的主要评价指标，是项目在计算期内务年净现值累计等于零时的折现率。其表达式为

$$\sum_{t=1}^{n}(CI-CO)_t(1+FIRR)^{-t}=0 \tag{4-24}$$

式中 CI——现金流入量（包括销售收入、回收固定资产余值、回收流动资金等）；

CO——现金流出量（包括固定资产投资、流动资金、经营成本、发电环节税金等）；

$(CI-CO)_t$——第t年的净现金流量；

n——计算期。

财务内部收益率（$FIRR$）可试算求得，如求出的$FIRR$大于或等于规定的财务基准

收益率（i_c）时，则该项目在财务上是可行的。

2．投资回收期（P_t）

投资回收期是指项目的净收益抵偿全部投资（固定资产投资和流动资金）所需要的时间。它是考察项目在财务上的投资回收能力的主要静态评价指标。投资回收期（以年表示）一般从建设期开始年算起，如果从投产年算起时，应予注明。其表达式为

$$\sum_{t=1}^{P_t}(CI-CO)_t=0 \tag{4-25}$$

投资回收期可根据财务现金流量表（全部投资）中累计净现金流量求得。

3．财务净现值（FNPV）

财务净现值是指按行业的基准收益率或设定的折现率（i_c），将项目计算期内各年净现金流量折现到建设期初的现值之和。它是考察项目在计算期内盈利能力的动态评价指标。其表达式为

$$FNPV=\sum_{t=1}^{n}(CI-CO)_t(1+i_c)^{-t} \tag{4-26}$$

财务净现值可根据财务现金流量表计算求得。财务净现值大于或等于零的建设项目在财务上是可行的。

4．投资利润率

投资利润率是指项目达到设计生产能力后的一个正常生产年份的年利润总额与项目投资的比率，它是考察项目单位投资盈利能力的静态指标。对还贷期和还清贷款后可分段计算建设项目的投资利润率，其计算公式为

$$投资利润率=\frac{年利润总额(或年平均利润总额)}{项目总投资}\times 100\% \tag{4-27}$$

式中项目总投资为建设项目固定资产投资、建设期利息与流动资金之和。

$$年利润总额=年收入-年成本-销售税金附加 \tag{4-28}$$

5．投资利税率

投资利税率是指项目达到设计生产能力后的一个正常生产年份的年利税总额与项目总投资的比率，其计算公式为

$$投资利税率=\frac{年利税总额(或年平均利税总额)}{项目总投资}\times 100\% \tag{4-29}$$

$$年利税总额=年收入-年成本+增值税 \tag{4-30}$$

综上所述，盈利能力分析既有动态指标，也有静态指标。在分析财务指标时，应以动态指标为主，静态指标为辅。在盈利能力分析中有两个主要指标：财务内部收益率为动态指标，投资回收期为静态指标。在行业财务基准收益率和基准投资回收期尚未作出明确规定之前，电力行业的财务内部收益率应较银行对电力行业的贷款年利率高；基准投资回收期，应小于借款偿还期。

综上所述，在可行性研究阶段，大中型建设项目的经济评价，一般包括国民经济评价与财务评价，必要时尚须进行综合经济评价分析。关于国民经济评价与财务评价的主要区

别总结如下：

（1）评价角度不同。国民经济评价是从国家（社会）整体角度出发，考察项目对国民经济的净贡献，评价项目的经济合理性。财务评价是从本建设项目（企业）的财务角度出发，分析测算项目的财务支出和收入，考察项目的盈利能力和清偿能力，评价项目的财务可行性。

（2）费用与效益的计算范围不同。国民经济评价着眼于考察社会为项目付出的费用和社会从项目获得的效益，故属于国民经济内部转移支付的各种补贴等不作为项目的效益，各种税金等不作为项目的费用。财务评价是从项目财务的角度，确定项目实际的财务支出和收入，各种补贴等作为项目的财务收入，而交纳的各种税金等作为项目的支出。此外，国民经济评价要分析、计算项目的间接费用和间接效益，财务评价只计算项目直接的支出与收入。

（3）采用的投入物和产出物的价格不同。国民经济评价采用影子价格，财务评价采用现行财务价格。国民经济评价采用的影子价格，是比较合理的真实价格，它能更好地反映产品的价值、市场供求情况及资源稀缺程度，并能使资源配置更加趋于优化合理。财务评价采用的财务价格，是指以现行价格体系为基础的预测价格。国内现行价格包括现行商品价格和收费标准，包括国家定价、国家指导价和市场价三种价格形式。在各种价格并存的情况下，财务价格应是预计最有可能发生的价格。

（4）主要参数不同。国民经济评价采用国家统一测定的影子汇率和社会折现率 i_s。财务评价采用国家外汇牌价和行业财务基准收益率 i_c。

流域规划与区域规划要求从技术、经济、社会、环境等方面进行综合研究，拟定水害治理和水资源开发利用的总体规划，由于受工作深度、项目建设时间、资金来源不确定等因素的限制，一般可只进行国民经济评价，不进行财务评价，在进行这阶段的国民经济评价时，为简化计算，也可直接采用现行价格，不采用影子价格。

小型水利建设项目，涉及的地区范围较小，建设周期较短，资料也比较缺乏，一般可根据工程的具体情况，只进行国民经济评价或者只进行财务评价。进行国民经济评价时，投入物和产出物可采用现行价格或只作些简单调整，分析计算项目的主要经济评价指标。进行财务评价时，可只分析计算项目的主要财务评价指标。

属于社会公益性质的水利建设项目，例如防洪、治涝等工程，财务收入很少，甚至没有财务收入，项目建成后主要靠国家补贴，否则难以维持正常运行，对这类项目除须进行国民经济评价外，还应进行财务分析计算，研究其财务上存在的问题，提出解决的办法，使项目在财务上具有生存能力。

国民经济评价和财务评价，均应遵循费用与效益计算口径对应一致的原则，其目的在于使项目的费用和效益在计算范围、计算内容和价格水平上一致，以便使两者具有可比性。费用和效益都应计及资金时间价值，评价指标应以动态评价指标为主，例如经济内部收益率、经济净现值、经济效益费用比；财务内部收益率、财务净现值、贷款偿还期等。但现行财税制度规定要求采用某些静态评价指标，例如投资回收期、资产负债率、投资利润率、投资利税率等，以便更直观地考察项目的财务可行性。

为了全面比较建设项目在经济上的各种得失利弊，正确评价其合理性和可行性，应在国民经济评价和财务评价的基础上，结合下列指标和因素进行综合经济评价分析。

（1）项目总投资和年运行费，应与规模相近、效益相近的其他项目进行比较，可采用单位指标进行比较，例如水电站的单位千瓦投资、单位发电量投资、单位电能成本等。

（2）项目实物总量或单位实物指标，应与类似项目的指标进行比较，例如：单位库容、单位装机容量、单位发电量、单位灌溉面积、单位供水量的土石方工程量，混凝土工程量，三材（钢材、木材、水泥）耗用量，淹没耕地面积，迁移人口数和所需劳动工日等。

（3）项目费用构成和特征指标进行比较，例如：水库淹没处理补偿费占项目总费用的比例等。

（4）估计项目对整个国民经济和地区经济发展的各种影响，例如：项目布局和建设规模与国民经济发展是否协调；项目建设对农业发展的影响；项目建设对燃料节约和能源平衡的影响；项目建设对改善航道条件、发展水运的影响；项目建设对环境保护和生态平衡的影响等。

建设项目的综合经济评价，应采用定量分析与定性分析相结合的方法，并提出对项目取舍的结论性意见和有关建议。对于关系重大的特大型项目（例如长江三峡水利枢纽工程）还应注意广泛听取社会各方面的反映和国内外专家的意见，必要时可用评分方法对各种因素进行综合分析与全面评价。

第五节　方案比较方法

方案比较是建设项目经济评价工作的重要组成部分，根据水利水电工程的特点，应对各种可能的开发方案、工程规模和治理标准进行研究分析，从中选出几个主要方案，然后通过详细的技术经济论证，选出最优方案。

一、方案比较的前提

在进行水利水电工程不同方案的经济比较时，各个方案或其替代方案应满足下列可比性条件，这是进行方案比较的前提。

（1）满足需要的可比性。各个方案在产品数量、质量、时间、地点和可靠性等方面应同等程度满足国民经济发展的需要，例如为了满足某一地区的供电要求，可以全部修建水电站，也可以全部修建火电站，也可以部分修建水电站、部分修建火电站等三个方案，但应考虑水、火电站不同的厂用电及输变电损失，要求各方案输送到该地区的电力和电量则是相同的。

（2）满足费用的可比性。各个方案的费用均应包括主体工程和配套工程的全部费用。所谓费用，系包括工程的一次性投资和经常性年运行费（包括燃料费）两个部分。

（3）满足时间价值的可比性。不论开工时间是否相同，但应选定同一基准年（点）进行资金时间价值的折算；不管其经济寿命是否相同，均应取同一个生产期，如机电设备经济寿命短于整个工程的生产期时，则应考虑设备更新的费用；如某部分土建工程的经济寿命长于生产期时，则应减去其固定资产余值。在国民经济评价阶段，各个方案均应采用相

同的社会折现率 i_s，各种费用均应按影子价格计算。在财务评价阶段，各个方案均应按实际贷款利率或行业基准收益率 i_c 与现行财务价格进行计算分析。

二、方案比较时采用的计算方法

方案比较时，视项目的具体条件和资金情况，可采用下列各种计算方法：

(1) 差额投资经济内部收益率（$\Delta EIRR$）法。$\Delta EIRR$ 是指两个方案在计算期内，各年净效益流量差额的现值累计等于零时的折现率。其表达式为

$$\sum_{t=1}^{n}[(B-C)_2-(B-C)_1]_t(1+\Delta EIRR)^{-t}=0 \tag{4-31}$$

式中 $(B—C)_2$——投资现值较大方案的年净效益流量，万元；

$(B—C)_1$——投资现值较小方案的年净效益流量，万元；

$\Delta EIRR$——差额投资经济内部收益率。

差额投资经济内部收益率大于或等于社会折现率（$\Delta EIRR \geqslant i_s$）时，投资现值较大方案的经济效果较好；反之，则应选择投资较小的方案。当进行多个方案比较时，应按投资现值由小到大依次两两比较。$\Delta EIRR$ 值可根据式（4-31）用试算法求出。

(2) 经济净现值法。比较各个方案的经济净现值（$ENPV$），经济净现值大的就是经济效果好的方案。其表达式为

$$ENPV=\sum_{t=1}^{n}(B-I-C'+S_v+W)_t(1+i_s)^{-t} \tag{4-32}$$

式中 B——年效益，万元；

I——固定资产投资和流动资金以及设备更新投资；

C'——年运行费，万元；

S_v——计算期末回收的固定资产残值，万元；

W——计算期末回收的流动资金，万元；

n——计算期，a；

i_s——社会折现率。

(3) 费用现值法。当各方案的效益相同或基本相同而难以定量计算时，则可采用费用现值法。对各方案的费用现值（PC）计算后，应选择其中费用现值较小的方案。其表达式为

$$PC=\sum_{t=1}^{n}(I+C'-S_v-W)_t(1+i_s)^{-t} \tag{4-33}$$

式中 PC——费用现值（万元）；

其他符号意义同前。

(4) 年费用法。当各方案的效益相同或基本相同时，亦可采用年费用（AC）法。其表达式为

$$AC=\left[\sum_{t=1}^{n}(I+C'-S_v-W)_t(1+i_s)^{-t}\right][A/P,i_s,n] \tag{4-34}$$

式中 AC——年费用，万元；

其他符号意义同前。

计算各方案的等额年费用 AC 后，其中等额年费用小的就是经济效果好的方案。式（4-34）与式（4-8）的含义是相同的。

三、敏感性分析

在上述经济分析比较中，涉及的因素很多，而各主要参数和经济指标一般难以准确定量，都含有一定的误差。为了分析其对经济效果指标的影响，论证所选最优方案经济效果的稳定程度，还必须在各项计算的基础上，根据影响工程经济效果的主要因素，按照其可能变动的范围进行敏感性分析，并列出相应的效果指标，供决策时参考。

各主要参数和经济指标的变动幅度，可参考下列数据选定。

（1）工程建设投资：±(10%～20%)；

（2）工程效益：±(15%～25%)；

（3）施工年限：提前与推后1～2年；

（4）达到设计效益的年限：提前与推后1～2年；

（5）电力系统负荷水平：－20%～＋20%。

在分析中，可根据工程的具体情况，考虑单项指标变动或两项以上的指标同时变动，如某些参数或指标出现变动的概率较大时，应以计及变动因素后的效果指标作为评价的主要依据。

第六节　综合利用水利工程的投资分摊

一、概述

我国水利工程一般具有综合利用效益，但过去曾对经济核算不够重视，往往将整个工程的投资全由某一水利或水电部门负担，不进行投资分摊，结果常常发生以下几种情况：

（1）负担全部投资的部门认为，本部门效益有限，而负担的投资却很大，因而不愿主办工程，使水资源得不到应有的开发利用；

（2）某部门虽愿主办此工程，但由于受投资额的限制，可能使工程的开发规模偏小，因而其综合效益得不到充分的开发；

（3）某些不承担投资的部门，可能不适当地提出过高的要求，使整个工程投资增加，工期被迫拖延。

在总结过去经验教训的基础上，大家认识到综合利用工程实行投资和年运行费（合称“费用”）分摊的必要性，费用分摊的主要目的为：

（1）合理分配国家资金，保证国民经济各部门有计划按比例地协调发展；

（2）协调各部门对综合利用工程的要求，选择经济上合理的开发方式和规模；

（3）通过投资分摊，可正确计算各部门的效益和费用，以便进行经济核算，不断提高综合利用工程的经营和管理水平。

二、综合利用水利工程的投资构成

总投资的构成有以下两类划分法：

第一种分类是将工程投资划分为共用投资和专用投资两大部分。共用投资包括为各个受益部门服务的共用工程（例如水库和大坝等建筑物）的投资和为补偿受害部门所需的投资。属于专用投资的是只为受益部门本身需要的专用和配套工程的投资，例如电厂、船闸、灌溉引水建筑物等的投资。

第二种分类是把工程投资划分为可分投资和剩余投资两大部分。所谓可分投资，是指水利工程中包括某部门与不包括该部门的总投资的差额。显然，某一部门的可分投资比它的专用投资要大一些。所谓剩余投资，就是总投资减去各部门可分投资后的差值。

三、现行投资分摊方法

1. 按工程任务的主次地位分摊

在综合利用工程中，往往有一个部门占主导地位，要求水库运行方式服从它的要求。在此情况下，各次要部门只负担为本身服务的专用建筑物投资，而共用投资由主要部门负担。

2. 按各部门的用水量或所需库容等指标进行比例分摊

各部门用水量有时是结合的，有时是不结合的。因此用水量亦可分为两部分，一部分是共用水量，或称结合用水量，另一部分为专用水量，例如冬季发电专用的水等。可以根据各部门所需调节水量的多少，按比例分摊共用建筑物的投资，至于专用建筑物的投资，则应由受益部门单独负担。

同理，水库总库容亦可分为两部分，一部分库容为各部门所共用，称结合库容，另一部分库容则为某一部门专用，例如防洪库容。因此亦可根据各部门所需库容按比例分摊共用投资，由受益部门单独负担专用库容投资。

3. 可分费用剩余效益法

国外一般采用这种方法进行综合利用工程的费用分摊，其要点与计算步骤如下：

（1）计算整个水利工程的投资、年费用和平均年效益，求出各部门的可分费用及其替代工程和专用工程的投资和年费用。所谓替代工程，是指具有同等效益的、在技术上可行和经济上合理的替代方案，例如水电站的替代工程可以用凝汽式火电站。

（2）各部门的年效益可有两种表达方式：一是本部门的直接收益，例如发电部门的电费收入；二是替代工程的年费用，例如修建水电站，可以替代相应规模的火电站，使它的年费用节省下来，这就可作为该水电站的年效益。在上述两种效益计算法算得的效益值中，选择较小者作为本部门的计算年效益。

（3）各部门的计算年效益，减去其可分年费用，即得剩余效益，根据它来求出各部门的分摊百分比。

（4）整个水利工程的年费用，减去各个部门的可分年费用，即得剩余年费用，根据各部门的分摊百分比对它进行分摊，即得出各部门应分摊的剩余年费用。某部门分摊得的剩余年费用加上该部门的可分年费用，即得该部门应负担的年费用。

（5）各部门的年运行费的分摊，亦按上述步骤求得。

（6）各部门的可分投资，加上所求得的剩余投资的分摊额（根据年费用分摊额换算出），即得各部门应承担的投资额。

4. 按各部门的效益比例分摊

前面已经提到，各部门的效益常可用替代工程的费用表示，当不具备替代方案条件时，则可用本部门的直接效益（有时防洪、灌溉等部门的直接效益较难计算）表示。

按各部门的效益比例分摊费用，可根据实际情况选用下列任一种方法：

（1）按各部门的效益分摊总费用；

（2）按各部门效益分摊共用部分费用；

（3）按各部门效益分摊剩余部分费用。

四、进行投资分摊时应注意的几个问题

在规划阶段，可采用较简便的方法进行分摊。在可行性研究和初步设计阶段，可采用可分费用剩余效益法或按效益比例分摊。

应使任一部门分摊的投资不大于本部门替代工程的投资；各受益部门承担的投资都不应小于可分投资；任一部门至少应承担为该部门服务的专用工程和相应配套工程的投资。

每个综合利用工程的年运行费也应由各受益部门合理分摊，分摊的原则和方法，可比照上述投资分摊的规定进行。

最后对分摊计算结果应进行合理性分析，必要时可在各部门之间进行适当的调整。

根据国家计委1993年印发的《建设项目经济评价方法与参数》（第二版）及国家现行的财税规定，有关部门编制了《水电建设项目财务评价暂行规定》（试行），现摘录其中一个案例供参阅。

【例4-6】 某水电站财务评价。

该水电站装机容量135万kW，机组6台，年发电量59.3亿kW·h。建设期9年，第一台机组于开工后第6年投产发电。

（一）投资计划与资金筹措

（1）固定资产投资。该水电站静态投资413901万元，计入建设期物价上涨的价差预备费后，电站固定资产投资为566048万元，电站建设期利息257488万元，电站流动资金1350万元（10元/kW），由式（4-14），电站总投资为824886万元；同理，专用配套输变电工程总投资（包括建设期利息8507万元）为114447万元；两者合计，可求出本工程总投资为939333万元。由式（4-16），可定出本项目固定资产价值932483万元，无形资产价值4350万元，递延资产价值2500万元。

（2）资金筹措。根据现行规定，业主在项目建设时必须注入一定量的资本金（固定资产投资的30%），其余资金可从银行借款，资本金不还本付息，每年按资本金利润率15%分配利润。目前贷款年利率为11.16%，借款期限为15年。电站流动资金中规定30%使用自筹资本金，70%可从银行借款，年利率为10.98%，利息计入发电成本，本金在计算期末一次回收。

（二）基础数据

（1）上网电量。上网电量为电厂供电量扣除专用配套输变电损失电量；电厂供电量为有效发电量扣除厂用电量。电站厂用电率取0.2%，专用配套输变电损失率取2.0%。

（2）基准收益率。按规定，全部投资的财务基准收益率为12%，资本金的财务基准收益率为1.5%。

(3) 计算期。本项目建设期9年，包括3年的投产期（初期运行期）；生产期采用20年。所以计算期为29年。

（三）总成本费用计算

(1) 水电站发电成本主要包括折旧费、摊销费、利息支出以及经营成本（后者包括修理费、职工工资及福利费、材料费、库区维护费及其他费用，一般统称为年运行费）。其中折旧费=固定资产价值×综合折旧率（取4.5%）；修理费=固定资产价值×修理费率（取1.0%）；工资按编制780人，职工年工资取5000元；职工福利费按规定为工资总额的14%；库区维护费按电厂供电量每kW·h提取0.001元；材料费定额为1.4元/kW；其他费用取2.4元/kW。无形资产、递延资产按10年摊销。

(2) 专用配套输变电工程成本包括折旧费、经营成本和利息支出三部分。输变电工程的综合折旧率取4.0%，经营成本可按其投资的3%估算。

(3) 总成本费用包括电站发电成本和输变电工程成本。生产期内固定资产投资借款利息和流动资金借款的利息均计入总成本费用内。

（四）发电效益计算

(1) 发电收入。该电站作为电网内实行独立核算的发电项目进行财务评价。发电收入=上网电量×上网电价。本项目借款期限为15年，在此借款期内按还贷要求测算上网电价为0.478元/(kW·h)；还清借款后，按投资利润率12%测算上网电价为0.267元/(kW·h)。

(2) 税金。电力销售税金包括增值税和销售税金附加两部分。本项目按销售收入的17%计算增值税，增值税为价外税（不计入电价内），仅作为计算销售税金附加的基础。销售税金附加包括城市维护建设税和教育费附加，分别按增值税额的5%和3%计算。

(3) 利润。发电利润=发电收入-总成本费用-销售税金附加，税后利润=发电利润-应缴所得税（税率为33%），从税后利润中提取10%的法定盈余公积金和5%的公益金后，剩余部分为可分配利润；再扣除分配给投资者的应付利润后即为未分配利润，可供归还借款本息用。

（五）清偿能力分析

(1) 借款期限与上网电价。本项目固定资产投资的70%从银行借款，要求在借款期限15年内还清本息，按此要求测算的上网电价为0.478元/(kW·h)。

(2) 还贷资金。电站还贷资金主要包括利润、折旧费和摊销费等。企业未分配利润可全部用来还贷、折旧费和摊销费的90%可用于还贷。

(3) 借款还本付息计算。根据计算结果，项目在机组全部投产后的第6年（开工后第15年）底，可以还清固定资产投资的借款本息。在整个计算期内，累计的盈余资金达1411271万元。

(4) 资产负债分析。根据式（4-23）可计算出建设期的负债率高达75.9%，但随着机组投产发电，资产负债率很快下降，在机组全部投产后的第6年，资产负债率仅为0.1%，这说明该项目财务风险较低，偿还债务能力较强。

（六）盈利能力分析

根据全部投资现金流量表计算，本项目的全部投资的财务内部收益率 *FIRR*=

16.7%，大于基准收益率 i_c=12%；财务净现值 $FNPV$=153607 万元，大于零。投资回收期 11 年，即在机组全部投产后的第 2 年底可收回全部投资。投资利润率 12.0%，投资利税率 15.3%。本项目资本金的财务内部收益率可达 21.9%，大于 15%的要求。

（七）敏感性分析

本项目财务评价敏感性分析，主要考察固定资产投资、有效电量、借款期限等不确定因素单独变化对还贷电价和财务内部受益率等财务指标的影响程度。计算结果见表 4-2。

计算结果表明，除借款期限外，其他不确定因素在一定范围内变化时，财务内部收益率变化不大，但随着借款期限的变化，财务内部收益率变化较大。从还贷电价看，各不确定因素的变化均产生较大影响。以上分析说明，本项目具有一定的抗风险能力。

表 4-2　　财务评价敏感性分析表

序号	项　　目	财务内部收益率/%		还贷电价/[元/(kW·h)]
		全部投资	资本金	
1	基本方案	16.7	21.9	0.48
2	固定资产投产增加 20%	16.7	21.8	0.57
3	固定资产投资减少 20%	16.7	21.8	0.38
4	有效电量增加 20%	16.7	21.9	0.40
5	有效电量减少 20%	16.7	21.9	0.60
6	借款偿还期 12 年	18.8	25.1	0.67
7	借款偿还期 20 年	14.5	18.1	0.34

第五章　水能计算及水电站在电力系统中的运行方式

第一节　水能计算的目的与内容

水能计算的目的主要在于确定水电站的工作情况（例如出力、发电量及其变化情况），是选择水电站的主要参数（例如水库的正常蓄水位、死水位和水电站的装机容量等）及其在电力系统中的运行方式等的重要手段，其中计算水电站的出力与发电量是水能计算的主要内容。所谓水电站的出力，是指发电机组的出线端送出的功率，一般以千瓦（kW）作为计算单位；水电站发电量则为水电站出力与相应时间的乘积，一般以千瓦时（kW·h）作为计算单位。在进行水能计算时，除考虑水资源综合利用各部门在各个时期所需的流量和水库水位变化等情况外，尚须考虑水电站的水头以及水轮发电机组效率等的变化情况。关于水电站的出力 N 可用式（5-1）计算：

$$N=9.81\eta QH=AQH \tag{5-1}$$

式中　Q——通过水电站水轮机的流量，m^3/s；

H——水电站的净水头，为水电站上下游水位之差减去各种水头损失，m；

η——水电站效率，它小于1，等于水轮机效率 $\eta_{机}$、发电机效率 $\eta_{电}$ 及机组传动效率 $\eta_{传}$ 的乘积。

在初步估算时，可根据水电站规模的大小采用下列近似计算公式：

$$\left.\begin{array}{l}\text{大型水电站（}N>25\text{ 万 kW），}N=8.5QH(\text{kW})\\ \text{中型水电站（}N=2.5\text{ 万}\sim25\text{ 万 kW），}N=(8\sim8.5)QH(\text{kW})\\ \text{小型水电站（}N<2.5\text{ 万 kW），}N=(6.0\sim8.0)QH(\text{kW})\end{array}\right\} \tag{5-2}$$

水电站在不同时刻 t 的出力，常因电力系统负荷的变化、国民经济各部门用水量的变化或天然来水流量的变化而不断变动着。因此，水电站在 $t_1\sim t_2$ 时间内的发电量 $E=\int_{t_1}^{t_2}N\mathrm{d}t(\text{kW}\cdot\text{h})$。但在实际计算中，常用式（5-3）计算水电站的发电量：

$$E=\sum_{t_1}^{t_2}\overline{N}\Delta t\,(\text{kW}\cdot\text{h}) \tag{5-3}$$

其中 $\overline{N}$ 为水电站在某一时段 Δt 内的平均出力，即 $\overline{N}=9.81\eta\overline{Q}\,\overline{H}$，$\overline{Q}$ 为该时段的平均发电流量，$\overline{H}$ 为相应的平均水头。计算时段 Δt 可以取常数，对于无调节或日调节水电站，Δt 可以取为一日，即 $\Delta t=24$h；对于季调节或年调节水库，Δt 可以取为一旬或一个月，即 $\Delta t=243$h 或 730h；对于多年调节水库，Δt 可以取为一个月甚至更长，即 $\Delta t\geqslant$ 730h，计算时段长短，主要根据水电站出力变化情况及计算精度要求而定。

在规划设计阶段，为了选择水电站及水库的主要参数而进行水能计算时，需假设若干个水库正常蓄水位方案，算出各个方案的水电站出力、发电量等动能指标，以便结合国民经济各部门的要求，进行技术经济分析，从中选出最有利的方案。

在运行阶段，由于水电站及水库的主要参数（例如正常蓄水位及水电站的装机容量等）均为已定，进行水能计算时就要根据当时实际入库的天然来水流量、国民经济各部门的用水要求以及电力系统负荷等情况，计算水电站在各个时段的出力和发电量，以便确定电力系统中各电站的最有利运行方式。

水能计算的目的和用途虽然可能不同，但计算方法并无区别，可以采用列表法、图解法或电算法等。列表法概念清晰，应用广泛，尤其适合于有复杂综合利用任务的水库的水能计算。当方案较多、时间序列较长时，则宜采用图解法或电算法。因图解法计算精度较差，工作量亦不小，从发展方向看，则应逐渐应用电子计算机进行水能计算。当编制好计算程序后，即使方案很多，时间序列很长，均可迅速获得精确的计算结果。但是列表法是各种计算方法的基础，为便于说明起见，举例如下。

【例 5－1】 某水电站的正常蓄水位高程为 180m，某年各月平均的天然来水流量 $Q_{天}$、各种流量损失 $Q_{损}$、下游各部门用水流量 $Q_{用}$ 和发电需要流量 $Q_{电}$，分别见表 5－3 第（2）～（5）行。此外，水库水位与库容的关系，见表 5－1；水库下游水位与流量的关系，见表 5－2。试求水电站各月平均出力及发电量。

表 5－1　　水库水位与库容的关系

水库水位/m	168	170	172	174	176	178	180
库容/亿 m^3	3.71	6.34	9.14	12.20	15.83	19.92	25.20

表 5－2　　水电站下游水位与流量的关系

流量/(m^3/s)	130	140	150	160	170	180
下游水位/m	115.28	116.22	117.00	117.55	118.06	118.50

解　全部计算见表 5－3 所列，其中：

第（1）行为计算时段 t，以月为计算时段，汛期中如来水流量变化很大，应以旬或日为计算时段；

第（2）行为月平均天然来水流量 $Q_{天}$，本算例中 9 月已进入水库供水期；

第（3）行为各种流量损失 $Q_{损}$（其中包括水库水面蒸发和库区渗漏损失）以及上游灌溉引水和船闸用水等项；

第（4）行为下游各部门的用水流量 $Q_{用}$，如不超过发电流量 $Q_{电}$，则下游用水要求可充分得到满足；如超过发电流量，则应根据各部门在各时期的主次关系进行调整，有时水电站的发电流量尚须服从下游各部门的用水要求；

第（5）行为水电站发电时需从水库引用的流量；

第（6）、（7）行为水库供水或蓄水流量，即(6)＝(2)－(3)－(5)，负值表示水库供水；正值表示水库蓄水；

表 5-3　　　　水电站出力及发电量计算

时段 t/月	(1)	9	10	11	12	…
天然来水流量 $Q_{天}/(m^3/s)$	(2)	115	85	70	62	…
各种损失流量及船闸用水等 $Q_{损}+Q_{船}/(m^3/s)$	(3)	20	12	10	9	…
下游综合利用需要流量 $Q_{用}/(m^3/s)$	(4)	100	92	125	60	…
发电需要流量 $Q_{电}/(m^3/s)$	(5)	150	150	154	159	…
水库供水流量 $-\Delta Q/(m^3/s)$	(6)	−55	−77	−94	−106	…
水库蓄水流量 $+\Delta Q/(m^3/s)$	(7)	—	—	—	—	…
水库供水量 $-\Delta W$/亿 m^3	(8)	−1.445	−2.023	−2.469	−2.784	…
水库蓄水量 $+\Delta W$/亿 m^3	(9)	—	—	—	—	…
弃水量 $W_{弃}$/亿 m^3	(10)	0	0	0	0	…
时段初水库存水量 $V_{初}$/亿 m^3	(11)	25.200	23.755	21.732	19.263	…
时段末水库存水量 $V_{末}$/亿 m^3	(12)	23.755	21.732	19.263	18.479	…
时段初上游水位 $Z_{初}$/m	(13)	180.00	179.56	178.78	177.72	…
时段末上游水位 $Z_{末}$/m	(14)	179.56	178.78	171.72	176.32	…
月平均上游水位 $\overline{Z}_{上}$/m	(15)	179.78	179.17	178.25	177.02	…
月平均下游水位 $\overline{Z}_{下}$/m	(16)	117.00	117.00	117.25	117.50	…
水电站平均水头 $\overline{H}$/m	(17)	62.78	62.17	61.00	59.52	…
水电站效率 $\eta_{水}$	(18)	0.85	0.85	0.85	0.85	…
月平均出力 $\overline{N}_{水}$/万 kW	(19)	7.85	7.78	7.83	7.89	
月发电量 $E_{水}$/(万 kW·h)	(20)	5731	5679	5716	5760	…

第（8）行为水库供水量，即 $\Delta W=\Delta Qt$。如在 9 月，$\Delta W=(-55)\times 30.4\times 24\times 3600=-1.445$ 亿 m^3，负值表示水库供水量。如为正值，表示蓄水量，可填入第（9）栏；

第（10）行为汛期水库蓄到 $Z_{蓄}$ 后的弃水量；

第（11）行为时段初的水库蓄水量，本例题在汛期末（8 月底）水库蓄到正常蓄水位 180.00m，其相应蓄水量为 25.20 亿 m^3；

第（12）行为时段末水库蓄水量，即 $V_{末}=V_{初}-\Delta W$；

第（13）行为相应于时段初水库蓄水量的水位；

第（14）行为相应于时段末水库蓄水量的水位，它亦为下一个时段初的水库水位；

第（15）行为月平均上游库水位，一般可采用 $\overline{Z}_{上}=(Z_{初}+Z_{末})/2$，否则应采用相应于库容平均值 $\overline{V}$ 的水位；

第（16）行为月平均下游水位 $\overline{Z}_{下}$，可根据水电站下游水库流量关系曲线求得，参阅表 5-2；

第（17）行为水电站的平均水头 $\overline{H}$，即 $\overline{H}=\overline{Z}_{上}-\overline{Z}_{下}$（m）；

第（18）行为水电站效率，假设 $\eta_{水}=0.85$；

第（19）行即为所求的水电站月平均出力 $\overline{N}_{水}$，$\overline{N}_{水}=9.81\eta\overline{Q}\,\overline{H}$(kW)；

第（20）行即为所求的水电站月发电量 $E_{水}$，$E_{水}=730\overline{N}_{水}$(kW·h)。

水电站的出力和发电量是多变的，需要从中选择若干个特征值作为衡量其动能效益的主要指标。水电站的主要动能指标有两个，即保证出力 $N_{保}$ 和多年平均年发电量 $\overline{E}_{年}$。现分述如下。

一、水电站保证出力计算

所谓水电站保证出力，是指水电站在长期工作中符合水电站设计保证率要求的枯水期（供冰期）内的平均出力。保证出力在规划设计阶段是确定水电站装机容量的重要依据，也是水电站在运行阶段的一项重要效益指标。

（一）年调节水电站保证出力计算

对于年调节水电站，在计算保证出力时，应利用各年水文资料，在已知或假定的水库正常蓄水位和死水位的条件下，通过兴利调节和水能计算，求出每年供水期的平均出力，然后将这些平均出力值按其大小次序排列，绘制其保证率曲线，如图 5-1 所示。该曲线中相应于设计保证率 $P_{设}$ 的供水期平均出力值，即作为年调节水电站的保证出力 $N_{保}$。

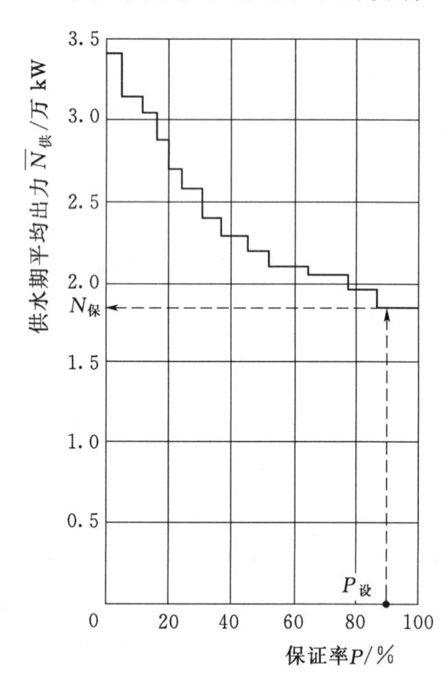

图 5-1　供水期平均出力保证率曲线

由于年调节水电站能否保证正常供电主要取决于枯水期，所以在规划设计阶段进行大量方案比较时，为了节省计算工作量，也可以用相应设计保证率的典型枯水期的平均出力，作为年调节水电站的保证出力。在实际水文系列中，往往可能遇到有一些枯水年份的水量虽然十分接近，但因年内水量分配不同，因而其枯水期平均出力相差较大。因此当水库以发电为主时，水电站保证出力是指符合水电站设计保证率要求的枯水年供水期的平均出力。

（二）无调节及日调节水电站保证出力计算

计算原理与上述年调节水电站保证出力的计算相似，但须采用历时（日）保证率公式进行统计，可根据实测日平均流量值及其相应水头，算出各日平均出力值，然后按其大小次序排列，绘制其保证率曲线，相应于设计保证率的日平均出力，即为所求的保证出力值 $N_{保}$。

（三）多年调节水电站保证出力计算

计算方法与上述年调节水电站保证出力的计算基本相同，可对实测长系列水文资料进行兴利调节与水能计算来求得。简化计算时，可以设计枯水系列的平均出力作为保证出力值 $N_{保}$。

二、水电站多年平均年发电量估算

多年平均年发电量是指水电站在多年工作时期内，平均每年所能生产的电能量。它反映水电站的多年平均动能效益，也是水电站一个重要的动能指标。在规划设计阶段，当比较方案较多时，只要不影响方案的比较结果，常采用比较简化的方法，现分述如下。

（一）设计中水年法

根据一个设计中水年，即可大致定出水电站的多年平均年发电量。其计算步骤如下：

（1）选择设计中水年，要求该年的年径流量及其年内分配均接近于多年平均情况。

（2）列出所选设计中水年各月（或旬、日）的净来水流量。

（3）根据国民经济各部门的用水要求，列出各月（或旬、日）的用水流量。

（4）对于年调节水电站，可按月进行径流调节计算，对于季调节或日调节、无调节水电站，可按旬（日）进行径流调节计算，求出相应各时段的平均水头 $\overline{H}$ 及其平均出力 $\overline{N}$。如某些时段的平均出力大于水电站的装机容量时，即以该装机容量值作为平均出力值。

（5）将各时段的平均出力 $\overline{N}_i$ 乘以时段的小时数 t，即得各时段的发电量 E_i。设 n 为平均出力低于装机容量 $N_{装}$ 的时段数，m 为平均出力等于或高于装机容量 $N_{装}$ 的时段数，则水电站的多年平均年发电量 $\overline{E}_{年}$ 可用下式估算：

$$\overline{E}_{年} = E_{中} = t\left[\sum_{i=1}^{n}\overline{N}_i + mN_{装}\right](\mathrm{kW\cdot h}) \tag{5-4}$$

式中　$m+n$——全年时段数，当以月为时段单位，则 $m+n=12$，$t=730\mathrm{h}$；当以日为时段单位，则 $m+n=365$，$t=24\mathrm{h}$。

（二）三个代表年法

当设计中水年法不够满意时，可选择三个代表年，即枯水年、中水年、丰水年作为设计代表年。设已知水电站的兴利库容，则按上述步骤分别进行径流调节计算，求出这三个代表年的年发电量，其平均值即为水电站的多年平均年发电量 $\overline{E}_{年}$，即

$$\overline{E}_{年} = \frac{1}{3}[E_{枯} + E_{中} + E_{丰}](\mathrm{kW\cdot h}) \tag{5-5}$$

式中　$E_{枯}$——设计枯水年的年发电量；

$E_{中}$——设计中水年的年发电量，可根据式（5-4）求出；

$E_{丰}$——设计丰水年的年发电量。

如设计枯水年的保证率 $P=90\%$，则设计丰水年的保证率为 $1-P=10\%$。此外，要求上述三个代表年的平均径流量，相当于多年平均值，各个代表年的径流年内分配情况，要符合各自典型年的特点。

必要时也可以选择枯水年、中枯水年、中水年、中丰水年和丰水年共五个代表年，根据这些代表年估算多年平均年发电量。

（三）设计平水系列法

在求多年调节水电站的多年平均年发电量时，不宜采用一个中水年或几个典型代表年，而应采用设计平水系列年。所谓设计平水系列年，系指某一水文年段（一般由十几年的水文系列组成），其平均径流量约等于全部水文系列的多年平均值，其径流分布符合一般水文规律。对该系列进行径流调节，求出各年的发电量，其平均值即为多年平均年发电量。

（四）全部水文系列法

无论何种调节性能的水电站，当水库正常蓄水位、死水位及装机容量等都经过方案比较和综合分析确定后，为了精确地求得水电站在长期运行中的多年平均年发电量，有必要

按照水库调度图（参见第八章）进行调节计算，对全部水文系列逐年计算发电量，最后求出其多年平均值。全部水文系列年法适用于初步设计阶段，计算工作量较大，但可应用电子计算机来求算。当径流调节、水能计算等各种计算程序标准化后，对几十年甚至更长的水文资料，均可在很短时间内迅速运算，精确求出多年平均年发电量。

第二节 电力系统的负荷图

一、电力系统及其用户特性

电力系统由若干发电厂、变电站、输电线路及电力用户等部分组成。对广大众多的用电户往往由各种不同类型的电站（包括水电站、火电站、核电站及抽水蓄能电站等）协同联合供电，使各类电站相互取长补短，改善各电站的工作条件，提高供电可靠性，节省电力系统投资与运行费用。从发展观点看，电力系统的规模及其供电范围总是日益扩大，电力系统愈大，可以使各种能源得到更加充分合理的利用，电力供应更加安全、可靠、经济。

电力系统中有各种类型的用电户，通常按其生产特点和用电要求将用电户划分为工业用电、农业用电、市政用电及交通运输用电等四大类，现分述如下。

（一）工业用电

工业用电主要指有关工矿企业中的各种电动设备、电炉、电化学设备及车间照明等生产用电。工业用电的特点是用电量大，年内用电过程比较均匀，但在一昼夜内则随着生产班制和产品种类的不同而有较大的变化。例如一班制生产企业的用电变化较大，三班制和连续性生产企业（例如化学电解工业等）的用电变化比较均匀；炼钢厂中的轧钢车间用电是有间歇性的，所需电力在短时间内常有剧烈的变动。

（二）农业用电

农业用电主要指电力排灌、乡镇企业及农副产品加工用电、畜牧业及农村生活与公共事业用电等。农业用电中的排灌用电，与农产品的收获用电均具有一定的季节性。排灌用电各年不同，干旱年份灌溉用电与多雨年份排涝用电较多，但在用电时期内负荷相对稳定，而在一年不同时期内则很不均匀。

（三）市政用电

市政用电主要指城市交通、给排水、通信、各种照明以及家用电器等方面的用电。这类用户用电的特点是一年内及一昼夜内变化都比较大。以照明为例，夏天夜短用电少，冬天夜长用电多；随着城市建设的发展与群众生活水平的提高，近几年城市用电量迅速增长。南方城市由于空调设备猛增，夏季变为电力系统年负荷最高季节；北方城市由于集中供热增多，冬季为电力系统年负荷最高季节。

（四）交通运输用电

交通运输用电主要指电气化铁道运输的用电，它在一年内与一昼夜间用电都是比较均匀的，只是在电气列车启动时会产生负荷突然跳动的现象。

在上述四类用电户中，工业用电占电力系统负荷的比重最大，可达总负荷的50%以上。各类用电户的用电定额，随着生产技术水平的提高而不断变动，应从电力计划部门取得最新统计资料。在推算电力系统总负荷时，还应计入输变电工程的损失和发电站本身的厂用电。

二、电力负荷图

电力生产的一个显著特点，就是电能这种产品难以储存，电力的发、供、用是同时进行的。在任何时间内，电力系统中各电站的出力过程和发电量必须与用电户对出力的要求和用电量相适应，这种对电力系统提出的出力要求，常被称为电力负荷。如果把工业、农业、市政及交通运输等用电户在不同时间内对电力系统要求的出力叠加起来，就可以得到电力负荷随时间的变化过程。负荷在一昼夜内的变化过程线称为日负荷图，如图 5－2 所示。负荷在一年内的变化过程线，称为年负荷图，如图 5－4 所示。

（一）日负荷图

电力系统日负荷变化是有一定规律性的。一般上、下午各有一个高峰，晚上因增加大量照明负荷形成尖峰；午休期间及夜间各有一个低谷，后者比前者低得多。虽然各小时的负荷均不相同，但对分析计算有重要意义的有三个特征值，即最大负荷 N''、平均负荷 $\overline{N}$ 和最小负荷 N'。其中日平均负荷 $\overline{N}$ 系根据式（5－6）定出，即

$$\overline{N}=\frac{\sum_{1}^{24}N_i}{24}=\frac{E_{日}}{24}\,(\mathrm{kW}) \qquad (5-6)$$

式中 $E_{日}$——一昼夜内系统所供应的电能，亦即用电力的日用电量，kW·h，相当于日负荷曲线下所包括的面积。

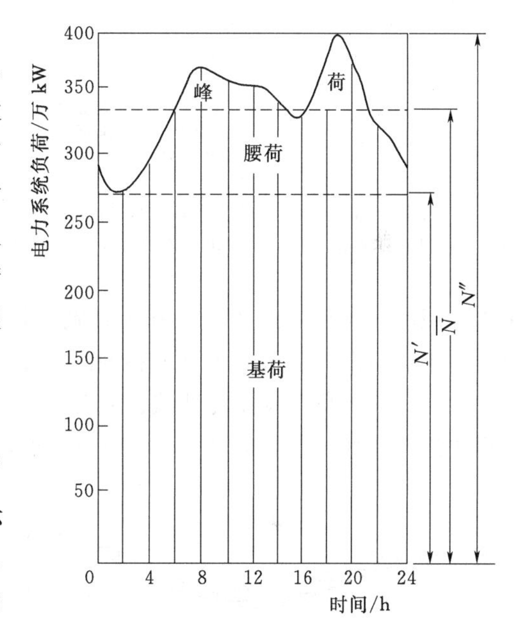

图 5－2 日负荷图
（按瞬时最大负荷绘制）

上述三个特征值把日负荷图划分为三个区域，即峰荷区、腰荷区及基荷区。峰荷随时间的变动最大，基荷在一昼夜 24h 内都不变，腰荷介于峰荷与基荷之间，在一昼夜内某段时间内变动，在另一段时间内不变，如图 5－2 所示。

为了反映日负荷图的特征，常采用下列两个指标值表示：

（1）日最小负荷率 β，$\beta=N'/N''$，β 值越小，表示日高峰负荷与日低谷负荷的差别越大，日负荷越不均匀。

（2）日平均负荷率 γ，$\gamma=\overline{N}/N''$，γ 值越大，表示日负荷变化越小。

我国电力系统的工业用电比重较大，γ 值一般在 0.8 左右，β 值一般在 0.6 左右。国外电力系统由于市政用电比重较大，β 值较小，一般在 0.5 以下。

为了便于利用日负荷图进行动能计算，常须事先绘制日电能累积曲线。日电能累积曲线是日负荷图的出力值（kW）与其相应的电量（kW·h）之间的关系曲线，其绘制方法如图 5－3。可将日负荷曲线以下的面积自下至上加以分段，便得 ΔE_1、ΔE_2 等分段电能

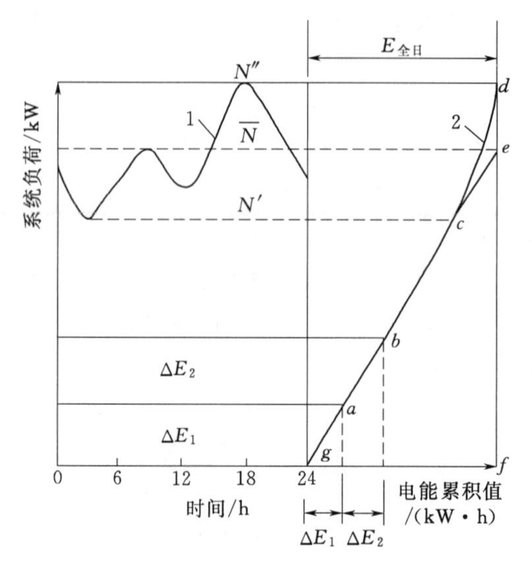

图 5-3　日电能累积曲线的绘制

1—日负荷曲线；2—日电能累积曲线

量，令图右边的横坐标代表分段电能量 ΔE 的累积值，由此定出相应的 a 点和 b 点。按此方法，向上逐段累积电能量到负荷的最高点，各交点的连线 $gabcd$ 便是日电能累积曲线。该曲线有以下特点：①在最小负荷 N' 以下，负荷无变化，故 gc 为一直线段；②在最小负荷 N' 以上，负荷有变化，故 cd 为上凹曲线段。d 点的横坐标为一昼夜的电量 $E_{全日}$；③延长直线段 gc，与 d 点的垂线 df 相交于 e 点，则 e 点的纵坐标就表示平均负荷 $\overline{N}$。

（二）年负荷图

年负荷图表示一年内电力系统负荷的变化过程。在一年内，负荷之所以发生变化，主要由于各季的照明负荷有变化，其次系统中尚有各种季节性负荷，例如空调、灌溉、排涝等用电。年负荷图的纵坐标为负荷（kW），横坐标为时间，为简化计算，常以月为单位。年负荷图一般采用下列两种曲线表示：

（1）日最大负荷年变化曲线。它是一年内各日的最大负荷值所连成的曲线，所以称为日最大负荷年变化图，如图 5-4（a）所示。

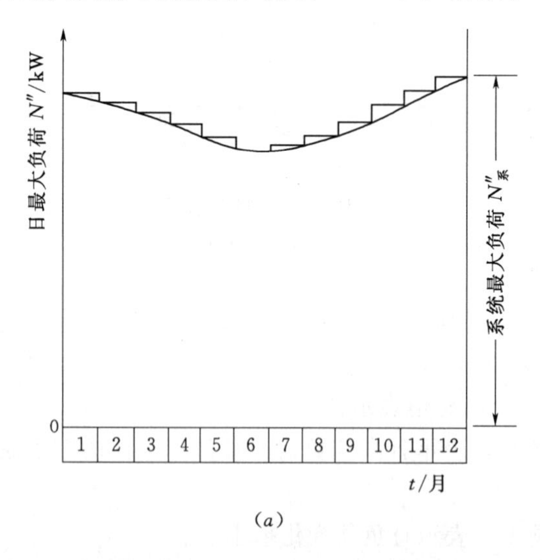

（a）

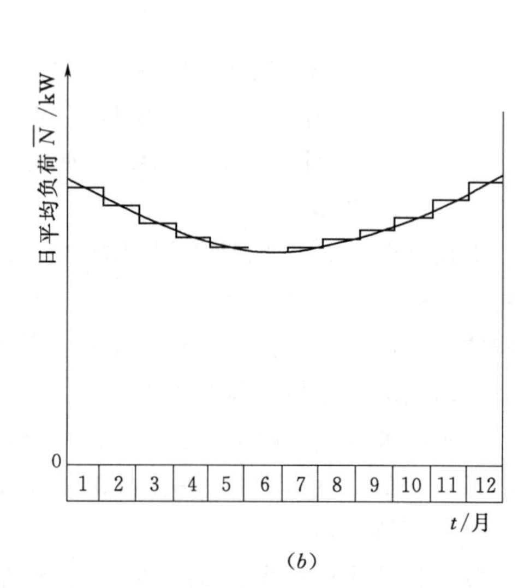

（b）

图 5-4　年负荷图

（a）年最大负荷图；（b）年平均负荷图

它表示电力系统在一年内各日所需要的最大电力。这种年负荷图的形状有两个特性：①在北方地区，冬季的负荷最高，夏季则低落 10%～20%；在南方地区则恰好相反。②由于一年内随着生产的发展，电力负荷不断有所增长，因而实际上年末最大负荷总比年初大，这种考虑年内负荷增长的曲线，称为动态负荷曲线。在实际工作中，为简化计算，一般不考虑年内负荷增长的因素，则称为静态负荷曲线。

(2) 日平均负荷年变化曲线。将一年内各日的平均负荷值所连成的曲线，称为日平均负荷年变化图。该曲线下面所包围的面积，就是电力系统各发电站在全年内所生产的电能量。在水能计算中，常以月为计算时段，纵坐标为月平均负荷，因而该图具有阶梯形状，如图 5-4 (*b*) 所示。

上述各种负荷图，无论在设计阶段或运行阶段，为了确定电站所需的装机容量及其在电力系统中的运行方式，均具有重要的作用。

三、设计水平年

电力系统的负荷，总是随着国民经济的发展而逐年增长的，因此在规划设计电站时，必须考虑远景电力系统负荷的发展水平，与此负荷发展水平相适应的年份，称为设计负荷水平年。在编制这样的负荷图时，首先考虑供电范围，电力系统的供电范围总是逐步扩大的；其次选择设计负荷水平年，如果所选择的设计水平年过近，则据此确定的水电站规模可能偏小，使水能资源得不到充分利用；反之，如选得过远，则设计电站的规模可能偏大，因而造成资金的积压，因此应通过技术经济分析、论证选择设计水平年。在进行具体工作时，可参考有关部门的规定，例如《水利水电工程水利动能设计规范》，其中提到："水电站的设计水平年，应根据电力系统的动力资源、水火电比重与水电站的具体情况分析确定，一般可采用水电站第一台机组投入运行后的第 5～10 年。所选择的设计水平年，应与国民经济五年发展计划的年份相一致。对于规模特别大的水电站或远景综合利用要求变化较大的水电站，其设计水平年应作专门论证。"由此可见，对设计水平年可考虑一定的变幅范围。

第三节　电力系统的容量组成及各类电站的工作特性

为了确定电力系统中电源构成、各类电站规模及其在电力系统中的运行方式，须了解电力系统容量组成及各类电站的工作特性，现分述如下。

一、电力系统的容量组成

为了满足电力用户的要求，必须在各电站上装置一定的容量。电站上每台机组都有一个额定容量，此即发电机的铭牌出力。电站的装机容量是指该电站上所有机组铭牌出力之和。电力系统的装机容量便是所有电站装机容量的总和。在电力系统总装机容量 $N_{装}$ 中，在设计阶段按机组所担负任务的不同，又有不同的容量名称。为了满足系统最大负荷要求而设置的容量，称为最大工作容量 $N''_{工}$；此外为了确保系统供电的可靠性和供电质量，电力系统还需设置另一部分容量，当系统在最大负荷时发生负荷跳动因而短时间超过了设计最大负荷时，或者机组发生偶然停机事故时，或者进行停机检修等情况，都需要准备额外的容量，统称为备用容量 $N_{备}$，它是由负荷备用容量 $N_{负备}$、事故备用容量 $N_{事备}$和检修备用容量 $N_{检备}$所组成。由此可见，为保证系统的正常工作，需要最大工作容量和备用容量两大部分，合称为必需容量 $N_{必}$。水电站必需容量是以设计枯水年（或段）的来水情况作为计算依据的，遇到丰水年或者中水年，其汛期水量都会有富余。若仅以必需容量工作，常会产生大量弃水，为了利用这部分弃水额外增发季节性电能，只需要额外增加一部分容量即可，而不必增加水库、大坝等水工建筑物的投资。由于这部分容量并非保证电力系统正常工作所必需，故称为重复容量。在设置有重复容量 $N_{重}$ 的电力系统中，系统的装机容量就是必需容量与重复容量之和，即

$$
\begin{aligned}
N_{装} &= N_{必} + N_{重} = N''_{工} + N_{备} + N_{重} \\
&= N''_{I} + N_{负备} + N_{事备} + N_{检备} + N_{重}
\end{aligned}
\tag{5-7}
$$

上述电力系统中各种容量的组成，如图 5-5 所示。

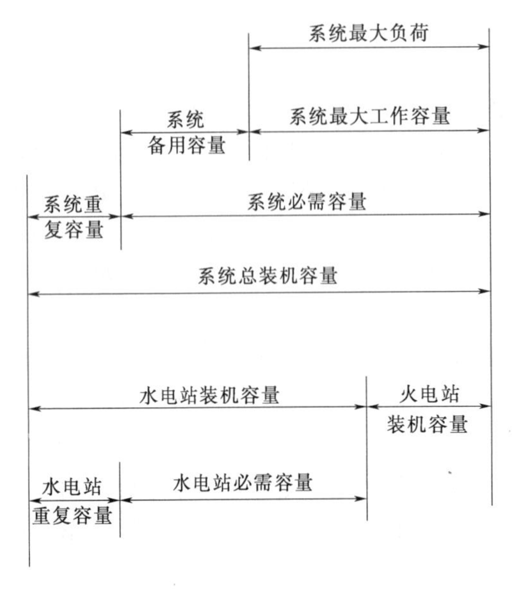

图 5-5　电力系统容量组成示意图

在运行阶段，系统和电站的装机容量已定，其最大工作容量并不是任何时刻全部都在发电，系统的备用容量和重复容量也不是经常都被利用的，因此系统内往往有暂时闲置的容量，被称为空闲容量 $N_{空}$，它是根据系统需要随时都可以投入运行的。当某一时期由于机组发生事故，或停机检修，或火电站因缺乏燃料、水电站因水量和水头不足等原因，使部分容量受阻不能工作，这部分容量称为受阻容量。系统中除受阻容量 $N_{阻}$ 外的所有其他容量，统称为可用容量 $N_{可}$。因此从运行观点看：

$$N_{装} = N_{可} + N_{阻} = N_{工} + N_{备} + N_{空} + N_{阻} \tag{5-8}$$

尚须指出，上述各种容量值的大小是随时间和条件而不断发生变化的，而且有可能在不同的电站、不同的机组上相互转换，但其组成则是不变的，参阅式（5-7）和式（5-8）。

二、各类电站的技术特性

目前我国各地区的电力系统，大多是以水力、火力发电为主要电源所构成的，在水能资源丰富的地区，应以水电为主；在煤炭资源丰富而水能资源相对贫乏处，则应以火电为主。有些地区上述两大能源均较缺乏，则可考虑发展核电站。在火电、核电为主的电力系统中，当缺乏填谷调峰容量时，则可考虑发展抽水蓄能电站。为了使各类发电站合理地分担电力系统的负荷，应对各类电站的技术特性有个概括的了解。

（一）水电站的技术特性

（1）水电站的出力和发电量是随天然径流量和水库调节能力而有一定的变化，在丰水年份，一般发电量较多，遇到特殊枯水年份，则发电量不足，甚至正常工作遭到破坏。

对于低水头径流式水电站，在洪水期内由于天然流量过大引起下游水位猛涨，而使水电站工作水头减小，水轮机不能发足额定出力。对于具有调节水库的中水头水电站，当库水位较低时，也有可能使水电站出力不足。

（2）一般水库具有综合利用任务，但各部门的用水要求不同，兼有防洪与灌溉任务的

水库，汛期及灌溉期内水电站发电量较多，但冬季发电则受到限制。对于下游有航运任务的水库，水电站有时需承担电力系统的基荷，以便向下游经常泄放均匀的流量。

(3) 水能是再生性能源，水电站的年运行费用与所生产的电能量无关，因此在丰水期内应尽可能多发水电，以节省系统燃料消耗。

(4) 水电站机组开停灵便、迅速，从停机状态到满负荷运行仅需 1～2min 时间，并可迅速改变出力的大小，以适应负荷的剧烈变化，从而保证系统周波的稳定，所以水电站适宜担任系统的调峰、调频和事故备用等任务。

(5) 水电站的建设地点要受水能资源、地形、地质等条件的限制。水工建筑物工程量大，一般又远离负荷中心地区，往往需建超高压、远距离输变电工程。水库淹没损失一般较大，移民安置工作比较复杂。由于水电站发电不需消耗燃料，故单位电能成本比火电站的低。

(二) 火电站的特点

火电站的主要设备为锅炉、汽轮机和发电机等。按其生产性质又可分为两大类：

1. 凝汽式火电站

凝汽式火电站的任务就是发电。锅炉生产的蒸汽直接送到汽轮机内，按一定顺序在转轮内膨胀做功，带动发电机发电。蒸汽在膨胀做功过程中，压力和温度逐级降低，废蒸汽经冷却后凝结为水。最后用泵把水抽回到锅炉中去再生产蒸汽，如此循环不已。

2. 供热式火电站

供热式火电站的任务是既要供热，又要发电。如采用背压式汽轮机，则蒸汽在汽轮机内膨胀做功驱动发电机后，其废蒸汽全部被输送到工厂企业中供生产用或者取暖用。背压式机组的发电出力，完全取决于工厂企业的热力负荷要求。

如采用抽汽式汽轮机，则可在转轮中间根据热力负荷要求抽出所需的蒸汽。当不需要供热时，则与凝汽式火电站的工作过程相同。

现分述火电站的工作特点：

(1) 只要保证燃料供应，火电站就可以全年按额定出力工作，不像水电站那样受天然来水的制约。如果供应火电站的燃煤质量较高（每公斤燃料的发热量在 4000 大卡以上），则火电站修建在负荷中心地区可能比较有利，因其输变电工程可以较小；如果供应的燃煤质量较差（每公斤燃料的发热量在 3000 大卡以下），为了节省大量燃煤的运输量，火电站应修建在煤矿附近（所谓坑口电站），这样比较有利。

(2) 一般说来，火电站适宜担任电力系统的基荷，这样单位煤耗较小。此外，火电站机组启动比较费时，锅炉先要生火，机组由冷状态过渡到热状态，然后再加荷载，逐渐增加出力，出力上升值不能增加过快，大约每隔 10min 增加额定出力的 10%～20%，因此机组从冷状态启动到满负荷运行共需 2～3h。

(3) 火电站高温高压机组（蒸汽初压力为 135～165 个绝对大气压，初温为 535～550℃）的技术最小出力约为额定出力的 75%，如果连续不断地在接近满负荷的情况下运行，则可以获得最高的热效率和最小的煤耗。中温中压机组（蒸汽初压力为 35 个绝对大气压，初温为 435℃），可以担任变动负荷，即可以在系统负荷图上的腰荷和峰荷部分工作，但单位电能的煤耗要增加较多。

(4) 一般地说，火电站本身单位千瓦的投资比水电站的低，但如考虑环境保护等措施的费用，并包括煤矿、铁路、输变电等工程的投资，则折合单位千瓦的火电投资，可能与水电（包括远距离输变电工程）单位千瓦的投资相近。

(5) 火力发电必须消耗大量燃料（单位千瓦装机容量每年约需原煤 3.0t 左右），且厂用电及管理人员较多，故火电单位发电成本比水电站的高。

(三) 其他电站

1. 核电站

截至 1993 年年底，全世界共有 430 座核电反应堆正在运行，总装机容量为 35419 万 kW，核发电量 20934 亿 kW·h，已占世界总发电量的 17%（煤炭发电量占 42%，水力发电量占 19%，其他为燃油发电量等）。核能的利用是能源结构的一次革命。

核电站主要由核反应堆、蒸汽发生器、汽轮机及发电机等部分组成，见图 5-6。运行时铀在反应堆内发生裂变反应，而每次反应所产生的新中子，能连续不断地使铀发生核裂变。在反应堆堆芯内进行这种链式裂变反应时，同时释放大量热能，核电站用冷却剂使其吸热增温后，通过一次回路流到蒸汽发生器，然后把热量传递给从二次回路管道中流来的水，使其在高压情况下产生蒸汽；冷却剂最后用泵仍抽回到反应堆内。蒸汽从二次回路流进汽轮机的汽缸内膨胀做功，驱动发电机。应该说明的是，一次回路中的冷却剂因为流经堆芯，是含有放射性物质的；二次回路内的水和蒸汽，在蒸汽发生器内是和冷却剂隔开的，因此不含有放射性物质。蒸汽在汽轮机内的膨胀做功，除初参数和火电站的蒸汽参数不同外，其他情况与火电站无大差别。

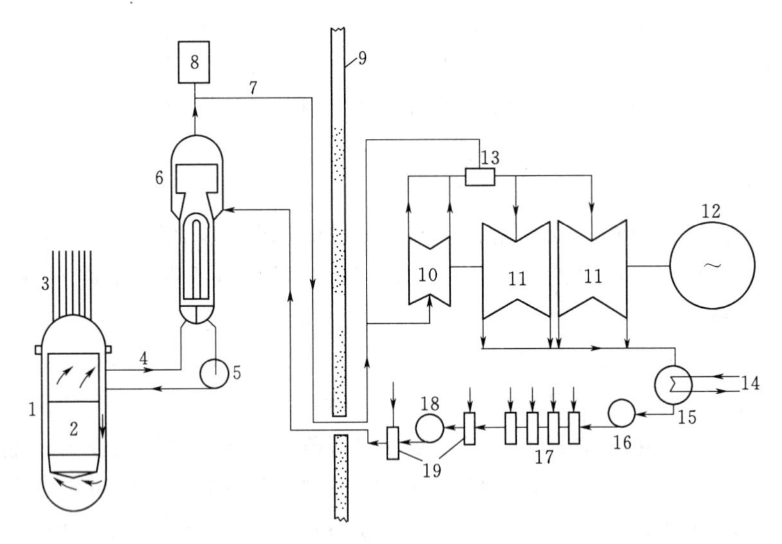

图 5-6　核电站总体布置示例（压水堆型）

1—压水反应堆；2—堆芯；3—控制棒传动装置；4——次回路；5—冷却剂泵；6—蒸汽发生器；7—二次回路；8—加压器；9—反应堆安全壳；10—高压气缸；11—低压气缸；12—发电机；13—脱水器；14—冷却水；15—冷凝器；16—凝结水泵；17、19—给水加热器；18—给水泵

核电站的特点，是需要持续不断地以额定出力工作，所以在电力系统中总是承担基荷。核电站的设备比较复杂、建设质量标准和安全措施要求日益提高，因此核电站单位千瓦的造价比燃煤火电站约贵数倍，但单位发电量所需的燃料费用则较低，因此核电站的单

位发电成本有可能比火电站低一些或相差不多。

2. 抽水蓄能电站

截至1989年年底，全世界有36个国家和地区已建成抽水蓄能电站294座，共计装机容量7736万kW，在建的有34座，预计1993年总装机容量要超过1亿kW。

电力系统在一昼夜内的负荷是很不均匀的，上、下午及晚上各有一个高峰，中午及午夜后各有一个低谷。在以火电为主的电力系统中，常常缺乏调峰容量；午夜后系统负荷大幅度下降，但由于火电站受最小技术出力的限制，不易压低其出力，迫使电力系统超周波运行，降低了供电质量。抽水蓄能电站就是利用系统午夜后多余的电能，从电站下水库抽水到上水库中蓄能；待到系统高峰负荷时，则与一般水电站一样发电，将上水库所蓄水量放入电站下水库中，每昼夜如此循环工作不已，如图5-7所示。

当电站上水库较大时，则可将汛期一部分多余水量从河流中抽蓄到上水库中，等到枯水期水量不足时再补充来水供发电之用。

近代的抽水蓄能电站，一般均采用可逆式抽水蓄能机组。当电力系统负荷处于低谷状态时，机组按抽水工况运行；当负荷达到高峰时，机组按发电工况运行。抽水蓄能电站的综合效率为

$$\eta_{综}=\eta_{抽}\eta_{发} \tag{5-9}$$

式中 $\eta_{抽}$——按抽水工况运行时的综合效率；

$\eta_{发}$——按发电工况运行时的综合效率。

$\eta_{综}$一般为0.70～0.75。对于纯抽水蓄能电站而言，在系统低谷负荷时如耗费4kW·h基荷电能，则在系统高峰负荷时可以获得3kW·h峰荷电能。在国外，峰荷电价比基荷电价贵2～3倍，所以当系统缺乏调峰机组时，一般认为修建抽水蓄能电站是很有利的。在国内，由于电价制度不合理，峰荷电价与基荷电价相同，有些人又误认为系统供电量已很紧张，修建抽水蓄能电站要额外消耗电量，得不偿失，因此，这种电站至今国内没有得到应有的发展。事实上，抽水蓄能电站消耗的是火电站高温高压机组的基荷电能，单位电能的煤耗率较低，大约330g/(kW·h)左右，而抽水蓄能机组则可替代燃气轮机组或火电站的中温中压机组，后者单位电能煤耗较高，一般标准煤的耗费为450g/(kW·h)左右。从燃料平衡观点看，如计及抽水蓄能电站的填谷效益（即对火电机组运行特性的改善），用4kW·h基荷火电换来3kW·h峰荷电能往往还是有利的。

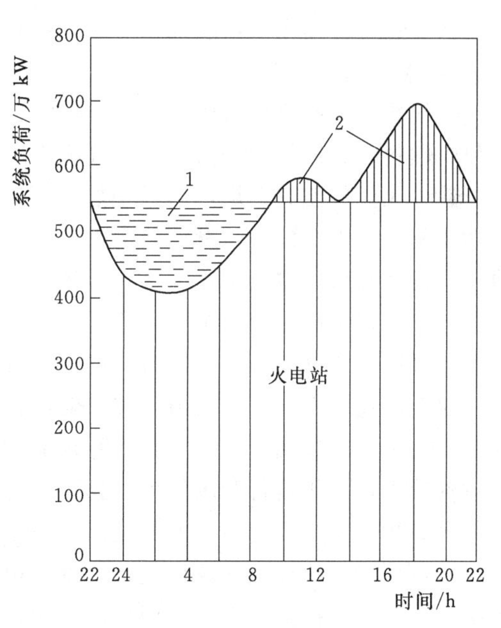

图5-7 抽水蓄能电站工作示意图

1—蓄能电站抽水；2—蓄能电站发电

综上所述，抽水蓄能电站可以在电力系统中发挥如下作用：

(1) 吸收系统负荷低谷时的多余电能进行抽水蓄能，使高温高压火电站机组不必降低出力或部分机组临时停机，继续保持在高效率情况下运行，达到单位电能煤耗最小，年运

行费最省。

(2) 与水电站常规机组一样，蓄能机组对电力系统负荷急剧变化的适应性甚好，因而可以与常规机组共同承担系统尖峰负荷。

(3) 与水电站常规机组一样，蓄能机组亦适宜担任系统的负荷备用容量，调整系统周波，也可担任系统事故备用容量，使火电站不必常处于旋转备用状态，有利于节省煤耗。

(4) 距离负荷中心较近的抽水蓄能电站，也可以多带无功负荷，对电力系统起调相作用。

(5) 当水库具有综合利用任务时，发电常受其他任务的限制，例如冬季农田不需灌溉，可能要求水电站暂停发电；但装设抽水蓄能机组后，每日系统高峰负荷时仍可发电泄水，夜间低谷负荷时，再从下游抽水到上库中来，灌溉水量并不受损失。

在上述各种作用中，以抽水蓄能电站对系统起调峰填谷的作用最为重要。

3. 燃气轮机电站

燃气轮机电站主要由压气机、燃烧室、燃气轮机和发电机等部分组成，用石油或天然气作为燃料，其运行过程为：将空气吸入压气机，经压缩后送进燃烧室，同时向燃烧室注入石油或天然气使其燃烧，然后把燃烧后的高温热气（达 1000℃）送入燃气轮机内膨胀做功，驱动发电机发电。燃气轮机组及其设备占地小，基建工期短，不需大量冷却水，单位千瓦投资较低，缺点是耗油量大，年运行费高，发电成本贵。

燃气轮机电站由起动至满负荷运行约需 5～8min，当系统内缺乏水电容量时，可以把燃气轮机组当作电力系统的短时间调峰容量以及系统的事故备用容量。

综上所述，近代大型电力系统一般由各种电站所组成。水电站投资较大，但年运行费较小，机组启闭灵便，适宜于担任系统的调峰、调频、调相和事故备用等任务。火电站本身投资较小，但年运行费用较大，且要消耗大量燃料，机组有最小技术出力等限制，为了取得最高热效率，火电站（尤其是高温高压机组）应担任系统的基荷。当系统内缺乏调峰容量时，可考虑建设燃气轮机电站，以便担任系统的尖峰负荷和事故备用容量。燃气轮发电机组单位千瓦投资较小，但因燃用石油，故单位发电成本较高。在能源缺乏地区，修建水电站困难，修建火电站又需远距离运输燃料，在此情况下可考虑修建核电站，它的单位千瓦投资比火电站的大，但运行费用小一些。核电站适宜于担任系统的基荷，出力尽可能平稳不变。当系统内有较多的高温高压火电站与核电站而水电站较少时，则应考虑修建抽水蓄能电站，可对系统起调峰填谷等作用。总之，各种电站的构成，与地区能源条件密切有关，要求在充分满足系统负荷要求的情况下，达到供电安全、可靠、经济等目的。

第四节　水电站在电力系统中的运行方式

目前我国各电力系统中的发电站，主要是火电站与水电站。因此，本节着重讲述在水、火电站混合电力系统中，为了使系统供电可靠、经济，水电站所应采用的运行方式。水电站因其水库的调节性能不同，以及年内天然来水流量的不断变化，年内不同时期的运行方式也必须不断调整，使水能资源能够得到充分利用。现将无调节、日调节、年调节及多年调节水电站在年内不同时期的运行方式阐述如下。

一、无调节水电站的运行方式

我国长江上的葛洲坝水电站，由于保证下游航运要求，水库一般不进行调节，故属无调节水电站。黄河上的天桥水电站，岷江上的映秀湾水电站，由于缺乏调节库容，亦属无调节水电站。

（一）无调节水电站的一般工作特性

无调节水电站的运行特征是：任何时刻的出力主要决定于河中天然流量的大小。在枯水期，天然流量一日内无甚变化，在全部枯水期内，变化也不大。因此，无调节水电站在枯水期应担任系统日负荷图的基荷。

在丰水期，河中流量急增，无调节水电站仍只宜于担任系统的基荷。只有当天然流量所产生的出力大于系统的最小负荷 N' 时，水电站应担任系统的基荷和一部分腰荷，这时还会发生弃水，如图 5-8 所示。图中有竖阴影线的面积 1，表示由于弃水所损失的能量。

（二）无调节水电站在不同水文年的运行方式

无调节水电站的最大工作容量 $N''_{水工}$，一般是按设计保证率的日平均流量定出的（参见第六章第一节）。因此，在设计枯水年的枯水期，水电站以最大工作容量或大于最大工作容量的某个出力运行，和其他电站联合供电以满足系统最大负荷的要求。但在丰水期内无调节水电站即使以其全部装机容量运行，有时仍不免有弃水，如图 5-9 所示。

在丰水年，可能全年内的天然水流出力均大于无调节水电站的装机容量，因而水电站可能全年均需要用全部装机容量在负荷图的基荷部分运行（图 5-10）。即使这样运行，可能全年均有弃水，丰水期内弃水尤多。

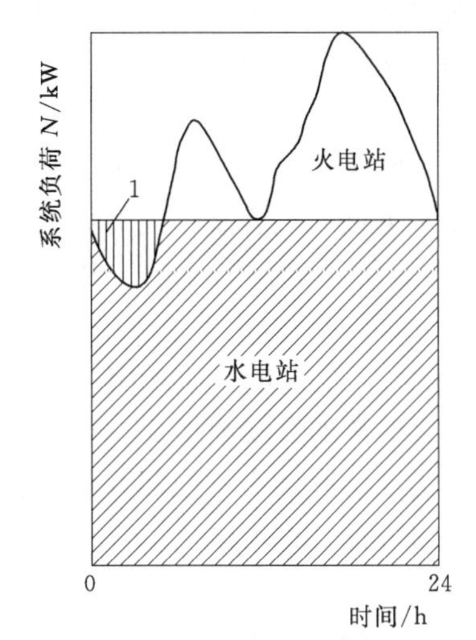

图 5-8　无调节水电站丰水期在日负荷图上的工作位置

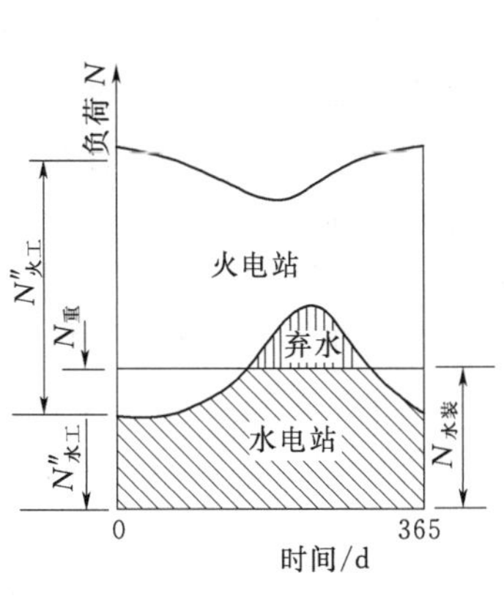

图 5-9　无调节水电站设计枯水年在系统中的工作情况

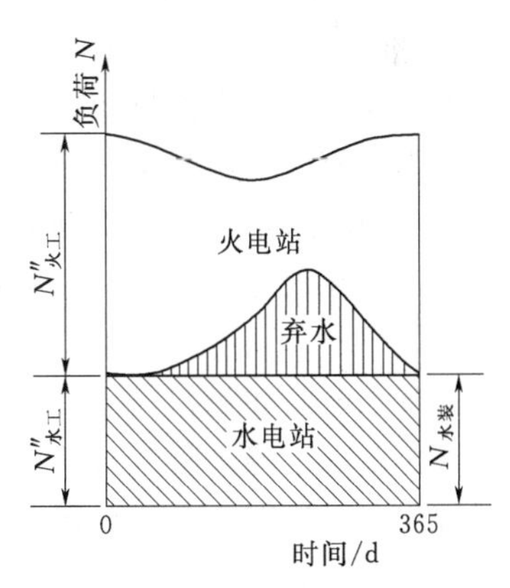

图 5-10　无调节水电站丰水年在系统中的工作情况

二、日调节水电站的运行方式

我国黄河上的盐锅峡水电站、永定河上的下马岭水电站以及浙江省的富春江水电站，都属于日调节水电站。

（一）日调节水电站的一般工作特性

日调节水电站的工作特征是：除弃水期外，在任何一日内所能生产的电能量，与该日天然来水量（扣除其他水利部门用水）所能发出的电能量相等。为了使系统中的火电站能在日负荷图上的基荷部分工作，以降低单位电能的燃料消耗量，原则上在不发生弃水情况下，应尽量让水电站担任系统的峰荷，以充分发挥水轮发电机组能迅速灵活适应负荷变化的优点。水电站进行日调节，对电力系统所起的效益可归纳为以下三方面：

（1）日调节水电站在枯水期一般总是担任峰荷，让火电站担任基荷。这样，火电站在一日内可维持均匀的出力，使汽轮机组效率提高，从而节省煤耗，降低系统的运行费用。

（2）在一定的保证出力情况下，日调节水电站比无调节水电站的工作容量可更大一些，能更多地取代火电站的容量。由于水力发电机组比同容量的火力发电机组投资小，因而系统的总投资可减少。

（3）在每年丰水期，为了充分发挥日调节水电站装机容量的作用，就不再使其担任系统的峰荷，而是随着流量的增加，全部装机容量逐步由峰荷转到基荷运行。这样，可增加水电站的发电量，相应减少火电站的发电量与总煤耗，从而降低系统的运行费用。

虽然水电站进行日调节能够获得上述效益，但是大型水电站进行日调节担任峰荷时，在一昼夜内通过水轮机的流量变化是十分剧烈的，因而下游河道的水位和流速变化也是剧烈的。当河道有频繁的航运时，这种急剧的水位和流速变化，可能使航运受到严重影响，甚至在某一段时间必须停航。此外，当水电站下游有灌溉或给水渠道进水口时，剧烈的水位变动会使渠道进水受到干扰和使引水流量的控制发生困难。因此，进行日调节时，应设法满足综合利用各部门的要求。解决上述矛盾的措施，或者对水电站的日调节进行适当的限制，或者在水电站下游修建反调节水库以减小流量、水位和流速的波动幅度。

（二）日调节水电站在不同季节的运行方式

上面已提到，日调节水电站的日发电量，完全取决于当日天然来水量的多少。由于一年内不同季节来水流量变化很大，因而日发电量变化亦大。在水电站装机容量已定的条件下，为了充分利用河水流量，避免弃水，日调节水电站在电力系统年负荷图上的工作位置，应随着来水的变动按以下情况加以调整。

（1）在设计枯水年，水电站在枯水期内的工作位置是以最大工作容量担任系统的峰荷，如图 5－11 中的 $t_0 \sim t_1$ 与 $t_4 \sim t_5$ 时期。当丰水期开始后，河中来水量逐渐增加，这时日调节水电站如仍担任峰荷，即使以全部装机容量投入工作，仍不免有弃水，因此其工作位置应逐渐下降到腰荷与基荷，如图 5－11 中 $t_1 \sim t_2$ 期间所示的位置。决定这个工作位置的方法，可用图 5－12 解释。

在电力系统日负荷图上作日电能累积曲线。再在该曲线的左边按该日来水量所能生产的日电能量 $E_{水日}$ 作 E 辅助曲线，该线距日电能累积曲线的水平距离均等于 $E_{水日}$。另绘制 N 辅助曲线，它距日电能累积曲线的垂直距离，均等于水电站的装机容量 $N_{水装}$。这两条辅助曲线相交于 a 点，再从 a 点作垂线交日电能累积曲线于 b 点，并由 a 和 b 各作水平线与日负荷图相交，即可定出水电站的工作位置，如图 5－12 中斜影线面积所示。从上述作图方法可以看出，在日负荷图上所标出的阴影线面积，即等于水电站根据该日来水量所能生产的电能量 $E_{水日}$。

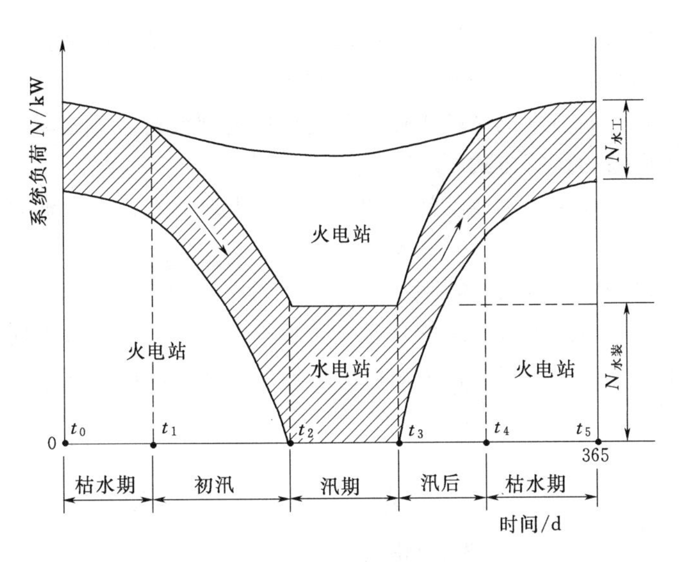

图 5-11　日调节水电站在设计枯水年的运行方式

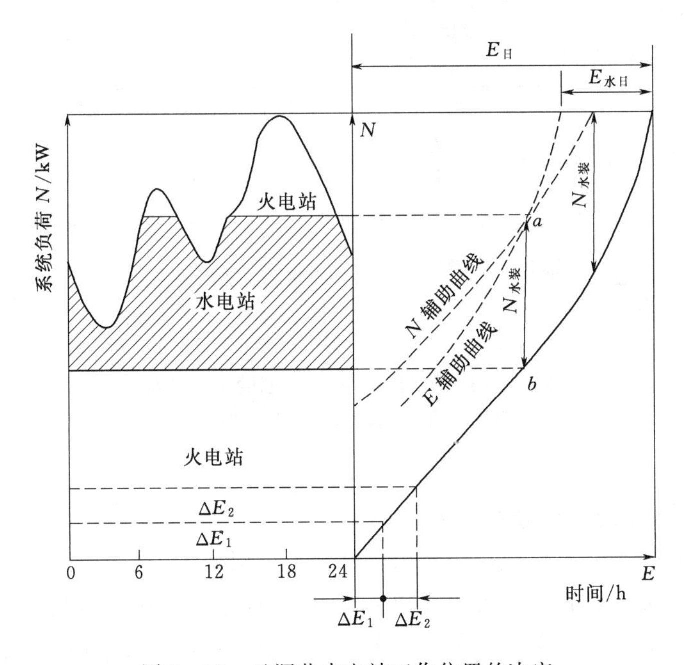

图 5-12　日调节水电站工作位置的决定

随着来水流量的继续增加，水电站所能生产的日电能量也不断增加，因此图 5-12 中的 E 辅助线将向左平移，这就使水电站的工作位置下移。来水量越增大，日调节水电站在负荷图上的工作位置也越下移。在图 5-11 上 $t_2 \sim t_3$ 的汛期内，河中天然来水量最为丰沛，日调节水电站便应以全部装机容量在基荷运行，尽量减少弃水。t_3 以后，来水量逐渐减少，可按上述方法将水电站的工作位置逐渐上移，使其担任系统的腰荷与部分峰荷。在枯水期，从 t_4 起，来水量已减少到只允许水电站以其最大工作容量重新担任系统的峰荷。

（2）当丰水年来临时，河中来水量较多，即使在枯水期，日调节水电站也要担任负荷图中的峰荷与部分腰荷。在初汛后期，可能已有弃水，日调节水电站就应以全部装机容量担任基荷。在汛后的初期，可能来水仍较多，如继续有弃水，此时水电站仍应担任基荷，直至进入枯水期后，日调节水电站的工作位置便可恢复到腰荷，并逐渐上升到峰荷位置。

三、年调节水电站的运行方式

我国年调节水电站很多，例如汉江上的丹江口水电站，东江上的枫树坝水电站以及古田溪一级水电站等。

（一）年调节水电站的一般工作特性

不完全年调节水电站是经常遇到的。它在一年内按来水情况一般可划分为供水期、蓄水期、弃水期和不蓄不供期（也称按天然流量工作期）四个阶段，如图 5-13 所示。

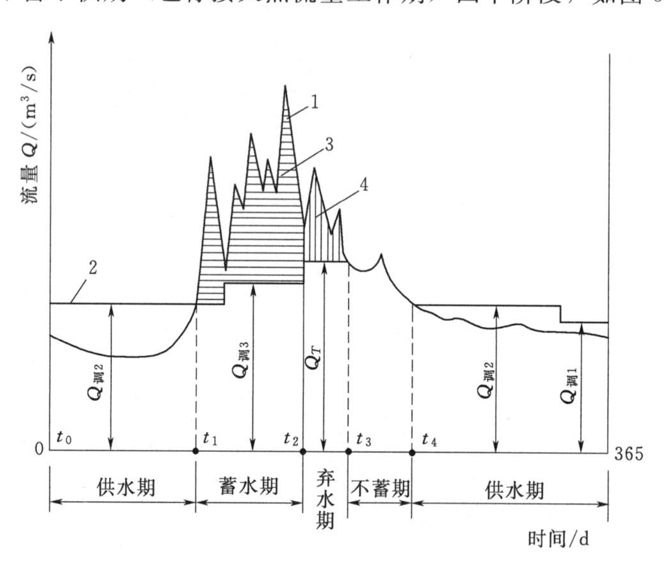

图 5-13　年调节水库各时期的工作情况

1—天然流量过程线；2—调节流量过程线；3—蓄水量；4—弃水量

（二）设计枯水年的运行方式

（1）供水期河中天然流量往往小于水电站为发出保证出力所需要的调节流量或综合利用其他用水部门所需要的调节流量。对于综合利用水库，水库供水期内调节流量并非常数，有时大些，有时小些。例如某水库在冬季的主要用水部门是发电，所需要的调节流量为图 5-13 中的 $Q_{调1}$。入春后天气转暖，灌溉及航运需水增大，便要求较大的调节流量 $Q_{调2}$。在以灌溉为主的综合利用水库中，发电需要服从灌溉用水的要求，因此入春后发电量也随着增加。在水库供水期内，水电站在系统负荷图上的工作位置，视综合利用各部分用水的大小，有时担任峰荷，有时担任部分峰荷、部分腰荷，有时则担任腰荷。图 5-14 所示是供水期水电站发电用水不受其他用水部门的限制，全部担任负荷图上峰荷的情况。

（2）蓄水期从 t_1 起丰水期开始，河水流量增大，但在该时期内综合利用各部门需水量并不随着增加，有时反而减小些。例如，汛期开始后降雨量较多，灌溉用水量减小了；那时可能正值春末夏初，系统负荷一般也许会降低些。但是为了避免以后可能发生较大的

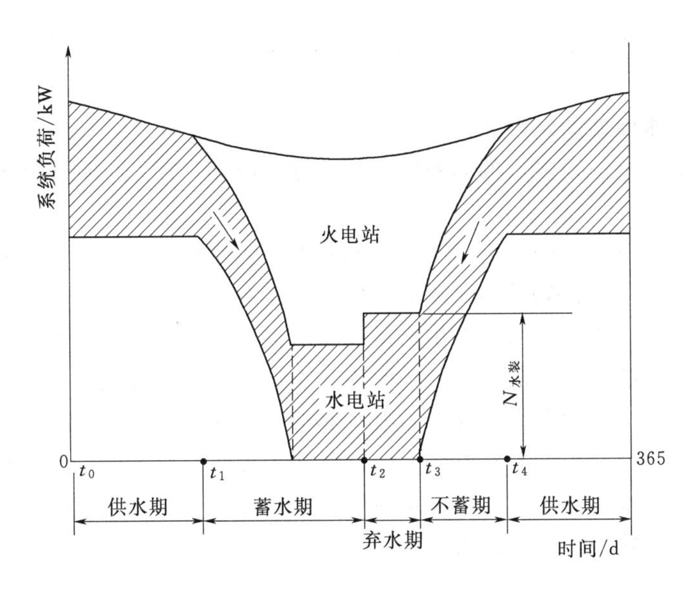

图 5-14　年调节水电站设计枯水年在年负荷图上的工作位置

弃水量，故在蓄水期应在保证水库蓄满的条件下尽量充分利用丰水期水量。在蓄水期开始时，水电站即可担任峰、腰负荷。当水库蓄水至相当程度，如天然来水量仍然增加，则水电站可以加大引用流量至图 5-13 中所示的 $Q_{调3}$，工作位置亦可由腰荷移至基荷，以增加水电站发电量，而使火电站燃料消耗量减少。在此期内，应把超过调节流量 $Q_{调3}$的多余流量全部蓄入水库，至 t_2 水库全部蓄满。

（3）弃水期这一时期在大部分地区是夏、秋汛期，此时水库虽已蓄满，但河中天然来水量仍可能超过综合利用各部门所需的流量。由于不完全年调节水库的容积较小，故弃水现象无法避免。但为了减少弃水量，此时水电站应将全部装机容量 $N_{水装}$ 在系统负荷图的基荷运行，即水电站的引用流量等于水电站最大过水能力 Q_T。在图 5-13 中，只有当天然流量超过 Q_T 的部分才被弃掉。t_3 是天然流量值等于 Q_T 的时刻，至此弃水期即告结束。

（4）不蓄不供期、丰水期过后，河中天然流量开始减少，虽然流量小于 Q_T，但仍大于水电站为发出保证出力所需的调节流量 $Q_{调1}$或综合利用其他部门的需水流量 $Q_{调2}$。由于此时水库已蓄满，为了充分利用水能，河中天然流量来多少，水电站就引用多少流量发电，即不蓄水也不供水，所以这个时期称为不蓄不供期。这时水电站在电力系统中的工作位置，随着河中天然流量的逐渐减少，应使其由系统负荷图的基荷位置逐渐上升，直至峰荷位置为止。

（三）丰水年的运行方式

丰水年由于水量较多，在水库供水期内，年调节水电站可担任系统负荷图的部分基荷和腰荷，以增加发电量，并避免在供水期末因用不完水库蓄水量而使汛期内弃水加多。但应注意，在供水期前期，也不能过分使用水库存水，要考虑到如果后期来水较少，所存水量仍能保证水电站及综合利用各部门正常工作的需要。供水期运行方式如图 5-15 所示。

丰水期开始后，水库进入蓄水期，由于丰水年的来水量较大，一般水库蓄水期较短。

在此期间内，水电站可尽早将其运行位置移至基荷部分。在弃水期，水电站则应以全部装机容量在基荷位置工作。

四、多年调节水电站的运行方式

我国多年调节水电站很多，例如浙江的新安江水电站，广东的新丰江水电站，四川的狮子滩水电站等。

多年调节水库一般总是同时进行年调节和日调节。因此，其径流调节程度和水量利用率都比年调节水库的大。在确定多年调节水电站的运行方式时，要充分考虑这个特点。

多年调节水库在一般年份内只有供水期与蓄水期，水库水位在正常蓄水位与死水位之间变化。只有遇到连续丰水年的情况下，水库才会蓄满，并可能发生弃水。当出现连续枯水年时，水库的多年库容才会全部放空，发挥其应有的作用。

因此，具有多年调节水库的水电站，应经常按图 5-16 所示的情况工作。为了使火电站机组能够轮流在丰水期或在电力系统负荷较低的时期内进行计划检修，在这时期内水电站需适当增加出力以减小火电站出力。

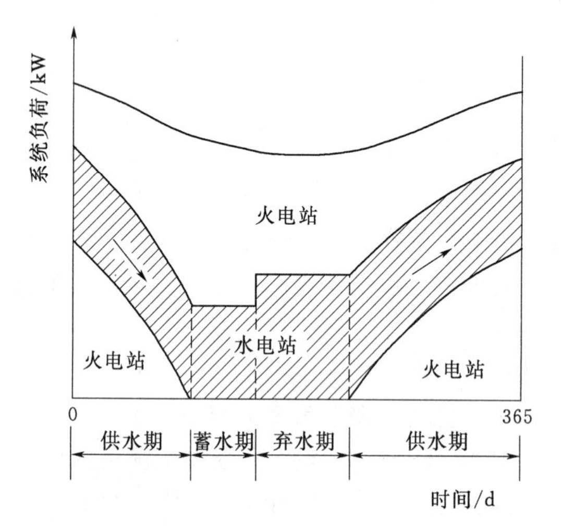

图 5-15　年调节水电站丰水年在年负荷图上的工作位置

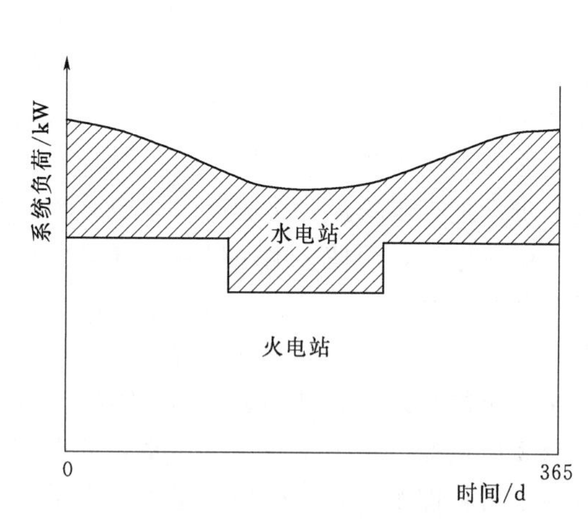

图 5-16　多年调节水电站一般年份在电力系统中的运行方式

由于多年调节水库的相对库容大，水电站运行方式受一年内来水变化的影响较小。所以在一般来水年份，多年调节水电站在电力系统负荷图上将全年担任峰荷（或峰、腰负荷），而让火电站经常担任腰荷、基荷。

第六章　水电站及水库的主要参数选择

第一节　水电站装机容量选择

如上所述，水电站装机容量是由最大工作容量、备用容量和重复容量所组成的。电力系统中所有电站的装机容量的总和，必须大于系统的最大负荷。所谓水电站最大工作容量，是指设计水平年电力系统负荷最高（一般出现在冬季枯水季节）时水电站能担负的最大发电容量。

在确定水电站的最大工作容量时，须进行电力系统的电力（出力）平衡和电量（发电量）平衡。我国大多数电力系统是由水电站与火电站所组成，所谓系统电力平衡，就是电站（包括水电站和火电站）的出力（工作容量）须随时满足系统的负荷要求。显然，水、火电站的最大工作量之和，必须等于电力系统的最大负荷，两者必须保持平衡。这是满足电力系统正常工作的第一个基本要求，即

$$N''_{水、工}+N''_{火、工}=p''_{系} \tag{6-1}$$

式中　$N''_{水、工}$、$N''_{火、工}$——系统内所有水、火电站的最大工作容量，kW；

$p''_{系}$——系统设计水平年的最大负荷，kW。

对于设计水平年而言，系统中水电站包括拟建的规划中的水电站与已建成的水电站两大部分。因此，规划水电站的最大工作容量 $N''_{水、规}$ 等于水电站群的总最大工作容量 $N''_{水、工}$ 减去已建成的水电站的最大工作容量 $N''_{水、建}$，即

$$N''_{水、规}-N''_{水、工}-N''_{水、建} \tag{6-2}$$

此外，未来的设计水平年可能遇到的是丰水年，但也可能是中（平）水年或枯水年。为了保证电力系统的正常工作，一般选择符合设计保证率要求的设计枯水年的来水过程，作为电力系统进行电量平衡的基础。根据系统电量平衡的要求，在任何时段内系统所要求保证的供电量 $E_{系、保}$，应等于水、火电站所能提供的保证电能之和，即

$$E_{系、保}=E_{水、保}+E_{火、保} \tag{6-3}$$

式中　$E_{水、保}$——该时段水电站能保证的出力与相应时段小时数的乘积；

$E_{火、保}$——火电站有燃料保证的工作容量与相应时段小时数的乘积。

系统的电量平衡，是满足电力系统正常工作的第二个基本要求。

当水电站水库的正常蓄水位与死水位方案拟订后，水电站的保证出力或在某一时段内能保证的电能量便被确定为某一固定值。但在规划设计时，如果不断改变水电站在电力系统日负荷图上的工作位置，相应水电站的最大工作容量却是不同的。如果让水电站担任电力系统的基荷，则其最大工作容量即等于其保证出力，即 $N''_{水、工}=N''_{水、保}$，在一昼夜 24h 内保持不变；如果让水电站担任电力系统的腰荷，设每昼夜工作 $t=10$h，则水电站的最大

工作容量大致为：$N''_{水、工}=N_{水、保}\times24/t=2.4N_{水、保}$；如果让水电站担任电力系统的峰荷，每昼夜仅在电力系统尖峰负荷时工作 $t=4\text{h}$，则水电站的最大工作容量大致为：$N''_{水、工}=N_{水、保}\times24/t=6N_{水、保}$。由于水电站担任峰荷或腰荷，其出力大小是变化的，故上述所求出的最大工作容量是近似值。由式（6-1）可知，当设计水平年电力系统的最大负荷 $p''_{系}$(kW)确定后，火电站的最大工作容量 $N''_{火、工}=p''_{系}-N''_{水、工}$。换言之，增加水电站的最大工作容量 $N''_{水、工}$，可以相应减少火电站的最大工作容量 $N''_{火、工}$，两者是可以相互替代的。根据我国目前电源结构，常把火电站称为水电站的替代电站。从水电站投资结构分析，坝式水电站主要土建部分的投资约占电站总投资的2/3左右，机电设备的投资仅占1/3，甚至更少一些。当水电站水库的正常蓄水位及死水位方案拟订后，大坝及其有关的水工建筑物的投资基本上不变，改变水电站在系统负荷图上的工作位置，使其尽量担任系统的峰荷，可以增加水电站的最大工作容量而并不增加坝高及其基建投资，只需适当增加水电站引水系统、发电厂房及其机电设备的投资；而火电站及其附属设备的投资，基本上与相应减少的装机容量成正比例地降低，因此所增加的水电站单位千瓦的投资，总是比替代火电站的单位千瓦的投资小很多。因此确定拟建水电站的最大工作容量时，尽可能使其担任电力系统的峰荷，可相应减少火电站的工作容量，这样可以节省系统对水、火电站装机容量的总投资。此外，水电站所增加的容量，在汛期和丰水年可以利用水库的弃水量增发季节性电能，从而节省系统内火电站的煤耗量，从动能和经济观点看，都是十分合理的。

有调节水库的水电站，在设计枯水期已如上述应担任系统的峰荷，但在汛期或丰水年，如果水库中来水较多且有弃水发生时，此时水电站应担任系统的基荷，尽量减少水库的无益弃水量。根据电力系统的容量组成，尚须在有条件的水、火电站上设置负荷备用容量、事故备用容量、检修备用容量以及重复容量等，保证电力系统安全、经济地运行，为此须确定所有水、火电站各时段在电力系统年负荷图上的工作容量、各种备用容量和重复容量，并检查有无空闲容量和受阻容量，这就是系统的容量平衡。此为满足电力系统正常工作的第三个基本要求。

下面分述如何确定水电站的最大工作容量、备用容量、重复容量以及水电站的装机容量。

一、水电站最大工作容量的确定

水电站最大工作容量的确定，与设计水平年电力系统的负荷图、系统内已建成电站在负荷图上的工作位置以及拟建水电站的天然来水情况、水库调节性能、经济指标等有关。现分述如下。

（一）无调节水电站最大工作容量的确定

无调节水电站的水库，几乎没有任何调节能力，水电站任何时刻的出力变化，只决定于河中天然流量的大小。因此，这种电站被称为径流式水电站，一般只能担任电力系统的基荷。在枯水期内，河中天然流量在一昼夜内变化很小，因此无调节水电站在枯水期内务日的引用流量，可以认为等于天然来水的日平均流量（需扣除流量损失和其他综合利用部门引走的流量）。在此情况下，水电站上下游水位和水头损失，也可以近似地认为全日变化不大，因此无调节水电站在枯水期内各日的净水头，即认为等于其日平均净水头。无调节水电站由于没有径流调节能力，其最大工作容量 $N''_{水、工}$ 即等于按历时设计保证率所求出的保证出力（见第五章第一节）。如设计枯水日的平均流量为 $Q_{设}$(m^3/s)，相应的日平均净水头为 $\overline{H}_{设}$ (m)，则无调节水电站的保证出力为

$$N_{保、无}=9.81\eta Q_{设}\overline{H}_{设}(kW) \tag{6-4}$$

（二）日调节水电站最大工作容量的确定

确定日调节水电站最大工作容量时，也必须先求出它的保证出力。由于日调节水电站的调节库容有限，其调节周期仅为一昼夜，因此水电站的保证流量 $Q_{设}$ 应为某一设计枯水日的平均流量，水电站的日平均净水头 $\overline{H}_{设}$，应为其上下游平均水位之差减去水头损失。仍按第五章第一节所述方法，日调节水电站的保证出力为

$$N_{保、日}=9.81\eta Q_{设}\overline{H}_{设}(kW) \tag{6-5}$$

相应日保证电能量为

$$E_{保、日}=24N_{保、日}(kW\cdot h) \tag{6-6}$$

确定日调节水电站的最大工作容量时，可根据电力系统设计水平年冬季典型日最大负荷图，绘出其日电能累积曲线，然后按下述图解法确定水电站最大工作容量。如果水电站应担任日负荷图上的峰荷部分，则在图 6-1 的日电能累积曲线上的 a 点向左量取 ab，使其值等于 $E_{保、日}$，再由 b 点向下作垂线交日电能累积曲线于 c 点，bc 所代表的值即为日调节水电站的最大工作容量 $N''_{水、工}$。由 c 点作水平线与日负荷图相交，即可求出日调节水电站在系统中所担任的峰荷位置，如图 6-1 阴影部分所示。

如果水电站下游河道有航运要求或有供水任务，则水电站必须有一部分工作容量担任系统的基荷，保证在一昼夜内下游河道具有一定的航运水深或供水流量。在此情况下，日调节水电站的最大工作容量的求法如下（如图 6-2）：设下游航运或供水要求水电站在一昼夜内泄出均匀流量 $Q_{基}$(m^3/s)，则水电站必须担任的基荷工作容量为

$$N_{基}=9.81\eta Q_{基}\overline{H}_{设}(kW) \tag{6-7}$$

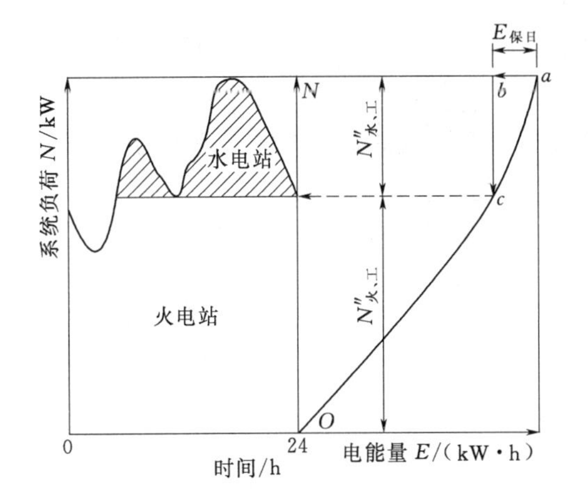

图 6-1　日调节水电站最大工作容量的确定

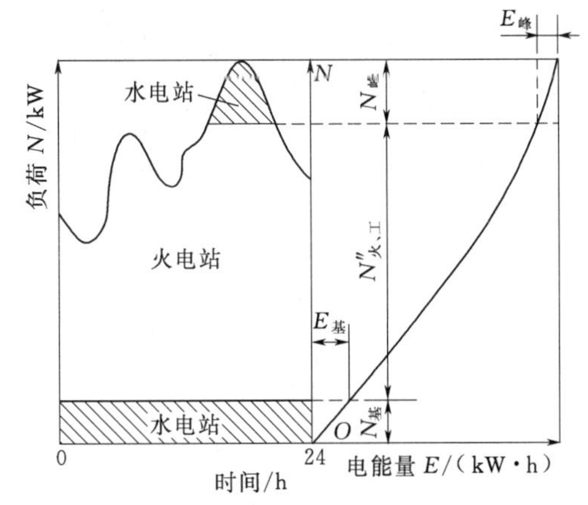

图 6-2　具有综合利用要求时，日调节水电站最大工作容量的确定

这时水电站可在峰荷部分工作的日平均出力为：$\overline{N}_{峰}=N_{保、日}-N_{基}$，则参加峰荷工作的日电能为 $E_{峰}=24\overline{N}_{峰}$，相应峰荷工作容量 $N_{峰}$ 可采用前述相同方法求得（图 6-2）。此时水

电站的最大工作容量 $N''_{水、工}$ 系由基荷工作容量与峰荷工作容量两部分组成，即

$$N''_{水、工}=N_{基}+N_{峰}(\text{kW}) \tag{6-8}$$

如果系统的尖峰负荷已由建成的某水电站担任，则拟建的日调节水电站只能担任系统的腰荷。这时可采用上述相似方法在图 6-2 上求出日调节水电站在系统中所担任的腰荷位置。

（三）年调节水电站最大工作容量的确定

年调节水电站调节库容 $V_{年调}$ 较大，设多年平均年来水量为 $\overline{W}_{年}$，则年库容调节系数 $\beta=V_{年调}/\overline{W}_{年}=0.1\sim0.3$，能够把设计枯水年供水期 $T_{供}$ 内的天然来水量 $W_{供}$ 根据发电要求进行水量调节，其平均调节流量 $Q_{调}$ 为

$$Q_{调}=\frac{W_{供}+\overline{V}_{年调}}{T_{供}}(\text{m}^3/\text{s}) \tag{6-9}$$

相应水电站在设计供水期内的保证出力为

$$N_{保、年}=9.81\eta Q_{调}\overline{H}_{供}(\text{kW}) \tag{6-10}$$

式中　$\overline{H}_{供}$——年调节水电站在设计供水期内的平均水头，m。

水电站在设计供水期内的保证电能为

$$E_{保、供}=N_{保、年}T_{供}(\text{kW}\cdot\text{h}) \tag{6-11}$$

与日调节水电站相似，年调节水电站的最大工作容量 $N''_{水、工}$ 主要取决于设计供水期内的保证电能 $E_{保、供}$。现将用电力、电量平衡法确定水电站最大工作容量的步骤分述如下。

(1) 在水库供水期内，应尽量使拟建水电站担任系统的峰荷或腰荷，已如上述，水电站最大工作容量的增加，将导致设计水平年火电站工作容量的减少，从而节省系统对电站的总投资。为了推求水电站最大工作容量 $N''_{水、工}$ 与其供水期保证电能 $E_{保、供}$ 之间的关系，可假设若干个水电站最大工作容量方案（至少三个方案），如图 6-3 中的①、②、③，并将其工作位置相应绘在各月的典型日负荷图上，图 6-4 示出 12 月的典型日负荷图。由图

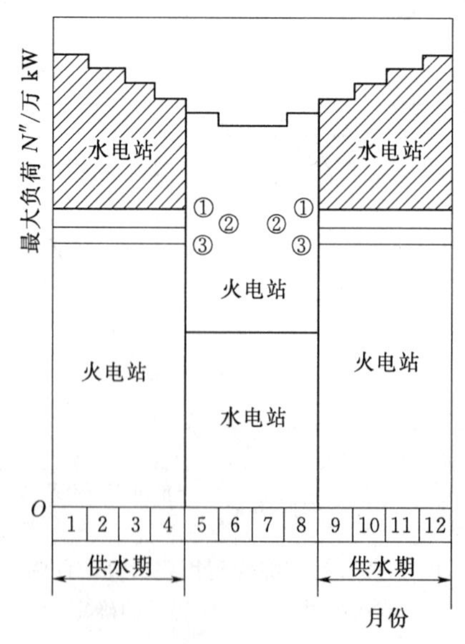

图 6-3　年调节水电站最大工作容量的拟订方案

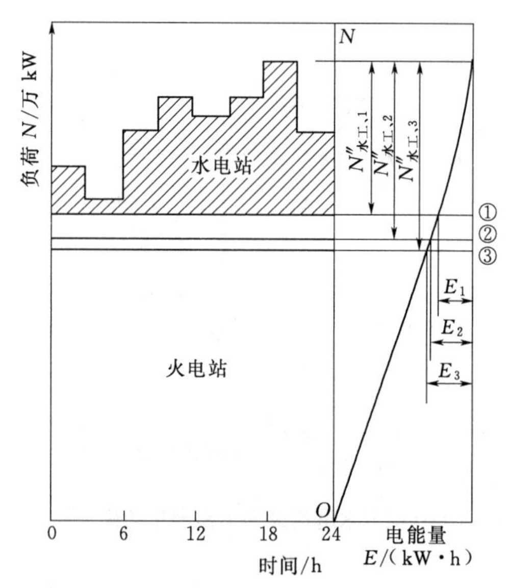

图 6-4　根据最大工作容量方案求日电能（12 月）

6－4 日电能累积曲线上可定出相应于水电站三个最大工作容量方案 $N''_{水工,1}$、$N''_{水工,2}$、$N''_{水工,3}$的日电能量 E_1、E_2、E_3。各个方案的其他月份水电站的峰荷工作容量也均可从图6－3上分别定出，从而求出各方案其他月份相应的日电能量。

（2）对每个方案供水期各个月份水电站的日电能量 E_i 除以 $h=24\text{h}$，即得各个月份水电站的日平均出力 $\overline{N}_i$ 值，可在设计水平年电力系统日平均负荷年变化图上示出，如图 6－5。图 6－5 上的斜影线部分，就是第①方案供水期各月水电站的平均出力，其总面积代表第①方案所要求的供水期保证电能 $E_{保、供1}$，即

$$E_{保、供1} = 730\sum_{i}\overline{N}_{1,i} \quad (i = 1、2、3、4、9、10、11、12\ 月) \tag{6-12}$$

式中 $\overline{N}_{1,i}$——第①方案第 i 月的平均出力；

730——月平均小时数。

同理可定出第②、第③等方案所要求的供水期保证电能 $E_{保、供2}$、$E_{保、供3}$等。

（3）作出水电站各个最大工作容量 $N''_{水、工}$方案与其相应的供水期保证电能 $E_{保、供}$的关系曲线，如图 6－6 中①、②、③三点所连成的曲线。然后根据式（6－11）所定出的水电站设计枯水年供水期内的保证电能 $E_{保、供}$，即可从图 6－6 上的关系曲线求出年调节水电站的最大工作容量 $N''_{水、工}$。

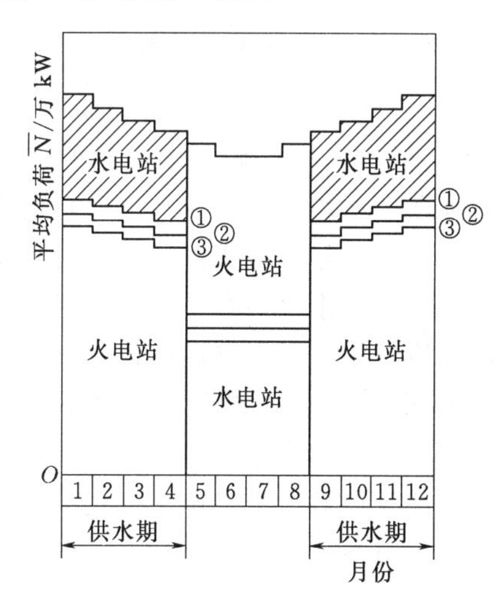

图 6－5 年调节水电站各 $N''_{水、工}$ 方案的供水期电能

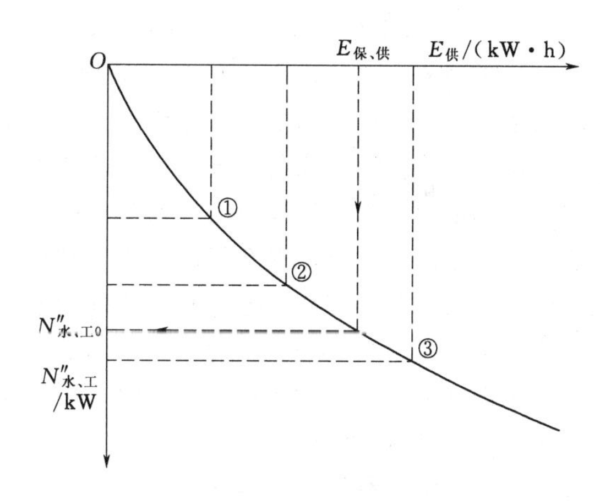

图 6－6 年调节水电站最大工作容量的确定

（4）最后，在电力系统日最大负荷年变化图（图 6－7）上定出水、火电站的工作位置，为了使水、火电站最大工作容量之和最小，且等于系统的最大负荷，两者之间的交界线应是一根水平线。由此作出系统出力平衡图，在该图上示出了水、火电站各月份的工作容量。在电力系统日平均负荷年变化图（图 6－8）上，按照前述方法亦可定出水、火电站的工作位置，图上示出了水、火电站各月份的供电量，由于水电站最大工作容量（出力）$N''_{水、工}$与供电量之间并非线性关系，所以该图上水、火电站之间的分界线并非一根直线。图 6－8 一般称为系统电能平衡图，其中竖影线部分称为年调节水电站在供水期的保证出力图（参见第八章）。

至于供水期以外的其他月份，尤其在汛期弃水期间，水电站应尽量担任系统的基荷，以求多发电量减少无益弃水。此时火电站除一部分机组进行计划检修外，应尽量担任系统的峰荷或腰荷，满足电力系统的出力平衡和电能平衡，如图 6-7 和图 6-8 所示。

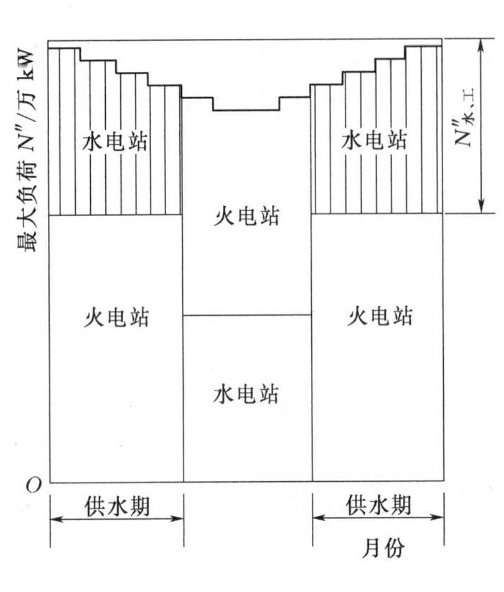

图 6-7　系统出力平衡图

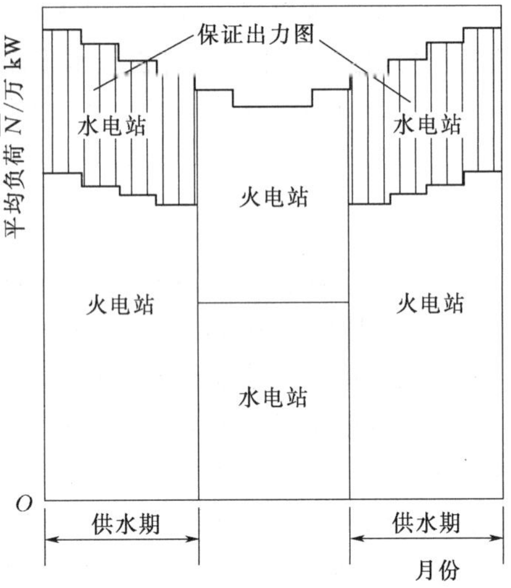

图 6-8　系统电能平衡图

（四）多年调节水电站最大工作容量的确定

确定多年调节水电站最大工作容量的原则和方法，基本上与年调节水电站的情况相同。不同之处为：年调节水电站只计算设计枯水年供水期的平均出力（保证出力）及其保证电能，在此期内它担任峰荷以求出所需的最大工作容量；多年调节水电站则需计算设计枯水系列年的平均出力（保证出力）及其年保证电能，然后按水电站在枯水年全年担任峰荷的要求，将年保证电能量在全年内加以合理分配，使设计水平年系统内拟建水电站的最大工作容量 $N''_{水、工}$ 尽可能大，而火电站工作容量尽可能小，尽量节省系统对电站的总投资，按此原则参考上述方法不难确定多年调节水电站的最大工作容量。

当缺乏设计水平年或远景负荷资料时，则不能采用系统电力电量平衡法确定水电站的最大工作容量。这时只能用经验公式或其他简略法估算，可参阅有关文献。

二、电力系统各种备用容量的确定

为了使电力系统正常地进行工作，并保证其供电具有足够的可靠性，系统中各电站除最大工作容量外，尚须具有一定的备用容量，现分述如下。

1. 负荷备用容量

在实际运行状态下，电力系统的日负荷是经常处在不断的变动之中，如图 6-9 所示，并不是如图 6-4 所示的按小时平均负荷值所绘制成的呈阶梯状变化，后者只是为了节省计算工作量而采用的一种简化方法。电力系统日负荷一般有两个高峰和两个低谷，无论日负荷在上升或下降阶段，都有锯齿状的负荷波动，这是由于系统中总有一些用电户的负荷变化是十分猛烈而急促的，例如冶金厂的巨型轧钢机在轧钢时或电气化铁路列车启动时都随时有可能出现突荷，这种不能预测的突荷可能在一昼夜的任何时刻出现，也有可能恰好出现在负荷的尖峰时刻，使此时最大负荷的尖峰更高，因此电力系统必须随时准备一部分备用容量，当这种突荷出现时，不致因系统容量不足而使周波降低到小于规定值，从而影响供电的质量，这部分备用容量称为负荷备用容量 $N_{负备}$。周波是电能质量的重要指标之一，它偏离正常规定值会降低许多用电部门的产品质量。根据水利动能设计规范的规定，调整周波所需要的负荷备用容量，可采用系统最大负荷的5%左右，大型电力系统可采用较小值。

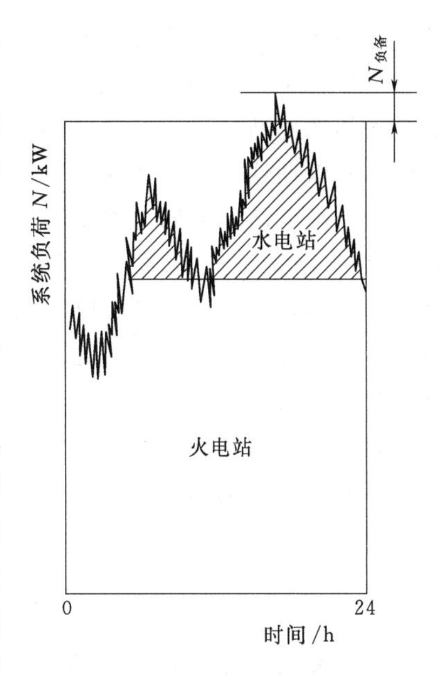

图6-9 系统日负荷变化示意图

担任电力系统负荷备用容量的电站，通常被称为调频电站。调频电站的选择，应能保证电力系统周波稳定、运行性能经济为原则，所以靠近负荷中心、具有大水库、大机组的坝后式水电站，应优先选作调频电站。对于引水式水电站，应选择引水道较短的电站作为调频电站。对于电站下游有通航等综合利用要求的水电站，在选作调频水电站时，应考虑由于下游流量和水位发生剧烈变化对航运等引起的不利影响。当系统负荷波动的变幅不大时，可由某一电站担任调频任务，而当负荷波动的变幅较大时，尤其电力系统范围较广、输电距离较远时，应由分布在不同地区的若干电站分别担任该地区的调频任务。当系统内缺乏水电站担任调频任务时，亦可由火电站担任，只是由于火电机组技术特性的限制，担任系统的调频任务往往比较困难，且单位电能的煤耗率增加，因而常是不经济的。

2. 事故备用容量

系统中任何一座电站的机组都有可能发生事故，如果由于事故停机导致系统内缺乏足够的工作容量，常会使国民经济遭受损失。因此，在电力系统中尚需另装设一部分容量作为备用容量，当有机组发生事故时它们能够立刻投入系统替代事故机组工作，这种备用容量常称为事故备用容量。事故备用容量的大小，与机组容量、机组台数及其事故率有关。设电力系统发电机组的总台数为 n（折算为标准容量的台数），一台机组的平均事故率为 p（可由统计资料求出），则 n 台机组中有 m 台同时发生事故的概率为 P_m，即

$$P_m=\frac{n!}{m!\ (n-m)!}[p^m(1-p)^{n-m}] \tag{6-13}$$

如规定 $P_m<0.01\%$，则可由式（6-13）求出所需事故备用容量的机组台数 m。但是由于大型系统内各种规格的机组情况十分复杂，机组发生事故对国民经济的影响亦难以估计正确，一般根据实际运行经验确定系统所需的事故备用容量。根据水利动能设计规范，电力系统的事故备用容量可采用系统最大负荷的10%左右，且不得小于系统中最大一台机组的容量。

电力系统中的事故备用容量，应分布在各座主要电站上，尽可能安排在正在运转的机组上。至于如何在水电站与火电站之间合理分配，可作下列技术经济分析。

（1）火电站的高温高压汽轮机组，当其出力为额定容量的90%左右时，一般可以得

到较高的热效率，即此时火电站单位发电量的煤耗率较低，在此情况下，这类火电站在运行时就带有10%左右的额定容量可作为事故备用容量，由于其机组正处在运转状态，当系统内其他电站（包括本电站其他机组）发生事故停机时，这种热备用容量可以立即投入工作，所以在这种火电站上设置一部分事故备用容量是可行的、合理的。

（2）水电站包括抽水蓄能电站在内，机组启动十分灵活，在几分钟内甚至数十秒钟内就可以从停机状态达到满负荷状态，至于正在运转的水电站机组，当其出力小于额定容量时，如有紧急需求，几乎可以立刻到达满负荷状态，因此在水电站上设置事故备用容量也是十分理想的。与其他电站比较，水电站在电力系统中最适合于担任系统的调峰、调频和事故备用等任务。

但是，考虑到事故备用容量的使用时间较长，因此须为水电站准备一定数量的事故备用库容$V_{事备}$，约为事故备用容量$N_{事备}$担任基荷连续工作10～15d($T=240\sim360$h）的用水量，即

$$V_{事备}=\frac{TN_{事备}}{0.00272\eta H_{min}}(m^3) \qquad (6-14)$$

当算出的$V_{事备}$大于该水库调节库容的5%时，则应专门留出事故备用库容。

（3）火电站也可以担任所谓冷备用的事故备用容量，即当电力系统中有机组突然发生事故时，先让某蓄水式水电站紧急启动机组临时供电，同时要求火电站的冷备用机组立即升火，准备投入系统工作。等到火电站冷备用容量投入系统供电后，再让上述紧急投入的水电站机组停止运行，此时水电站额外所消耗的水量，可由以后火电站增加发电量来补偿，以便水电站蓄回这部分多消耗的水量。采取这种措施，可以不在水电站上留有专门的事故备用库容，又可节省火电站因长期担任热备用容量而可能额外多消耗的燃料。

（4）系统事故备用容量如何在水、火电站之间进行分配，除考虑上述技术条件外，尚应使系统尽可能节省投资与年运行费。在一般情况下，在蓄水式（主要指季调节以上水库）水电站上多设置一些事故备用容量是有利的，因为它的补充千瓦投资比火电站的小，此外在丰水年尤其在汛期内，事故备用容量可以充分利用多余的水量增发季节性电能，以节省火电站的燃料费用。

综上所述，系统事故备用容量在水、火电站之间的分配，应根据各电站容量的比重、电站机组可利用的情况、系统负荷在各地区的分布等因素确定，一般可按水、火电站工作容量的比例分配。对于调节性能良好和靠近负荷中心的大型水电站，可以多设置一些事故备用容量。

3. 检修备用容量

系统中的各种机组设备，都要进行有计划的检修。对短期检修，主要利用负荷低落的时间内进行养护性检查和预防性小修理；对长期停机进行有计划的大修理，则须安排在系统年负荷比较低落的时期，以便进行系统的检查和更换、整修机组的大部件。图6-10表示系统日最大负荷年变化曲线，图中$N''_{系}$水平线与负荷曲线之间的面积（用斜影线表示），表示在此时期内未被利用的空间容量，可以用来安排机组进行大修理，因而图6-10中的这部分面积称为检修面积$F_{检}$。在规划设计阶段，编制系统电力、电量平衡和容量平衡时，常按每台机组检修所需要的平均时间进行安排。根据有关规程规定，水电站每台机组

的平均年计划检修所需时间为10～15d，火电站每台机组为15～30d，在上述时间中已包括小修停机时间。

图6-10上的检修面积$F_{检}$应该足够大，使系统内所有机组在规定时间内都可以得到一次计划检修。如果检修面积不够大，则须另外设置检修备用容量$N_{检备}$，如图6-10所示。系统检修备用容量的设置，应根据电站的实际情况通过技术经济论证确定，一般以设置在火电站上为宜（有燃料保证）。

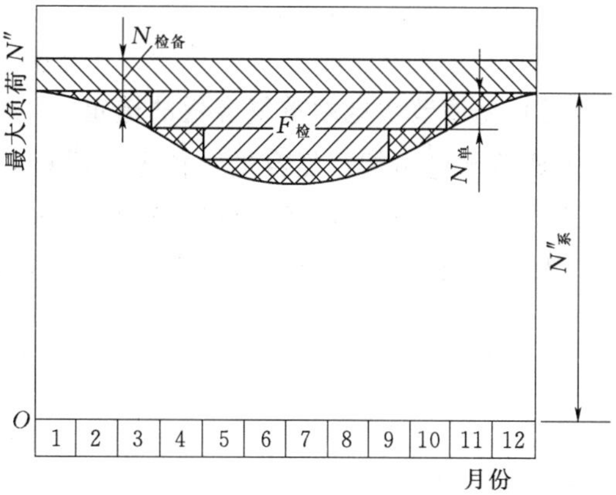

图6-10 电力系统检修面积示意图

三、水电站重复容量的选定

（一）概述

由于河流水文情况的多变性，汛期流量往往比枯水期流量大许多倍，根据设计枯水年确定的水电站最大工作容量，尤其无调节水电站及调节性能较差的水电站，在汛期内会产生大量弃水。为了减少无益弃水，提高水量利用系数，可考虑额外加大水电站的容量，使它在丰水期内多发电。这部分加大的容量，在设计枯水期内，由于河道中来水少而不能当作电力系统的工作容量以替代火电站容量工作，因而被称为重复容量。它在系统中的作用，主要是产生季节性电能，以节省火电站的燃料费用。

在水电站上设置重复容量，就要额外增加水电站的投资和年运行费。随着重复容量的逐步加大，无益弃水量逐渐减少，因此可产生的季节性电能并不是与重复容量呈正比例增加。当重复容量加大到一定程度后，如再继续增加重复容量就显得不经济了。因此，需要进行动能经济分析，才能合理地选定所应装置的重复容量。

（二）选定水电站重复容量的动能经济计算

假设额外设置的重复容量为$\Delta N_{重}$，平均每年经济合理的工作小时数为$h_{经济}$，则相应生产的电能量为$\Delta E_{季}=\Delta N_{重}h_{经济}$，因此可节省的火电站燃料年费用为$a\Delta N_{重}h_{经济}f$，而设置$\Delta N_{重}$的年费用为

$$C=\Delta N_{重}k_{水}[(A/P,i_s,n)+p_{水}] \tag{6-15}$$

则在经济上设置$\Delta N_{重}$的有利条件为

$$a\Delta N_{重}h_{经济}f\geqslant\Delta N_{重}k_{水}[(A/P,i_s,n)+p_{水}]$$

即

$$h_{经济}\geqslant k_{水}[(A/P,i_s,n)+p_{水}]/(af) \tag{6-16}$$

式中 $k_{水}$——水电站补充千瓦造价，元/kW；

$[A/P,i_s,n]$——年资金回收因子（年本利摊还因子）；

i_s——额定资金年收益率（当进行国民经济评价，可采用社会折现率i_s）；

n——重复容量设备的经济寿命，$n=25$年；

$p_{水}$——水电站补充千瓦容量的年运行费用率，$p_{水}=2\%\sim3\%$；

a——系数，因水电厂发1kW·h电量，可替代火电厂1.05kW·h，故$a=$

1.05；

f——火电厂发 1kW·h 电量所需的燃料费，元/(kW·h)。

（三）无调节水电站重复容量的选定

无调节水电站的重复容量，首先根据其多年的日平均流量持续曲线 $\overline{Q}=f(A)$ 及其出力公式 $N=9.81\eta\overline{Q}H$，换算得日平均出力持续曲线 $N=f(h)$（分别见图 6-11 及图 6-12）。然后利用式（6-16）求出 $h_{经}$，从而可确定应设置的重复容量 $N_{重}$（图 6-12）。

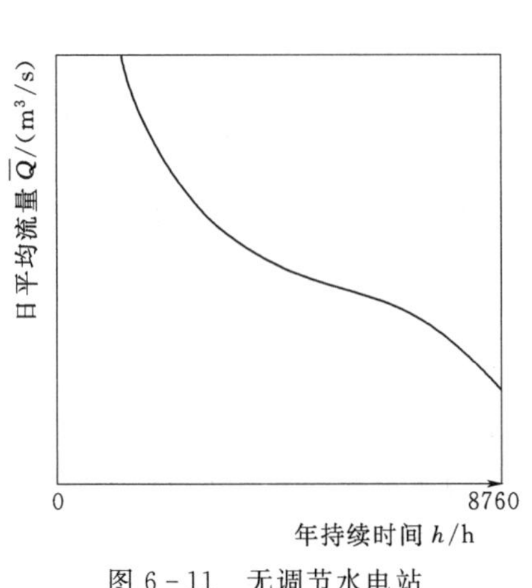

图 6-11　无调节水电站日平均流量持续曲线

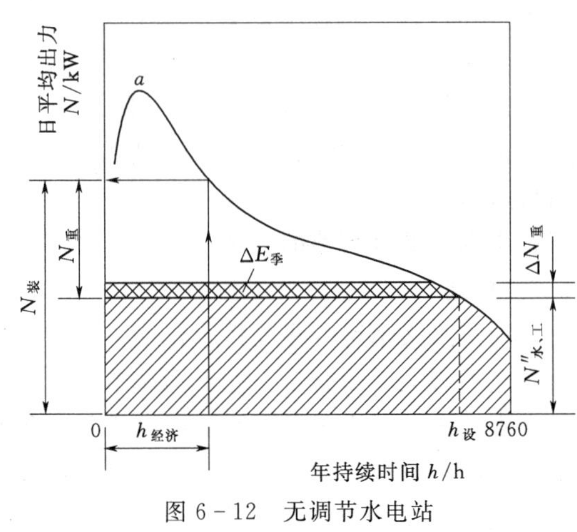

图 6-12　无调节水电站重复容量的确定

图 6-12 所示的出力持续曲线上 a 点的左侧，由于流量较大，水电站下游水位较高，因而水头减小，水电站出力明显下降。由图 6-12 可知，在水电站最大工作容量 $N''_{水、工}$ 水平线以上与出力持续曲线以下所包围的面积，由于水电站最大工作容量 $N''_{水、工}$ 并不能利用，将成为弃水能量。因此，如果在 $N''_{水、工}$ 以上设置重复容量 $\Delta N_{重}$，则平均每年在 $h_{设}$ h 内生产的季节性电能量 $\Delta E_{季}=\Delta N_{重}\ h_{设}$(kW·h)，从而平均每年节省火电站的燃料费用为

$$B=adb\Delta E_{季}(元) \tag{6-17}$$

式中　a——取值为 1.05 [式（6-16）]；

d——单位重量燃料的到厂价格，元/kg；

b——火电厂单位电能消耗的燃料重量，kg/(kW·h)。

在图 6-12 的最大工作容量 $N''_{水、工}$ 以上设置重复容量 $\Delta N_{重}$，其年工作小时数为 $h_{设}$，然后再逐渐增加重复容量，所增加的重复容量其年利用小时数 h 逐渐减少，直至最后增加的单位重复容量其年利用小时数 $h=h_{经济}$ 为止，相应 $h_{经济}$ 的重复容量 $N_{重}$（图 6-12），在动能经济上被认为是合理的。关于 $h_{经济}$ 值可根据式（6-16）求出。

（四）日调节水电站重复容量的选定

选定日调节水电站重复容量的原则和方法，与上述基本相同。所不同的是日调节水电站在枯水期内一般总是担任电力系统的峰荷；在汛期内当必需容量 $N_{必}$（最大工作容量与备用容量之和）全部担任基荷后还有弃水时才考虑设置重复容量。图 6-13 表示必需容量补充单位千瓦的年利用小时数为 $h_{必}$，超过必需容量 $N_{必}$ 额外增加的 $N_{重}$，才是日调节水

电站的重复容量。其相应的单位重复容量的经济年利用小时数 $h_{经济}$，也是根据式（6－16）确定的。

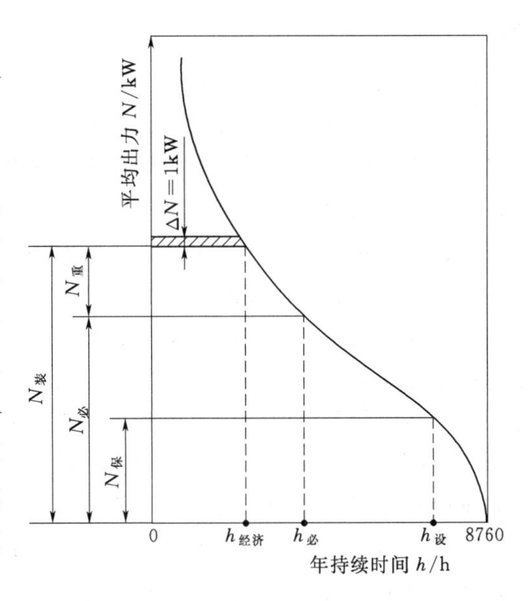

图 6－13　日调节水电站重复容量的选定

（五）年调节水电站的重复容量

年调节水电站，尤其是不完全年调节水电站（有时称季调节水电站），在汛期内有时也有较多的弃水。通过动能经济分析，有时设置一定的重复容量可能也是合理的。首先对所有水文年资料进行径流调节，统计各种弃水流量的多年平均的年持续时间（图 6－14），然后将弃水流量的年持续曲线，换算为弃水出力年持续曲线（图 6－15）。根据式（6－16）计算出 $h_{经济}$，从而选定应设置的重复容量，如图 6－15 所示。

四、水电站装机容量的选择

水电站装机容量的选择，直接关系到水电站的规模、资金的利用与水能资源的合理开发等问题。装机容量如选择得过大，资金受到积压；如选得过小，水能资源就不能得到充分合理的利用。因此，装机容量的选择是一个重要的动能经济问题。

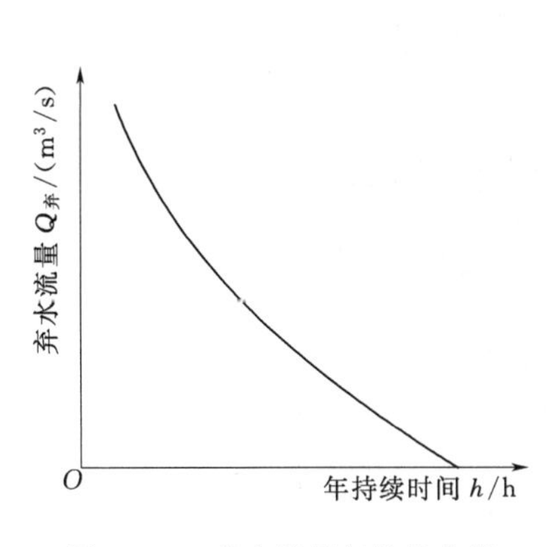

图 6－14　弃水流量年持续曲线

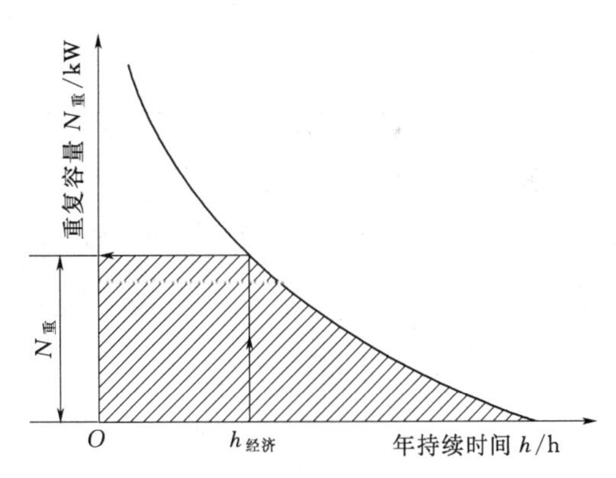

图 6－15　弃水出力年持续曲线

系统中的各种电站，必须共同满足电力系统在设计水平年对容量和电量的要求。因此水电站装机容量的选择，与系统中火电站和其他电站装机容量的确定有着十分密切的关系。下面分述水电站装机容量选择的方法与步骤。

（1）收集基本资料，其中包括水库径流调节和水能计算成果，电力系统供电范围及其设计水平年的负荷资料，系统中已建与拟建的水、火电站资料及其动能经济指标，水工建筑物及机电设备等资料；

（2）确定水电站的最大工作容量 $N''_{水、工}$；

（3）确定水电站的备用容量 $N_{水、备}$，其中包括负荷备用容量 $N_{负}$、事故备用容量 $N_{事}$、

检修备用容量 $N_{检}$；

（4）确定水电站的重复容量 $N_{重}$；

（5）选择水电站装机容量。上述水电站最大工作容量、备用容量与重复容量之和，大致等于水电站的装机容量；再参考制造厂家生产的机组系列，根据水电站的水头与出力变化范围，大致定出机组的型式、台数、单位容量等；然后进行系统容量平衡，其目的主要检查初选的装机容量及其机组，能否满足设计水平年系统对电站容量及其他方面的要求。

在进行系统容量平衡时，主要检查下列问题：①系统负荷是否能被各种电站所承担，在哪些时间内由于何种原因使电站容量受阻而影响系统正常供电；②在全年各个时段内，是否都留有足够的负荷备用容量担任系统的调频任务，是否已在水、火电站之间进行合理分配；③在全年各个时段内，是否都留有足够的事故备用容量，如何在水、火电站之间进行合理分配，水电站水库有无足够备用蓄水量保证事故用水；④在年负荷低落时期，是否能安排所有的机组进行一次计划检修，要注意在汛期内适当多安排火电机组检修，而使水电机组尽量多利用弃水量，增发季节性电能；⑤水库的综合利用要求是否能得到满足，例如在灌溉季节，水电站下泄流量是否能满足下游地区灌溉要求，是否能满足下游航运要求的水深等。如有矛盾，应分清主次，合理安排。

图 6－16 示出电力系统在设计水平年的容量平衡图。

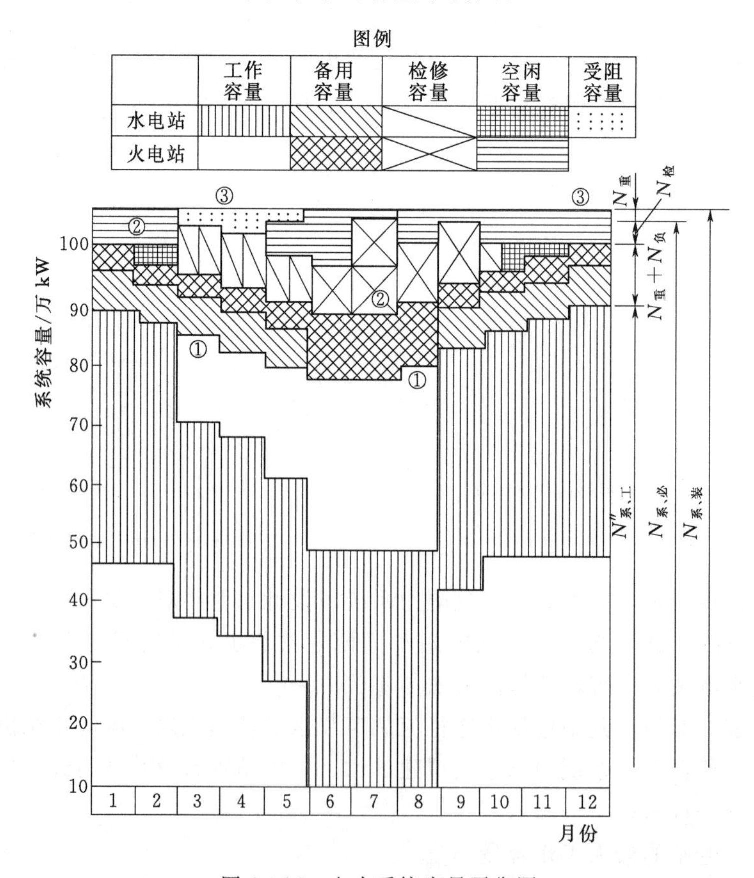

图 6－16　电力系统容量平衡图

在电力系统容量平衡图上有三条基本控制线：

（1）系统最大负荷年变化线①，在此控制线以下，各类电站安排的最大工作容量$N''_{系、工}$，要能满足系统最大负荷要求；

（2）系统要求的可用容量控制线②，在此控制线以下，各类电站安排必需容量$N''_{系、必}$，其中包括最大工作容量$N''_{系、工}$、负荷备用容量$N_{负}$和事故备用容量$N_{事}$，均要求能满足系统要求；

（3）系统装机容量控制线，即图6－16最上面的水平线③。在此水平线以下，系统装机容量$N_{系、装}$包括水、火电站全部装机容量，要求能达到电力系统的安全、经济、可靠的要求。在水平线③与阶梯线②之间，表示系统各月的空闲容量和处在计划检修中的容量，以及由于各种原因而无法投入运行的受阻容量。

上面多次提到的设计水平年，系指拟建水电站第一台机组投入系统运行后的第5年至第10年。由于不能超长期预报河道中的来水量，所有水电站的出力变化无法预知，因此规划阶段在绘制设计水平年的电力系统容量平衡图时，至少应研究两个典型年度，即设计枯水年和设计中（平）水年。设计枯水年反映在较不利的水文条件下，拟建水电站的装机容量与其他电站是否能保证电力系统的正常运行要求。设计中水年的容量平衡图，表示水电站在一般水文条件下的运行情况，是一种比较常见的系统容量平衡状态。对低水头水电站尚须作出丰水年的容量平衡图，以检查机组在汛期由于下游水位上涨造成水头不足而发生容量受阻的情况。必要时对大型水电站尚须作出设计保证率以外的特枯年份的容量平衡图，以检查在水电站出力不足情况下电力系统正常工作遭受破坏的程度，同时研究相应补救的措施。

根据上述电力系统的容量平衡图，可以最后定出水电站的装机容量。但在下列情况下尚须进行动能经济比较，研究预留机组的合理性：

（1）在水能资源缺乏而系统负荷增长较快的地区，要求本水电站承担远景更多的尖峰负荷；

（2）远景在河道上游将有调节性能较好的水库投入工作，可以增加本电站保证出力等动能效益；

（3）在设计水平年的供电范围内，如水电站的径流利用程度不高，估计远景电力系统的供电范围扩大后，可以提高本电站的水量利用率。

水电站预留机组，只是预留发电厂房内机组的位置、预留进水口及引水系统的位置，尽可能减少投资积压损失，但采取预留机组措施，可以为远景扩大装机容量创造极为有利的条件。

第二节　以发电为主的水库特征水位的选择

一、水库正常蓄水位的选择

水库正常蓄水位（或称正常高水位）是指水库在正常运用情况下，为满足设计兴利要求在开始供水前应蓄到的最高水位。多年调节水库在连续发生若干个丰水年后才能蓄到正常蓄水位；年（季）调节水库一般在每年供水期前可蓄到正常蓄水位；日调节水库除在特殊情况下（如汛期有排沙要求，须降低水库水位运行等），每天在水电站调节峰荷以前应维持在正常蓄水位；无调节（径流式）水电站在任何时候水库水位原则上保持在正常蓄水位不变。

正常蓄水位是水库或水电站的重要特征值，它直接影响整个工程的规模以及有效库容、调节流量、装机容量、综合利用效益等指标。它直接关系到工程投资、水库淹没损失、移民安置规划以及地区经济发展等重大问题。现分述正常蓄水位与综合利用各水利部门效益之间的关系以及有关的工程技术和经济问题。

（一）正常蓄水位与各水利部门效益之间的关系

1. 防洪

当汛后入库来水量仍大于兴利设计用水量时，防洪库容与兴利库容是能够做到完全结合或部分结合的。在此情况下，提高正常蓄水位可直接增加水库调蓄库容，同时有利于在汛期内拦蓄洪水量，减少下泄洪峰流量，提高下游地区的防洪标准。

2. 发电

随着正常蓄水位的增高，水电站的保证出力、多年平均年发电量、装机容量等动能指标也将随着增加。在一般情况下，当由较低的正常蓄水位方案增加到较高的正常蓄水位时，开始时各动能指标增加较快，其后增加就逐渐减慢。其原因是当正常蓄水位较低时，扣除死库容后水电站调节库容不大，因而水电站保证出力较小，水量利用程度不高，年发电量也不多；但当增加正常蓄水位至能形成日调节水库后，水电站的最大工作容量及装机容量均大大增加，年发电量也相应增加；随着正常蓄水位的继续提高，水库调节性能由季调节逐渐变成年调节，弃水量越来越少，水量利用程度越来越高，随着调节流量与水头的增加，各动能指标还是继续增加的；当正常蓄水位提高到能使水库进行多年调节后，由于库区面积较大，水库蒸发及渗漏损失增加，因此如再提高正常蓄水位，往往只增加水头而调节水量增加较少，因而上述各动能指标值的增加相应逐渐减缓。

3. 灌溉和城镇供水

正常蓄水位的增高，一方面可以加大水库的兴利库容，增加调节水量，扩大下游地区的灌溉面积或城镇供水量；另一方面，由于库水位的增高，有利于上游地区从水库引水自流灌溉或对水库周边高地进行扬水灌溉或进行城镇供水。

4. 航运

正常蓄水位的增高，有利于调节天然径流，加大下游航运流量，增加航运水深，提高航运能力；另一方面由于水库洄水向上游河道延伸，通航里程及水深均有较大的增加，大大改善了上游河道的航运条件。同时也应考虑到，随着正常蓄水位的增高，上、下游水位差的加大，船闸结构及过坝通航设备均将复杂化。

（二）正常蓄水位与有关的经济和工程技术问题

（1）随着正常蓄水位的增高，水利枢纽的投资和年运行费是递增的。在水利枢纽基本建设总投资中，有很大部分是大坝的投资 $K_{坝}$，它与坝高 $H_{坝}$ 的关系一般为 $K_{坝}=aH_{坝}^{b}$，其中 a、b 为系数，$b\geqslant 2$，因此随着正常蓄水位的增高，水利枢纽尤其拦河大坝的投资和年运行费是迅速递增的。

（2）随着正常蓄水位的增高，水库淹没损失必然增加，这不仅是一个经济问题，有时甚至是影响广大群众生产和生活的政治社会问题。要尽量避免淹没大片农田，以免对农业生产造成很大影响；要尽量避免重要城镇和较大城市的淹没。对待历史文物古迹的淹没，要考虑其文化价值及其重要性，必须对重点保护对象采取迁移或防护措施。对待矿藏和铁路的淹没，一般不淹没开采价值大、质量好、储量大的矿藏；铁路工程投资大，应尽量避免淹没，但经有关部门同意也可采取改线措施。总之，水库淹没是一个重大问题，必须慎重处理。

(3) 随着正常蓄水位的增高，受坝址地质及库区岩性的制约因素愈多。要注意坝基岩石强度问题、坝肩稳定和渗漏问题、水库建成后泥沙淤积问题以及蓄水量是否发生外漏等问题。

综上所述，在选择正常蓄水位时，既要看到正常蓄水位的抬高对综合利用各水利部门效益的有利影响，也要看到它将受到投资、水库淹没、工程地质等问题的制约；既要看到抬高正常蓄水位对下游地区防洪的有利影响，也要看到水库形成后对上游地区防洪的不利影响；既要看到它对下游地区灌溉的效益，也要看到库区耕地的淹没与浸没问题；既要看到它对上下游航运的效益，也要看到河流筑坝后船筏过坝的不方便。在一般情况下，随着正常蓄水位的不断抬高，各水利部门效益的增加是逐渐减慢的，而水工建筑物的工程量和投资的增加却是加快的。因此，在方案比较中可以选出一个技术上可行的、经济上合理的正常蓄水位方案。这里应强调的是，在选择正常蓄水位时，必须贯彻有关的方针政策，深入调查研究国民经济各部门的发展需要以及水库淹没损失等重大问题，反复进行技术经济比较，及时与有关部门协商讨论，选择水库正常蓄水位这个重要问题是可以解决好的。

(三) 正常蓄水位比较方案的拟订

首先根据河流递级开发规划方案及有关工程具体条件，经过初步分析，定出正常蓄水位的上限值与下限值，然后在此范围内拟定若干个比较方案，以便进行深入的分析与比较。正常蓄水位的下限方案，主要根据各水利部门的最低兴利要求拟定，例如以发电为主的水库，尽可能满足电力系统对拟建水电站所提出的最低发电容量与电量要求；以灌溉或城镇供水为主的水库，尽可能满足地区发展规划及最必需的工农业供水量。此外，对在多泥沙河流上的某些水库，还要考虑泥沙淤积的影响，保证水库有一定的使用寿命。

关于正常蓄水位的上限方案，主要考虑下列因素：

(1) 库区的淹没、浸没损失。如果库区有大片耕地、重要城镇、工矿企业和名胜古迹等将要受到淹没，则须限制正常蓄水位的抬高。例如长江某水利工程的正常蓄水位不宜超过 175m，以免上游某大城市遭受淹没；黄河某水库的正常蓄水位不超过 1740m；以免淹没重要的历史文物古迹等。

(2) 坝址及库区的地形地质条件。当坝高达到某一定高度后，可能由于地形突然开阔和河谷过宽，使坝身太长；或者坝肩出现垭口和单薄分水岭；坝址地质条件不良，可能使两岸及坝基处理工程量很大，且可能引起水库的大量渗漏，上述都可能限制正常蓄水位的抬高。

(3) 拟定梯级水库的正常蓄水位时，应注意河流梯级开发规划方案，不应淹没上一个梯级水库的坝址或其电站位置，尽可能使梯级水库群的上下游水位相互衔接。

(4) 蒸发、渗漏损失。当正常蓄水位达到某一高程后，调节库容已较大，因而弃水量较少，水量利用率很高，如再抬高蓄水位，可能水库蒸发损失及渗漏损失增加较多，最终得不偿失。

（5）人力、物力、财力及工期的限制。修建大型水库及水电站，一般需要大量投资，建设期也相当长。因此，资金的筹措、建筑材料及设备的供应，施工组织和施工条件等因素，都有可能限制正常蓄水位的增高。

正常蓄水位的上下限值选定以后，就可以在此范围内选择若干个比较方案，应在地形、地质、淹没发生显著变化的高程处选择若干个中间方案。如在该范围内并无特殊变化，则各方案高程之间可取等距值。一般可拟定 4～6 个方案供比较选择。

（四）选择正常蓄水位的步骤和方法

在拟定正常蓄水位的比较方案后，应该对每个方案进行下列各项计算工作。

（1）拟定水库的消落深度。在正常蓄水位方案比较阶段，一般采用较简化的方法拟定各个方案的水库消落深度。对于以发电为主的水库，根据经验统计，可用水电站最大水头（H''）的某一百分比初步拟定水库的消落深度 $h_{消}$，从而定出各个方案的调节库容。

坝式年调节水电站，$h_{消}=(25\%\sim30\%)H''$；坝式多年调节水电站，$h_{消}=(30\%\sim35\%)H''$；混合式水电站，$h_{消}=40\%H''$，其中 H''为坝所集中的最大水头。

对于以灌溉、供水为主的水库，其消落深度可适当增加些，尽可能增加兴利库容，减少弃水，增加调节流量。

（2）对各个方案采用较简化的方法进行径流调节和水能计算，求出各方案水电站的保证出力、多年平均年发电量、装机容量以及其他水利动能指标（例如灌溉面积、城镇供水量等）。

（3）求出各个方案之间的水利动能指标的差值。为了保证各个方案对国民经济作出同等的贡献，上述各个方案之间的差值，应以替代方案补充。例如水电站可选凝汽式火电站作为替代电站，水库自流灌溉可根据当地条件选择提水灌溉或井灌作为替代方案，工业及城市供水可选择开采地下水作为替代方案等。

（4）计算各个方案的水利枢纽各部分的工程量、各种建筑材料的消耗量以及所需的机电设备。对综合利用水利枢纽而言，应该对共用工程（例如坝和溢洪建筑物等）分别计算投资和年运行费用，以便在各部门间进行投资费用的分摊。

（5）计算各个方案的淹没和浸没的实物指标和移民人数。首先根据不同防洪标准的洄水资料，估算各个方案的淹没耕地亩数、房屋间数和必须迁移的人口数以及铁路、公路改线里程等指标。根据移民安置规划方案，求出所需的开发补偿费、工矿企业和城镇的迁移费和防护费用等。为防止库区耕地浸没和盐碱化，也须逐项估算所需费用。

（6）进行水利动能经济计算。根据各水利部门的效益指标及其应分摊的投资费用，计算水电站的造价及其在施工期内各年的分配。对于以发电为主的水库，如果其他综合利用要求相对不大，或者其效益在各正常蓄水位方案之间差别不大，则在方案比较阶段可以只计算水电站本身的动能经济指标。对于各正常蓄水位方案之间的水电站必需容量与年发电量的差额，可用替代措施即用火电站来补充，为此相应计算替代火电站的造价、年运行费和燃料费。最后计算各个方案水电站的年费用 $AC_{水}$、替代火电站的补充年费用 $AC_{火}$ 和电力系统的年费用 $AC_{系}=AC_{水}+AC_{火}$。根据各个方案电力系统年费用的大小，可以选出经济上最有利的正常蓄水位。

应该说明：①在进行国民经济评价时，所有经济指标均应按影子价格计算；在进行财务评价时，所有财务指标均按现行财务价格计算。②对各个方案进行国民经济评价时，除采用上述年费用 $AC_{系}$ 为最小外，尚可采用差额投资经济内部收益率法［见式（4－31）］，并进行不确定性分析。③对国民经济评价优选出来的正常蓄水位方案，尚须进行财务评价，计算财务内部收益率、财务净现值、贷款偿还年限等评价指标，以便论证本方案在财务上的可行性（参阅第四章第四节）。④在上述国民经济评价和财务评价的基础上，最后须从政治、社会、技术以及其他方面进行综合评价，保证所选出的水库规模符合地区经济发展的要求，而且是技术上正确的、经济上合理的、财务上可行的方案。

（五）以发电为主的水库正常蓄水位选择举例

根据以下基本资料选择水库正常蓄水位。

某大型水库的主要任务为发电，坝址以上流域面积为 10500km^2，多年平均年径流量 $\overline{W}_{年}=116.7$ 亿 m^3。汛期为 5～9 月，根据计算，千年一遇洪峰流量为 27000m^3/s，7 日洪量为 49.4 亿 m^3。此水库尚有防洪任务，要求减轻下游城市及 30 万亩农田的洪水灾害。此外，水库尚有灌溉、航运等方面的综合利用任务。

坝址位于某河段峡谷中，峡谷长约 1800m，宽 220m，河床高程在 200m 左右，两岸山顶高程约 350m，岸坡陡峻。坝址区岩层为砂岩。

水利枢纽系由拦河坝、发电厂房、升压变电站及过坝设施等建筑物组成。

1. 正常蓄水位方案的拟订

要求不淹没上游某城市，因而正常蓄水位的上限值定为 115m。根据电力系统对本电站的要求，正常蓄水位不宜低于 105m。选定 105m、110m、115m 共 3 个比较方案。

2. 计算步骤与方法

（1）设计保证率的选择。考虑到设计水平年本电站容量在系统中的比重将达 50%，它在系统中的作用比较重要，故选择 $P_{设}=97\%$。

（2）选择设计枯水年系列及中水年系列，分别进行径流调节与水能计算，求出各个方案的保证出力与多年平均年发电量。然后，用简化方法求出水电站的最大工作容量和必需容量。

（3）根据施工进度计划及工程概算，定出水电站的施工期限 m（年）和各年投资分配。计算水电站造价原值 K_1'，定出折现至基准年（施工期末）的折算造价 K_1。

（4）计算水电站的本利年摊还值 $R_{P1}=K_1[A/P,r_0,n_1]$。根据原规范，电力工业部门规定的投资收益率 $r_0=0.10$，水电站的经济寿命 $n_1=50$ 年。

（5）设水电站在施工期内的最后 3 年为初始运行期，在初始运行期的第一年末，第二年末、第三年末，水电站装机容量相应有 $\frac{1}{3}$、$\frac{2}{3}$、全部机甲投入系统运行，年运行费 U_t 则与该年的发电量成正比。在正常运行期内，假设各年年运行费 $U_1=0.0175K_1'$（年运行费率一般为造价原值的 1.5%～2%，不包括折旧费率，下同）。折算至基准年的初始运行期运行费为 $\sum_{t=m-3}^{t=m}U_t(1+r_0)^{m-t}$，其年摊还值为

$$U_1' = \frac{r_0(1+r_0)^{n_1}}{(1+r_0)^{n_1}-1}\left[\sum_{t=m-3}^{m} U_t(1+r_0)^{m-t}\right] \tag{6-18}$$

（6）各方案的水电站年费用

$$AC_{水} = K_1[A/P, r_0, n_1] + U_1 + U_1' \tag{6-19}$$

（7）为了各方案能同等程度地满足电力系统对电力、电量的要求，正常蓄水位较低的方案，应以替代电站（凝汽式火电站）的电力、电量补充，为简化计算，以第3方案为准，仅计算各方案的差额，具体计算方法见表6-1，最后可求得替代电站补充年费用$AC_{火}$。

表6-1　　某水电站水库正常蓄水位三个方案比较（用系统年费用最小准则）

序号	项　目	单位	方案1	方案2	方案3	备　注
1	正常蓄水位$Z_{蓄}$	m	105	110	115	拟定
2	水电站必需容量N_1	万kW	57.0	59.9	62.5	用简化方法求出
3	水电站多年平均年电能E_1	亿度	18.4	19.8	20.8	用简化方法求出
4	水电站造价原值K_1'	万元	42721	45646	47656	未考虑时间因素
5	水电站施工期m	年	8	9	10	包括初始运行期
6	水电站折算造价K_1	万元	61070	68870	75949	折算至施工期末T
7	水电站本利年摊还值R_{P1}	万元	6160	6946	7660	$K_1[A/P,r_0,n_1]$
8	水电站初始运行期$T-t_{初}$	年	3	3	3	已知
9	水电站初始运行期运行费年摊还值U_1'	万元	120	128	134	$r_0\sum_{t=t_{初}}^{T}U_t(1+r_0)^{T-t}$
10	水电站正常年运行费U_1	万元	748	799	834	$K_1'\times1.75\%$
11	水电站年费用$AC_{水}$	万元	7028	7873	8628	(7)+(9)+(10)
12	替代电站补充必需容量ΔN_2	万kW	6.05	2.86	0	$1.1\Delta N_1$
13	替代电站补充年电量ΔE_2	亿度	2.52	1.05	0	$1.05\Delta E_1$
14	替代电站补充造价原值$\Delta K_2'$	万元	4840	2288	0	$800\Delta N_2$
15	替代电站补充折算造价ΔK_2	万元	5340	2524	0	施工期3年
16	替代电站补充造价本利年摊还值ΔR_{P2}	万元	588	278	0	$\Delta K_2[A/P,r_0,n_2=25]$
17	替代电站补充年运行费ΔU_2	万元	242	114	0	(14)×5%
18	替代电站补充年燃料费$\Delta U_2'$	万元	504	210	0	$0.02\Delta E_2$
19	替代电站补充年费用$AC_{火}$	万元	1334	602	0	(16)+(17)+(18)
20	系统年费用$AC_{系}$	万元	8362	8475	8628	(11)+(19)

（8）计算各方案电力系统的年费用

$$AC_{系} = AC_{水} + AC_{火}$$

3. 计算成果分析

（1）各正常蓄水位方案在技术上都是可行的。从系统年费用看，以105m方案较为有利。

（2）从水库淹没损失看，从正常蓄水位高程105m增加到110m，将增加淹没耕地2.26万亩，增加迁移人口2.17万人，根据当地移民安置规划是能够解决的。但正常蓄水位超过 110m 后，库区移民与淹没耕地数均将有显著增加。

（3）从静态的补充千瓦造价 k_N 与补充电能成本 u_E 看（因国内其他电站的统计资料均为静态的，便于相互比较），当正常蓄水位从 105m 增加到 110m，$k_N=1008$ 元/kW，$u_E<0.01$ 元/(kW·h)，这些指标都是有利的。

（4）从本地区国民经济发展规划看，本电站地处工农业发展较快地区，系统负荷将有大幅度增长，但本地区能源并不丰富，有利的水能开发地址不多。本电站为大型水电站，具有多年调节水库，将在系统中起调峰、调频及事故备用等作用，适当增大电站规模是很需要的。

4. 结论

考虑到本地区能源比较缺乏，故应充分开发水能资源，适当加大本电站的规模，以适应国民经济的迅速发展。根据以上综合分析，以选正常蓄水位 110m 方案较好。

二、设计死水位的选择

（一）选择设计死水位的意义

设计死水位（以下简称死水位），是指水库在正常运行情况下允许消落的最低水位。在一般情况下，水库水位将在正常蓄水位与死水位之间变动，其变幅即为水库消落深度。对于多年调节水库而言，当遇到设计枯水年系列时，才由正常蓄水位降至死水位。对于年调节水库而言，当遇到设计枯水年时才由正常蓄水位降至死水位；当遇到来水大于设计枯水年的年份时，水电站为了取得较大的平均水头和较多的电能，水库年消落深度可以小一些；当遇到特别枯水年份或者发生特殊情况（例如水库清底检修、战备、地震等）时，水库运行水位允许比设计死水位还低一些，被称为极限死水位。在确定极限死水位时，尚须考虑水库泥沙淤积高程、冲沙水位、灌溉引水高程等要求。在此水位高程，水电站部分容量受阻，但仍应能发出部分出力，这在选择水轮机时应加考虑。在正常蓄水位与设计死水位之间的库容，即为兴利调节库容。在设计死水位与极限死水位之间的库容，则可称为备用库容，如图 6-17 所示。

随着河流的不断开发，上下游梯级水库相继建成，对本水电站的死水位将有不同要求。上游各梯级水库要求本电站的死水位适当提高一些，以便上游梯级水库的调节流量获得较高的平均水头；下游梯级水库则要求本电站的死水位适当降低一些，以便下游梯级电站获得较大的调节流量。总之，随着河流梯级水电站的建成，各水库的死水位应相应作些调整，使梯级水电站群的总保证出力或总发电量最大。

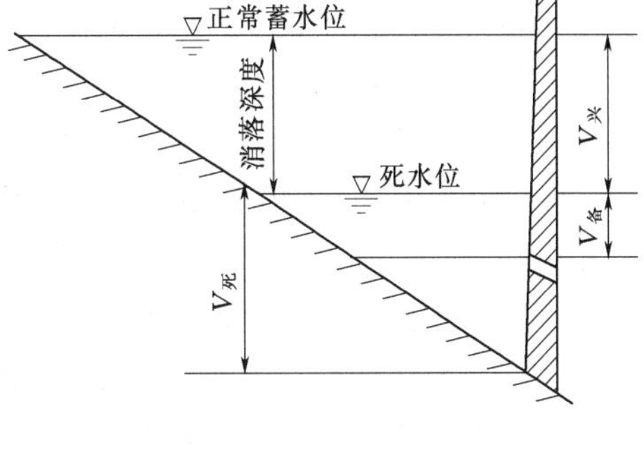

图 6-17　水库死水位与备用库容位置

（二）各水利部门对死水位的要求

1. 发电的要求

在已定的正常蓄水位下，随着水库消落深度的加大，兴利库容 $V_{兴}$ 及调节流量均随着增加；另一方面，死水位的降低，相应水电站供水期内的平均水头 $\overline{H}_{供}$ 却随着减小，因此其中存在一个比较有利的消落深度，使水电站供水期的电能 $E''_{供}$ 最大。为便于分析，可以把水电站供水期的电能 $E_{供}$ 划分为两部分，一部分为蓄水库容电能 $E_{库}$，另一部分为来水量 $W_{供}$ 产生的不蓄电能 $E_{不蓄}$，即

$$E_{供}=E_{库}+E_{不蓄} \tag{6-20}$$

式中

$$E_{库}=0.00272\eta V_{兴}\overline{H}_{供} \tag{6-21}$$

$$E_{不蓄}=0.00272\eta W_{供}\overline{H}_{供} \tag{6-22}$$

对于蓄水库容电能 $E_{库}$，死水位 $Z_{死}$ 愈低，$V_{兴}$ 愈大，虽供水期平均水头 $\overline{H}_{供}$ 稍小些，但其减小的影响一般小于 $V_{兴}$ 增加的影响，所以水库消落深度愈大，$E_{库}$ 亦愈大，只是增量愈来愈小，如图 6-18 上的①线。

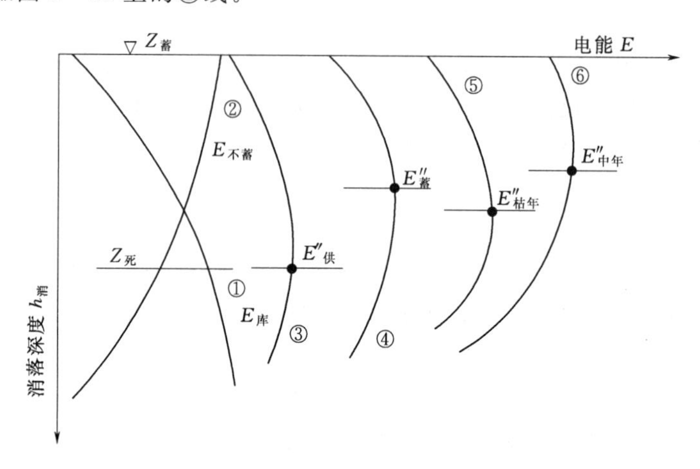

图 6-18　水库消落深度与电能关系曲线

对于不蓄电能 $E_{不蓄}$，情况恰好相反，由于供水期天然来水量 $W_{供}$ 是一定的，因而死水位 $Z_{死}$ 愈低，$\overline{H}_{供}$ 愈小，$E_{不蓄}$ 也愈来愈小，如图 6-18 上的②线。供水期电能 $E''_{供}$ 是这两部分电能之和［见式（6-20）］，当水库消落深度为某一值时，供水期电能可能出现最大值 $E''_{供}$，如图 6-18 上的③线。

至于蓄水期内的电能 $E''_{蓄}$，由于其中的不蓄电能一般占主要部分，因此比供水期 $E''_{供}$ 所要求的水库消落深度高一些，如图 6-18 上的④线。

枯水年电能 $E_{枯年}=E_{枯供}+E_{枯蓄}$，将两根曲线③和④沿横坐标相加，即得枯水年电能 $E''_{枯年}$ 与水库消落深度 $h_{消}$ 的关系曲线⑤，从而求出枯水年要求的比较有利的水库消落深度及其相应的 $E''_{枯年}$，如图 6-18 上的⑤线。同理，可以求出与中水年最大电能 $E''_{中年}$ 相应的水库消落深度，如图 6-18 上的⑥线。

比较这几根曲线可以看出，中水年相应 $E''_{中年}$ 的水库消落深度比枯水年相应 $E''_{枯年}$ 的小一些，即要求的死水位高一些。同理，丰水年相应 $E''_{丰年}$（图 6-18 上未示出）的死水位更高些。只有遇到设计枯水年（年调节水库）或设计枯水年系列（多年调节水库）时，供水期末水库水位才消落至设计死水位。在水电站建成后的正常运行时期，为了获得更多的年电能，水电站各年的消落深度应该是不同的，所定的设计死水位主要是为设计水电站确定进水口的位置。在将来正常运行期内，根据入库天然来水等情况，可以适当调整死水位，即在运行期内水库死水位并不是固定不变的。

2. 其他综合利用要求

当下游地区要求水库提供一定量的工业用水或灌溉水量，或航运水深时，则应根据径流调节所需的兴利库容选择死水位，如果综合利用各用水部门所要求的死水位，比按发电要求的死水位高时，则可按后者要求选择设计死水位；如果情况相反，当水库主要任务为发电，则根据主次要求，在尽量满足综合利用要求的情况下按发电要求选择设计死水位；当水库主要任务为灌溉或城市供水时，则在适当照顾发电要求的情况下按综合利用要求选择设计死水位。在一般情况下，发电与其他综合利用部门在用水量与用水时间上总有一些矛盾，尤其水电站要担任电力系统的调峰等任务时，下泄流量很不均匀，而供水与航运部门则要求水库均匀地下泄流量，此时应在水电站下游修建反调节池或用其他措施解决。

当上游地区要求从水库引水自流灌溉，在选择死水位时应考虑总干渠进水口引水高程的要求，尽可能扩大自流灌溉的控制面积。当上游河道尚有航运要求时，选择死水位时应考虑上游港口、码头、泥沙淤积以及过坝船闸等技术条件。

（三）选择死水位的步骤与方法

以发电为主的水库，选择死水位时应考虑水电站在设计枯水年供水期（年调节水库）或设计枯水年系列（多年调节水库）获得最大的保证出力，而在多年期内获得尽可能多的发电量，同时考虑各水利部门的综合利用要求以及对上下游梯级水电站的影响，然后对各方案的水利、动能、经济和技术等条件进行综合分析，选择比较有利的死水位。其步骤与计算方法大致如下。

（1）在已定的正常蓄水位条件下，根据库容特性、综合利用要求、地形地质条件、水工、施工、机电设备等要求，确定死水位的上、下限，然后在上、下限之间，拟定若干个死水位方案进行比较。

（2）根据对以发电为主的28座水库资料的统计，最有利的消落深度均在水电站最大水头的20%～40%范围内变动，其平均值约为最大水头的30%。对于综合利用水库，或对下游梯级水电站有较大影响的龙头水库，或者完全多年调节水库，其消落深度一般为最大水头的40%～50%左右。上述统计数据可供选择死水位的上、下限方案时参考。

（3）选择水库死水位的上限，一般应考虑下列因素：①通常为获得最大多年平均年电能的死水位，比为获得最大保证出力的死水位高。因此水电站水库的上限方案，应稍高于具有最大多年平均年电能的死水位；②对于调节性能不高的水库，应尽可能保证能进行日调节所需的库容；③对于调节性能较高的水库，尽可能保持具有多年调节性能。

（4）选择水库死水位的下限，一般应考虑下列因素：①如水库具有综合利用要求，死水位的下限不应高于灌溉、城市供水及发电等引水所要求的高程；②考虑水库泥沙淤积对进水口高程的影响；③死水位也不能过低，要考虑进水口闸门制造及启闭机的能力或水轮机制造厂家所保证的最低水头。

（5）在水库死水位上、下限之间选择若干个死水位方案，求出相应的兴利库容和水库消落深度；然后对每个方案用设计枯水年或枯水年系列资料进行径流调节，得出各个方案的调节流量 $Q_{调}$ 及平均水头 $\overline{H}$。

（6）对各个死水位方案，计算保证出力 $N_{保}$ 和多年平均年发电量 $\overline{E}_{水}$，通过系统电力电量平衡，求出各个方案水电站的最大工作容量 $N''_{水、工}$、必需容量 $N_{水、必}$ 与装机容量 $N_{装}$。

(7) 计算各个方案的水工建筑物和机电设备的投资以及年运行费。死水位的降低，水电站进水口等位置必然随着降低，由于承受的水压力增加，因而闸门和引水系统的投资和年运行费均将随着增加，根据引水系统和机电设备的不同经济寿命，求出不同死水位方案的年费用 $AC_{水}$。

(8) 为了各个死水位方案能同等程度地满足系统对电力、电量的要求，尚须计算各个方案替代电站补充的必需容量与补充的年电量，从而求出不同死水位方案替代电站的补充年费用 $AC_{火}$。

(9) 根据系统年费用最小准则（$AC_{系}=AC_{水}+AC_{火}$ 为最小），并考虑综合利用要求以及其他因素，最终选择合理的死水位方案。

（四）以发电为主的水库死水位选择举例

已知某大型水库的正常蓄水位为 110m 高程，参阅表 6-1。现拟选择该水库的设计死水位。已知水电站的最大水头 $H''=80$m，水库为不完全多年调节，现假设水库消落深度为最大水头的 30%、35%及 40%三个方案。有关水利、动能、经济计算成果参阅表 6-2。

表 6-2　　某水电站水库死水位方案比较（正常蓄水位 110m）

序号	项　目	单位	方案 1	方案 2	方案 3	备　注
1	死水位 $Z_{死}$	m	78	82	86	假设
2	保证出力 $N_{保}$	万 kW	19.8	19.0	18.0	
3	多年平均年电量 $\overline{E}_{水}$	亿 kW·h	22.0	23.0	24.0	
4	水电站必需容量 $N_{水}$	万 kW	62.5	60.0	57.0	
5	水电站引水系统造价 $I_{水}$	万元	12500	11600	10800	
6	水电站引水系统造价年摊还值 $R_{水}$	万元	1278.5	1186.0	1104.0	$R_{水}=I_{水}[A/P,i_s,n=40]$
7	水电站引水系统年运行费 $U_{水}$	万元	312.5	290.0	270.0	$U_{水}=I_{水}\times 2.5\%$
8	水电站引水系统年费用 $AC_{水}$	万元	1591	1476	1374	$AC_{水}=R_{水}+U_{水}$
9	替代电站补充必需容量 $\Delta N_{火}$	万 kW	0	2.75	6.05	$\Delta N_{火}=1.1\Delta N_{水}$
10	替代电站补充年电量 $\Delta\overline{E}_{火}$	亿 kW·h	2.10	1.05	0	$\Delta\overline{E}_{火}=1.05\Delta\overline{E}_{水}$
11	替代电站补充造价 $\Delta I_{火}$	万元	0	2200	4840	$\Delta I_{火}=800\Delta N_{火}$
12	替代电站补充造价年摊还值 $\Delta R_{火}$	万元	0	242	533	$\Delta R_{火}=I_{火}[A/P,i_s,n=25]$
13	替代电站补充年运行费 $\Delta U_{火}$	万元	0	110	242	$\Delta U_{火}=\Delta I_{火}\times 5\%$
14	替代电站补充年燃料费 $\Delta U'_{火}$	万元	420	210	0	$\Delta U'_{火}=0.02\overline{E}_{火}$
15	替代电站补充年费用 $AC_{火}$	万元	420	562	775	$AC_{火}=\Delta R_{火}+\Delta U_{火}+\Delta U'_{火}$
16	系统年费用 $AC_{系}$	万元	2011	2038	2149	$AC_{系}=AC_{水}+AC_{火}$

对计算成果的分析：

(1) 各死水位方案在技术上都是可行的。从系统年费用看，以死水位 78m 方案较为有利。

(2) 水库设计死水位较低，将来水库调度比较灵活。

(3) 水库设计死水位较低，调节库容较大，相应调节流量也较大，便于满足综合利用用水量要求。

(4) 如水库设计死水位低于78m高程，则灌溉引水高程不能满足扩大自流灌溉面积等要求。

综上分析，选择设计死水位78m高程较为有利。

三、水库防洪特征水位的选择

(一) 概述

我国各地区河流汛期的时间与长短不同，例如长江中下游洪水发生的时间为5—9月，大洪水一般发生在6—7月中旬，黄河下游洪水发生的时间为7—9月，大洪水一般发生在7月中旬至8月中旬。一般在整个汛期内仅有一段时间可能发生大洪水，其他时间仅发生较小洪水，因此水库在汛期内的防洪限制水位就应该不同。在可能发生大洪水的伏汛期内，其防洪限制水位应该低些，在秋汛期内，由于一般仅发生较小洪水，其防洪限制水位就可适当抬高，使防洪库容减小，相应增加兴利库容，从而使防洪库容与兴利库容尽可能多地结合起来，如图6－19所示。当然并不是各地区河流的洪水都有这样明显的规律性，有些河流在整个汛期内都可能发生大洪水，那么防洪限制水位就不再分期了。防洪限制水位的确定，不独与设计洪水位、校核洪水位有十分密切的关系，而且与溢洪道的底槛高程亦密切有关。

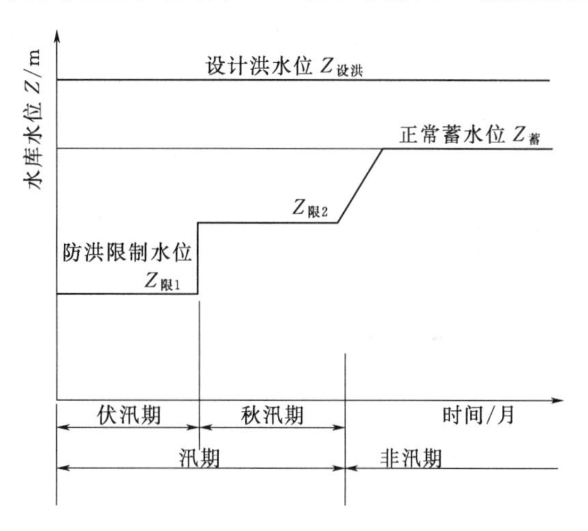

图6－19　分期防洪限制水位位置图

(二) 防洪限制水位的选择

在综合利用水库中，防洪限制水位 $Z_{限}$ 与设计洪水位 $Z_{设洪}$ 和正常蓄水位 $Z_{蓄}$ 之间的相互关系，可以归结为防洪库容的位置问题。现分三种情况进行讨论。

(1) 防洪限制水位与正常蓄水位重合。这是防洪库容与兴利库容完全不结合的情况[图6－20 (*a*)]。在整个汛期内，大洪水随时都可能出现，任何时刻都应预留一定防洪库容；汛期一过，入库来水量又小于水库供水量，水库水位开始消落，这样汛末的防洪限制水位，就是汛后的正常蓄水位。

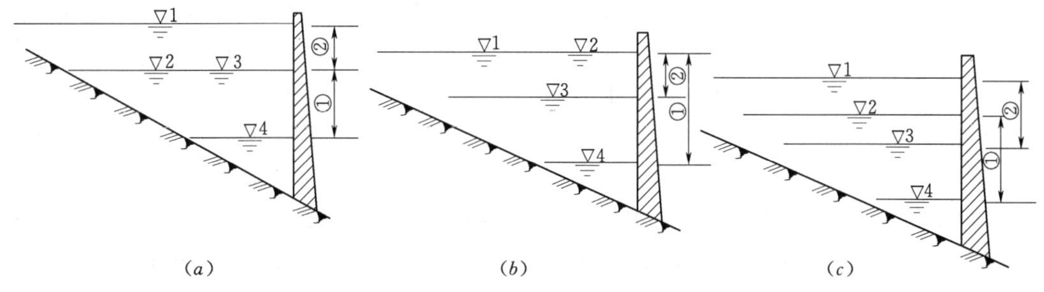

图6－20　拦洪库容位置图

1—设计洪水位；2—正常蓄水位；3—防洪限制水位

①—兴利库容；②—防洪库容

(2) 设计洪水位与正常蓄水位重合。在汛期初，水库只允许蓄到防洪限制水位，到汛末水库再继续蓄到正常蓄水位，这是最理想的情况。因为防洪库容能够与兴利库容完全结合，水库这部分容积，得到充分的综合利用［图 6－20（*b*）］。这种情况可能产生于汛期洪水变化规律较为稳定的河流，或者洪水出现时期虽不稳定，但所需防洪库容较小。

(3) 介于上述两种情况之间的情况。显然，这是防洪库容与兴利库容部分结合的情况，也是一般综合利用水库常遇到的情况［图 6－20（*c*）］。

（三）防洪限制水位选择举例

设某水库的正常蓄水位已定为 710.0m，相应库容为 178.0 亿 m^3，已知该水库在设计枯水年 3 月开始供水，故水库应于 2 月底蓄至正常蓄水位。因设计枯水年汛后蓄水的时期为 10 月至次年 2 月，相应定出各月的入库来水量、水库供水量，然后逆时序反求汛期的防洪限制水位，如表 6－3 所示。最后求出汛期 9 月的防洪限制水位为 708.0m。

表 6－3　　某水库汛期末（9 月底）防洪限制水位的计算

序号	项　目	汛期	汛后蓄水时期					备　注
(1)	月份	9	10	11	12	1	2	
(2)	入库来水量/亿 m^3		21.00	18.30	15.40	13.10	11.30	
(3)	出库供水量/亿 m^3		10.00	10.30	10.60	10.90	11.10	
(4)	水库蓄水量/亿 m^3		11.00	8.00	4.80	2.20	0.20	(2) ～ (3)
(5)	月末水库蓄水总量/亿 m^3	151.80	162.86	170.80	175.60	177.80	178.00	从 2 月底开始逆时序计算
(6)	月末水库水位高程/m	708.00					710.00	

（四）防洪高水位与水库下游安全泄量的选择

选择防洪高水位时，首先应研究水库下游地区的防洪标准。例如，某水利枢纽除主要任务为发电外，尚有防洪任务，要求利用水库调洪，配合下游堤防减免下游地区 3 个城市及 30 多万亩农田的洪水灾害。根据《水利水电工程水利动能设计规范》的有关规定，防护对象的防洪标准，应根据防护对象的重要性，历次洪水灾害及政治、经济影响等条件选择，对于中等城市和农田面积 30 万～100 万亩的防护对象，其防洪标准可采用 20～50 年一遇洪水。考虑到水库下游有三个较大的县城需要防护，30 多万亩农田又是土质比较肥沃的粮棉基地，因此初步选定防洪标准为 50 年一遇洪水。在遭遇这种洪水时，如何保证下游的安全呢？一种办法是多留些防洪库容，下游河道堤防修建得低一些；另一种办法是防洪库容少留一些，下游堤防修建得高一些。由于正常蓄水位已确定，防洪高水位的高低，不影响水电站的动能效益及其他部门的兴利效益。因此，可以简化经济计算，只需假设若干个下游安全泄流量方案，通过水库调洪计算，求出各方案所需的防洪库容 $V_{防}$ 及相应的防洪高水位 $Z_{高}$（图 6－21）。然后分别计算各方案由于设置防洪库容 $V_{防}$ 所需增加的坝体和泄洪工程的投资、年运行费和年费用 $AC_{库}$，再计算各方案的堤防工程的年费用 $AC_{堤}$，求出总年费用，作出防洪高水位 $Z_{高}$ 与总年费用 AC 的关系曲线（图 6－22）。根据总年费用 AC 较小的原则，再征求有关部门对堤防工程等方面的意见，经分析比较后即可定出合理的防洪高水位 $Z_{高}$ 及相应的下泄安全泄流量值 $Q_{安}$。根据定出的 $Q_{安}$ 及相应的河道水位，可以进一步确定水库下游的堤防高程。

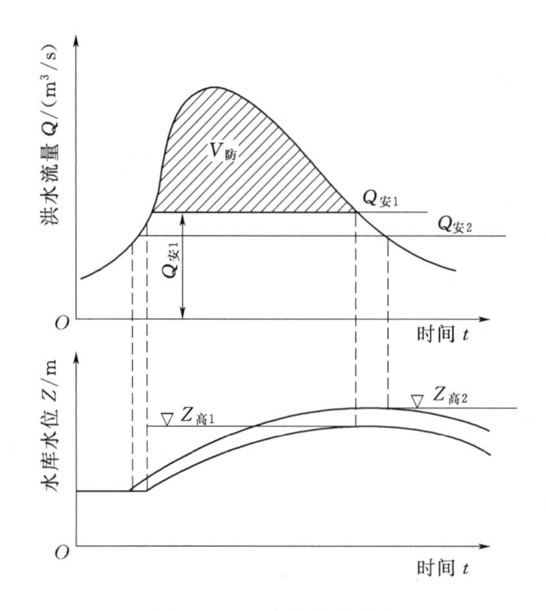

图 6-21　防洪高水位与下游安全泄流量关系

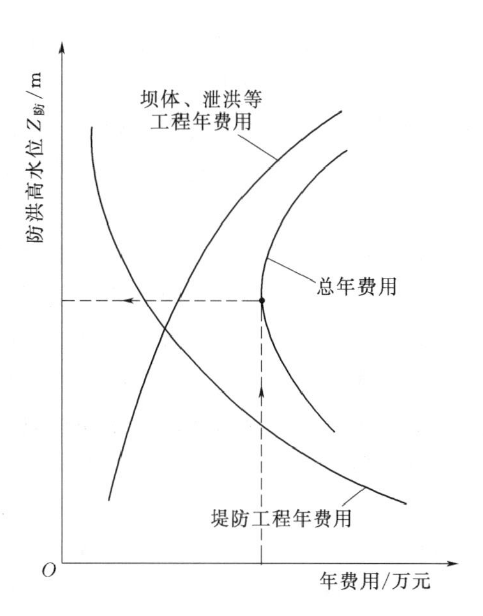

图 6-22　防洪高水位与总年费用的关系

（五）设计洪水位及校核洪水位的选择

假设在水利枢纽总体布置中已确定溢洪道的型式，因此在定出水库下游的安全泄流量后，就应决定溢洪道的经济尺寸及相应的设计洪水位和校核洪水位。

仍以某水电站为例，关于设计永久性水工建筑物所采用的洪水标准，应根据工程规模及重要性和基本资料等情况而定。根据《水利水电枢纽工程等级划分及设计标准》的规定，结合本水电站的具体条件，大坝、溢洪道等主要水工建筑物应按千年一遇洪水设计，并对万年一遇洪水进行校核。

在汛期内，水库蓄水至规定的防洪限制水位后，如果入库洪水小于或等于下游地区的防洪标准（$P=2\%$）洪水，则要求来多少流量，泄多少流量，但最大下泄流量不超过规定的下游安全泄流量 $Q_{安}$。水库水位超过防洪高水位后，如入库洪水仍继续上涨，除非有特殊的规定，一般不限制水库的下泄流量。当入库洪水为大坝的设计标准（$P=0.1\%$）洪水，经水库拦蓄后坝前达到设计洪水位。当入库洪水为校核洪水（$P=0.01\%$）时，经水库调蓄后坝前达到校核洪水位，如图 6-23 所示。

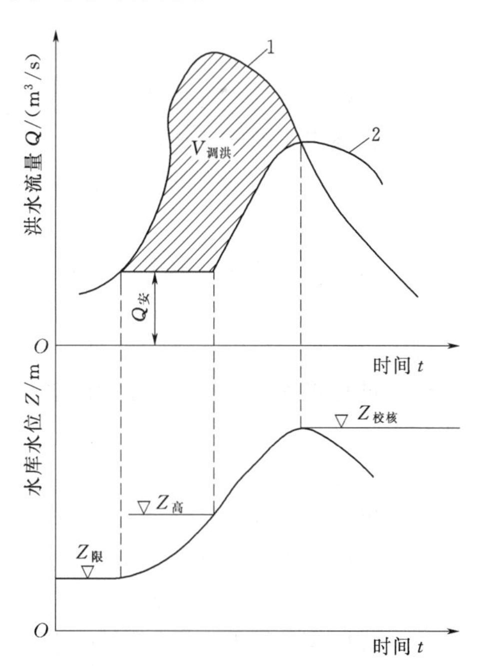

图 6-23　水库校核洪水位的推求
1—校核洪水过程线；2—水库下泄流量过程线

显然，对一定的防洪限制水位及下游安全泄流量而言，溢洪道尺寸较大的方案，水库最大下泄流量较大，所需的调洪库容较小，因而坝体工程的投资和年运行费用较少，但溢洪道及闸门等投资和年运行费用较大；溢洪道尺寸较小的方案，则情况相反。最后计算各个方案的坝体、溢洪道等工程的总年费用，结合工期、淹没损失等条件，选择合理的溢洪道尺寸。然后经过调洪计算出相应的设计洪水位及校核洪水位。

必须说明，防洪限制水位、下游安全泄流量、溢洪道尺寸及设计洪水位、校核洪水位之间都有着密切的关系，有时需要反复调整，反复修改，直至符合各方面要求为止。

四、水电站及水库主要参数选择的程序简介

水电站及水库主要参数的选择，主要在初步设计阶段进行。这阶段的主要任务是选定坝轴线、坝型、水电站及水库的主要参数，即要求确定水电站及水库的工程规模、投资、工期和效益等重要指标。对所采用的各种工程方案，必须论证它是符合党的方针政策的，技术上是可能的，经济上是合理的。

因此，在水电站及水库主要参数选择之前，必须对河流规划及河段的梯级开发方案，结合本设计任务进行深入的研究，同时收集、补充并审查水文、地质、地形、淹没及其他基本资料。然后调查各部门对水库的综合利用要求，了解当地政府对水库淹没及移民规划的意见以及有关部门的国民经济发展计划。

关于水电站及水库主要参数选择的内容及具体步骤，大致如下：

（1）根据本工程的兴利任务，拟定若干水库正常蓄水位方案，对每一方案按经验值初步估算水库消落深度及其相应的兴利库容。

（2）根据年径流分析所定出的多年平均年水量 $\overline{W}_{年}$，求出各个方案的库容系数 β，从而大致定出水库的调节性能。

（3）根据初估的水电站和水库规模，确定水电站和其他兴利部门的设计保证率。

（4）根据拟定的保证率，选择设计水文年或设计水文系列，然后进行径流调节和水能计算，求出各方案的调节流量、保证出力及多年平均年发电量，并初步估算水电站的装机容量。

（5）进行经济计算，求出各方案的工程投资、年运行费以及电力系统的年费用 AC。必要时，应根据本水利枢纽综合利用任务及其主次关系，进行投资及年运行费的分摊，求出各部门应负担的投资与年运行费。

（6）进行水利、动能经济比较，并进行政治、技术、经济综合分析，选出合理的正常蓄水位方案。

（7）对选出的正常蓄水位，拟出几个死水位方案，对每一方案初步估算水电站的装机容量，求出相应的各动能经济指标进行综合分析，选出合理的死水位方案。

（8）对所选出的正常蓄水位及死水位方案，根据系统电力电能平衡确定水电站的最大工作容量。根据水电站在电力系统中的任务及水库弃水情况，确定水电站的备用容量和重复容量。最后结合机型、机组台数的选择和系统的容量平衡，确定水电站的装机容量。

（9）同时，根据水库的综合利用任务及径流调节计算的成果，确定工业及城市的保证供水量、灌溉面积、通航里程及最小航深等兴利指标。

（10）根据河流的水文特性及汛后来水、供水情况，并结合溢洪道的型式、尺寸比较，确定水库的汛期防洪限制水位。

（11）根据下游的防洪标准及安全泄流量要求进行调洪计算，求出水库的防洪高水位。

（12）根据水库的设计及校核洪水标准进行调洪计算，求出 $Z_{校洪}$ 及 $Z_{设洪}$。认真研究防洪库容与兴利库容结合的可能性与合理性。

（13）根据 $Z_{设洪}$ 和 $Z_{校洪}$，以及规范所定的坝顶安全超高值，求出大坝的坝顶高程。

（14）为了探求工程最优方案经济效果的稳定程度，应在上述计算基础上，根据影响工程经济性的重要因素，例如工程造价、建设工期、电力系统负荷水平等，在其可能的变幅范围内进行必要的敏感性分析。

（15）对于所选工程的最优方案，应进行财务分析。要求计算选定方案的资金收支流程及一系列技术经济指标进行本息偿还年限等计算，以便分析本工程在财务上的现实可能性。

必须指出，水电站及水库主要参数的选择，方针政策性很强，往往要先粗后细，反复进行，不断修改，最后才能合理确定。

第七章　水库群的水利水能计算

第一节　概　　述

水库群的布置，一般可以归纳为以下三种情况：

（1）布置在同一条河流上的串联水库群［图 7－1（a）］，水库间有密切的水力联系；

（2）布置在干流中、上游和主要支流上的并联水库群［图 7－1（b）］，水库间没有直接的水力联系，但共同的防洪、发电任务把它们联系在一起；

（3）以上两者结合的复杂水库群［图 7－1（c）］。

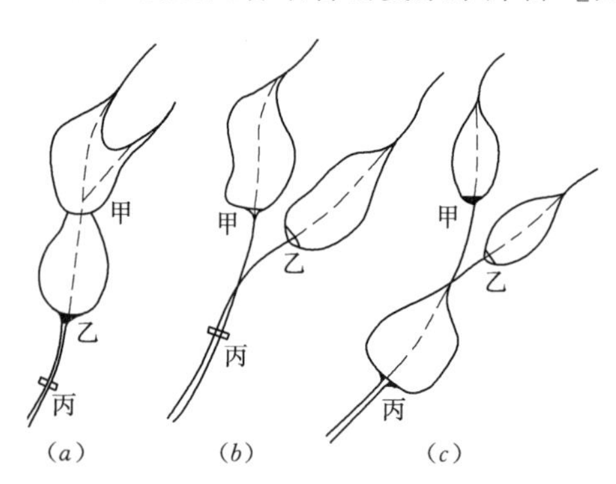

图 7－1　水库群示意图

串联水库群的布局是根据河流的梯级开发方案确定的。河流梯级开发方案是根据国民经济各部门的发展需要和流域内各种资源的自然特征，以及技术、经济方面的可能条件，针对开发整条河流所进行的一系列的水利枢纽布局。其中的关键性工程常具有相当库容的水库，就形成了串联水库群。制订梯级开发方案的主要目的，在于通过全面规划来合理安排河流上的梯级枢纽布局，然后由近期工程和选定的开发程序，逐步实现整个流域规划中各种专业性规划所承担的任务。当然，全河流的各梯级枢纽都必须根据所在河段的具体情况，综合地承担上述任务中的一部分。制订出河流梯级开发方案，不仅使全河的开发治理明确了方向，并且给各种专业性规划提供了可靠的依据。

以往研究河流梯级开发方案时，往往比较多地考虑发电要求，强调尽可能多地合理利用河流的天然落差，尽可能充分地利用河流的天然径流，使河流的发电效益尽可能地好。随着国民经济的不断发展，实践证明水利应该是国民经济的基础产业。因此，开发利用河流的水资源时，要考虑各除害、兴利部门的要求，强调综合效益尽可能地大。在研究河流梯级开发方案时，一定要认真贯彻综合利用原则，满足综合效益尽可能大的要求。

当然，研究以发电为主的河流综合利用规划方案时，有些好的经验还是应该吸取的。例如，梯级开发方案中，应尽可能使各梯级电站“首、尾相连”（即使上一级电站的发电尾水和下一级电站的水库回水有一定的搭接），以便充分利用落差。遇到不允许淹没的河段，尽可能挡入引水式或径流式电站来利用该处落差。梯级水电站的运行经验还证明，上游具有较大水库的梯级方案比较理想，这样可以做到“一库建成，多站受益”。

在制订以防洪、治涝、灌溉为主要任务的河流综合利用规划时，往往采取在干流上游以及各支流上兴建水库群的布置方式。这种方式不但能减轻下游洪水威胁，而且对山洪有截蓄作用；它既能解决中、下游两岸带状冲积平原的灌溉问题，又能解决上游丘陵区的灌溉问题。分散修建的水库群淹没损失小，移民安置问题容易解决，而且易于施工，节省投资，可更好地满足需要，更快地收益。应该指出，为充分发挥大、中型水库在综合治理和开发方面的巨大作用，其位置要合理选择。

水库群之间可以相互进行补偿，补偿作用有以下两种：

(1) 根据水文特性，不同河流间或同一河流各支流间的水文情况有同步和不同步两种。利用两河（或两支流）丰、枯水期的起讫时间不完全一致（即所谓水文不同步情况）、最枯水时间相互错开的特点，把它们联系起来，共同满足用水或用电的需要，就可以相互补充水量，提高两河的保证流量。这种补偿作用称为径流补偿。利用水文条件的差别来进行的补偿，称为水文补偿。

(2) 利用各水库调节性能的差异也可以进行补偿。以年调节水库和多年调节水库联合工作为例，如果将两个水库联系在一起来统一研究调节方案，设年调节水库工作情况不变，则多年调节水库的工作情况要考虑年调节水库的工作情况，一般在丰水年适当多蓄些水，枯水年份多放些水；在一年之内，丰水期尽可能多蓄水，枯水期多放水。这样，两水库联合运行就可提高总的枯水流量。这种利用库容差异所进行的径流补偿，称为库容补偿。

径流补偿是进行径流调节时的一种调节方式，考虑补偿作用就能更合理地利用水资源，提高总保证流量和总保证出力。

在拟定河流综合利用规划方案时，水库群可能有若干个组合方案同样能满足规划要求，这时要对每个水库群方案进行水利水能计算，求出各特征值，以供方案比较。决定联合运行的水库群的最优蓄放水次序时，进行水库群的水利水能计算，也是一种极为重要的工作。水库群水利水能计算涉及的水库数目较多，影响因素比较复杂，计算还要涉及综合利用要求，所以解决实际问题比较繁杂。本章限于学时只能介绍水库群水利水能计算的基本概念和基本方法，作为今后进一步研究水库群水利水能计算的基础。

第二节　梯级水库的水利水能计算

一、梯级水库的径流调节

首先讨论梯级水库甲、乙[图 7-1 (a)]共同承担下游丙处的防洪任务问题。确定各水库的防洪库容时，应充分考虑各水库的水文特性、水库特性以及综合利用要求等，使各水库分担的防洪库容，既能满足下游防洪要求，又能符合经济原则，获得尽可能大的综合效益。如果水库到防洪控制点丙处的区间设计洪峰流量（符合防洪标准）不大于丙处的安全泄量，则可根据丙处的设计洪水过程线，按第三章介绍的计算方法求出所需总防洪库容。这是在理想的调度情况下求出的，因而是防洪库容的一个下限值，实际上各水库分担的防洪库容总数常要大于此数。

由于防洪控制点以上的洪水可能有各种组合情况，因此甲、乙两库都分别有一个不能由其他水库代为承担的必需防洪库容。乙库以上来的洪水能为乙库再调节，而甲丙之间的区间洪水甲库无法控制。如果甲库坝址以下至乙库坝址间河段本身无防洪要求，则乙库必需承担的防洪库容应根据甲乙及乙丙区间的同频率洪水按丙处下泄安全泄流量的要求计算出。乙水库的实际防洪库容如果小于这个必需防洪库容，则遇甲丙间出现符合防洪标准的洪水时，即使甲水库不放水也不能满足丙处的防洪要求。

在梯级水库间分担防洪库容时，根据生产实践经验，应让本身防洪要求高的水库、水库容积较大的水库、水头较低的水库和梯级水库的下一级水库等多承担防洪库容。但要注意，各水库承担的防洪库容不能小于其必需防洪库容。

如果梯级水库群主要承担下游灌溉用水任务，则进行径流调节时，首先要作出灌区需水图，将乙库处设计代表年的天然来水过程和灌区需水图绘在一起，就很容易找出所需的总灌溉库容（图 7-2 上的两块阴影面积）。接下来的工作是在甲、乙两库间分配这个灌溉库容。先要拟定若干个可行的分配方案，对各方案算出工程量、投资等有关指标，然后进行比较分析，选择较优的分配方案。在拟订方案时，要考虑乙库的必需灌溉库容问题。当灌区比较大，灌溉需水量多，或者在来水与需水间存在较大矛盾时，考虑这个问题尤为必要。因为甲、乙两库坝址间的区间来水只能靠乙库调节，其必需灌溉库容就是用来蓄存设计枯水年非灌溉期的区间天然来水量的（年调节情况），或者是蓄存设计枯水段非灌溉期的区间天然来水量的（多年调节情况），具体数值要根据区间来水、灌溉需水，并考虑甲库供水情况分析计算求得。

对主要任务是发电的梯级水库，常见情况是各水库区均建有水电站。这里以两个梯级水库的径流年调节为例，用水量差积曲线图解法说明梯级水电站径流调节的特点（图 7-3）。梯级水电站径流调节是从上面一级开始的。对第一级水库的径流调节，其方法在水电站最大过水能力 Q_{T1} 和水库兴利库容 $V_{甲}$ 已知时，是和单库调节一样的。

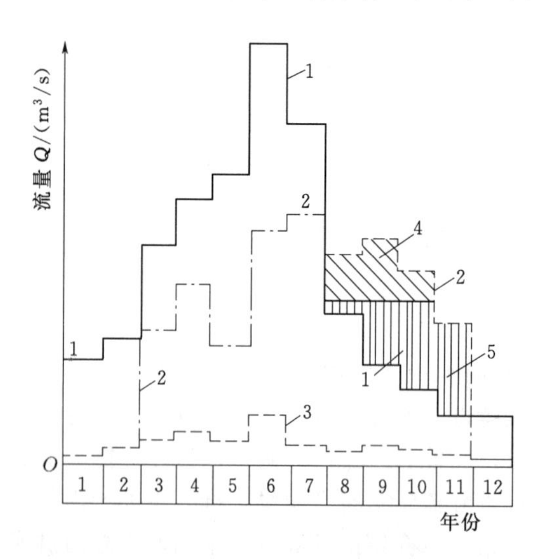

图 7-2　灌溉库容分配示意图

1—乙坝址处天然来水过程线；2—灌区需水图；
3—甲、乙坝址间区间来水；4—乙库供水；
5—甲库供水

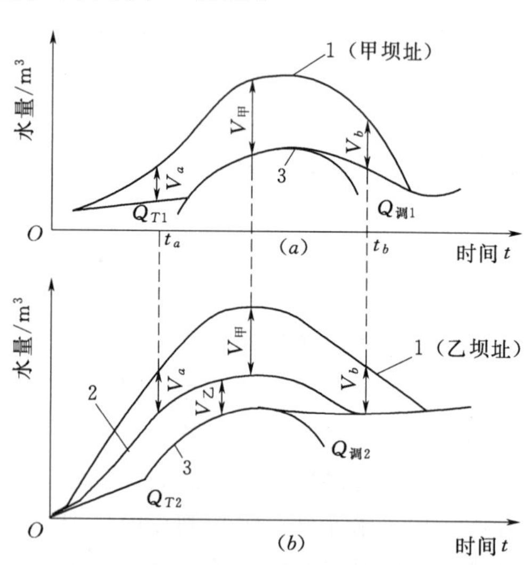

图 7-3　梯级水电站径流年调节示意图

1—甲坝址处水量差积曲线；2—修正后的
乙坝址处水量差积曲线；3—满库曲线

对于下一级水库的径流年调节，首先应从其坝址处的天然来水水量差积曲线（按未建库前的水文资料绘成）上各点的纵坐标值中，减去当时蓄存在上一级水库中的水量[图 7－3（b）]，得出修正的水量差积曲线。修正的目的是将上一级水库的调节情况正确地反映出来。如图 7－3，到 t_a 时刻为止，上一级水库中共蓄水量 V_a，因此从上一级水库流到下一级的径流量就要比未建上级水库前少 V_a。所以，就要从下一级水库的天然来水水量差积曲线上 t_a 时刻的水量纵坐标值减去 V_a，得出修正后 t_a 时刻的水量差积值。依此类推，就可作出修正的下一级水库水量差积曲线。接下来的调节计算，在水电站的最大过水能力 Q_{T2} 和兴利库容 $V_{乙}$ 为已知时，又和单库时的情况一样了。当有更多级的串联水库时，要从上到下一个个地进行调节计算。

在径流调节的基础上，可以像单库的水能计算那样，计算出每一级的水电站出力过程。根据许多年的出力过程，就可以作出出力保证率曲线。将梯级水库中各库出力保证率曲线上的同频率出力相加，可以得出梯级水库总出力保证率曲线，在该曲线上，根据设计保证率可以很方便地求出梯级水库的总保证出力值。

对于具有多种用途的综合利用水库，其水利水能计算要复杂一些，但解决问题的思路和要遵循的原则是一致的，关键问题是在各部门间合理分配水量。解决此类比较复杂的问题时，要建立数学模型（正确选定目标函数和明确各种约束条件），利用合适的数学方法来求解。

二、梯级水库的径流补偿

为了说明径流补偿的概念和补偿调节计算的特点，先看图 7－4 所示的简化例子：甲水库为年调节水库，乙壅水坝处为无调节水库，甲、乙间有支流汇入。乙处建壅水坝是为了引水灌溉或发电。为了充分利用水资源，甲库的蓄放水必须考虑对乙处发电用水和灌溉用水的径流补偿。调节计算的原则是要充分利用甲、乙坝址间支流和区间的来水，并尽可能使甲库在汛末蓄满，以便利用其库容来最大限度地提高乙处的枯水流量，更好地满足发电、灌溉要求。

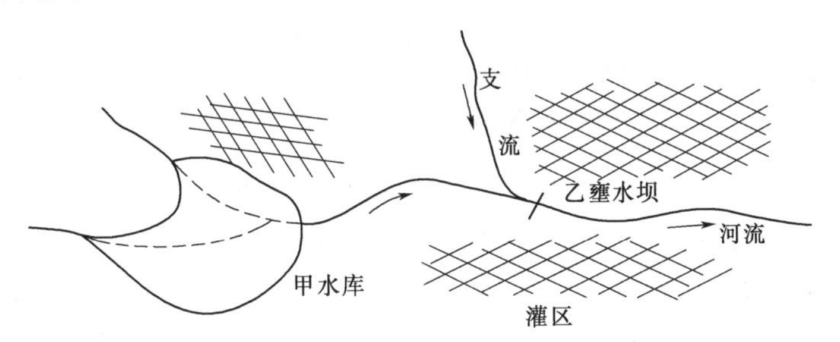

图 7－4　径流补偿调节示意图

对图 7－4 所示开发方案用实际资料来说明补偿所得的实际效果。从这里也可以看到解决问题的思路。水库甲的兴利库容为 180（m^3/s）·月。设计枯水年枯水期水库甲处的天然来水流量 $Q_{天、甲}$ 和区间来水流量（包括支流的）$Q_{天、区}$ 资料见图 7－5（a）、（b）。为了进行比较，特研究以下两种情况：

（1）不考虑径流补偿情况。水库甲按本库的有利方式调节，使枯水期调节流量尽可能均衡。因此，用第二章推荐公式算得 $Q_{调、甲}=180m^3/s$，如图 7－5（c）所示，该图上的竖线阴影面积表示水库甲的供水量，水平直线 3 表示水库甲的放水过程（枯水期 10 月至次年 3 月），它加上支流和区间的来水过程，即为乙坝址处的引用流量过程，如图 7－5（e）

上的 4 线所示。保证流量仅为 $190m^3/s$。

（2）考虑径流补偿情况。这时，水库甲应按使乙坝址处枯水期引用流量尽可能均衡的原则调节（水库放水时要充分考虑区间来水的不均衡情况）。为此，先要求出乙坝址处的天然流量过程线，它为图 7－5（*a*）和（*b*）中 1、2 两线之和（同时间的纵坐标值相加）。然后根据来水资料进行调节，仍用公式算得 $Q_{调,乙}=200m^3/s$［图 7－5（*f*）］。它减去各月份的支流和区间来水流量，即为水库甲处相应月份的放水流量［图 7－5（*d*）］。

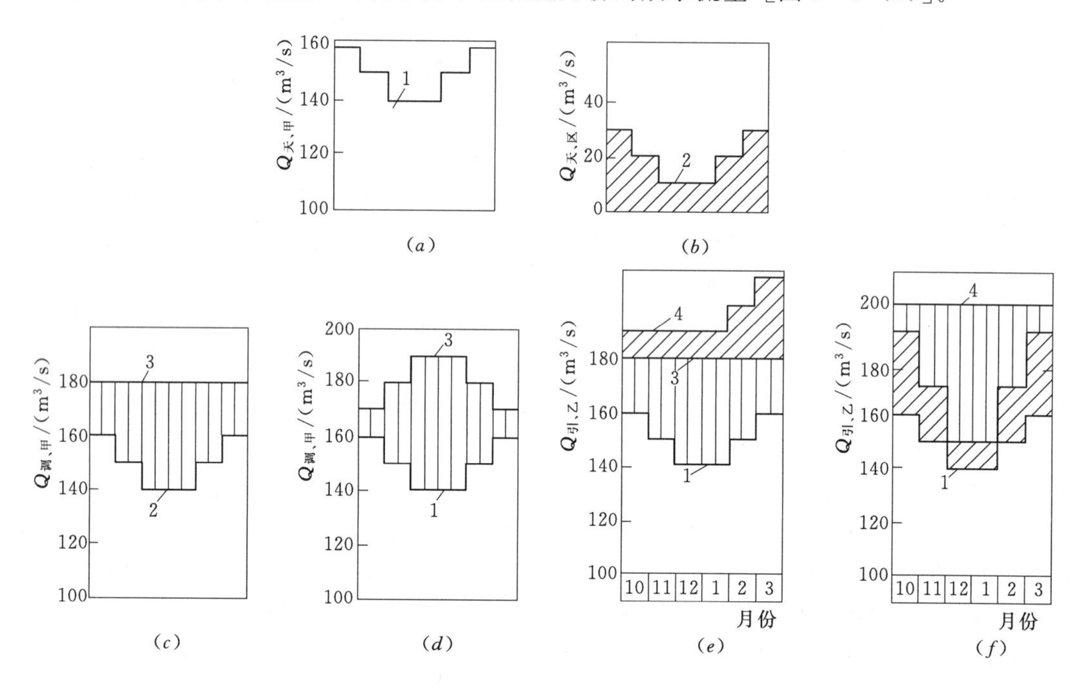

图 7－5　径流补偿示例

1—甲水库枯水期的天然来水流量（10 月至次年 3 月）过程；2—区间（包括支流）来水流量过程；3—甲库枯水期放水过程；4—乙坝址处的引用流量过程

根据例子可以看出：像一般的梯级水库那样调节时，坝址乙处的保证流量仅为 $190m^3/s$（枯水期各月流量中之小者），而考虑径流补偿时，保证流量可提高至 $200m^3/s$，约提高 5.3%。这充分说明径流补偿是有效果的。比较图 7－5（*c*）和（*d*）以及（*e*）和（*f*），可以清楚地看出两种不同情况（不考虑径流补偿和考虑这种补偿）下水库甲处和坝址乙处放水流量过程的区别，如果坝址乙处要求的放水流量不是常数，则水库甲的调节方式应充分考虑这种情况，即它的放水流量要根据被补偿对象处（本例中是坝址乙处）的天然流量多少确定。

从上面例子可以看到在枯水期进行补偿调节计算的特点和径流补偿的效果。对丰水期的调节计算，仍用水量差积曲线图解法来说明径流补偿的特点。

先根据乙坝址处的天然水量差积曲线进行调节计算，具体方法和单库调节情况的一样，只是库容应采用水库甲的兴利库容 $V_{甲}$（图 7－6）。关于这样做的理由，看一看图 7－5（*f*）就可以明白。通过调节可以得出坝址乙处放水的水量差积曲线 *OAFBC*。图 7－6（*b*）表示的实际方案是：丰水期（*OAF* 段）坝址乙处的水电站尽可能以最大过水能力 Q_T

发电，供水期（BC 段）的调节流量是常数，FB 段水电站以天然来水流量发电。$OAFBC$ 线与水电站处的天然来水水量差积曲线之间各时刻的纵坐标差，即为各该时刻水库甲中的蓄水量。把这些存蓄在水库中的水量 $\overline{V}_a$、$\overline{V}_{甲}$、$\overline{V}_b$……在水库甲的天然水量差积曲线上扣除，得出曲线 $Oafbc$ ［图 7－6（a）］，它是水库甲进行补偿调节时放水的水量差积曲线。

调节计算结果表示在坝址乙处的天然流量过程线上［图 7－6（c）］。图上 $dOaefbc$ 线表示经过水电站的流量过程线，它与图 7－6（b）所示调节方案 $OAFBC$ 是一致的。其中有一部分流量是区间的天然流量（$Q_{区}\sim t$），其余流量是从上级水库放下来的，在图上用虚直线表示。上级水库放下的流量时大时小，正说明该水库担负了径流补偿任务。上游水库放下的流量是与图 7－6（a）上调节方案 $Oafbc$ 一致的。

应该说明，区间天然径流大于水电站最大过水能力时，对上述调节方案中的水库蓄水段要进行必要的修正，修正的步骤是：

（1）在图 7－7（a）上，对调节方案的 Oa 段进行检查，找出放水流量为负值的那一

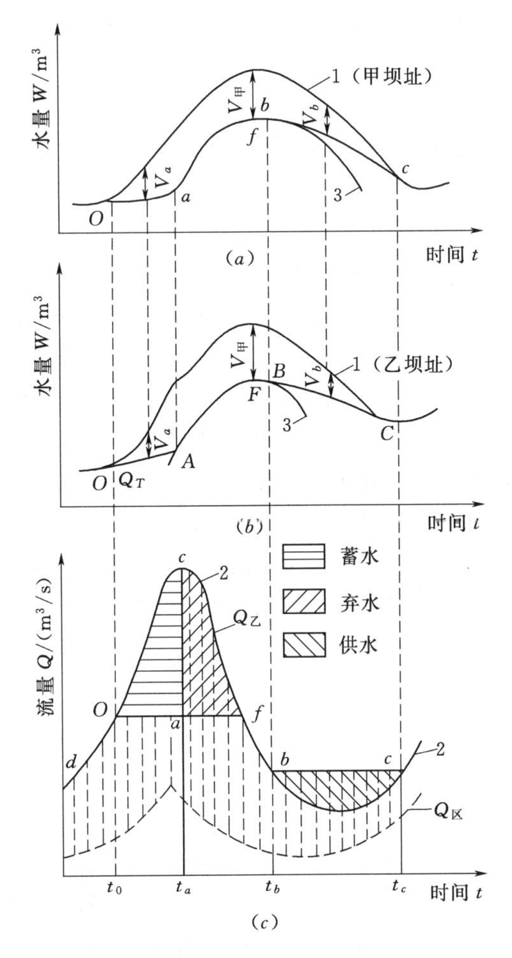

图 7－6 径流补偿调节
（区间来水较小时）
1—天然水量差积曲线；2—天然流量过程线；3—满库线

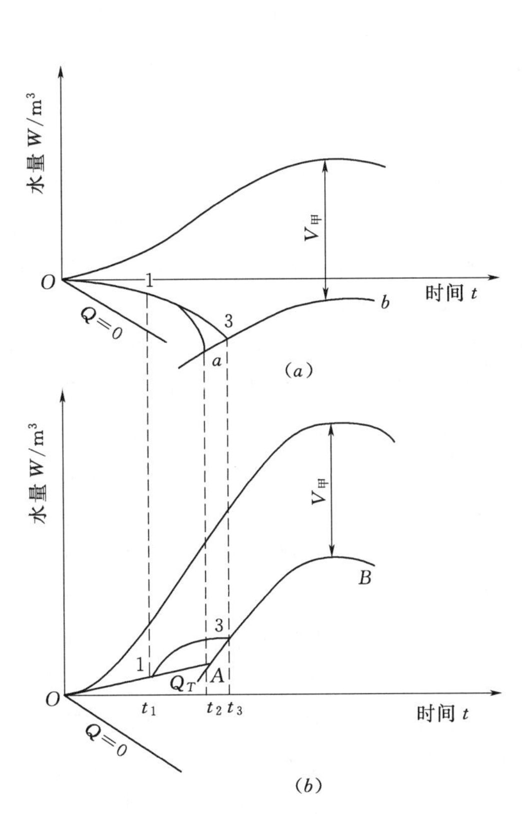

图 7－7 径流补偿调节
（区间来水大时）

段，然后将该段的放水流量修正到零，即这段时间里水库甲不放水，直至它蓄满为止。图 7－7（*a*）的 13 段平行于 $Q=0$ 线，它就是放水流量为零的那一段，点 3 处水库蓄满。时段 t_1t_2 内，水电站充分利用区间来水发电，而且还有无益弃水。

（2）将 t_1t_3 时段内各时刻水库甲中的实有蓄水量，从坝址乙处天然来水水量差积曲线的纵坐标中减去，就得到 t_1t_3 时段内修正的水电站放水量差积曲线，如图 7－7（*b*）上 1～3间的曲线段。这段时间内的区间来水流量均大于水电站的最大过水能力。

需要说明，水库甲若距坝址乙较远，而且电站乙担负经常变化的负荷时，调节计算工作要复杂些，因为这时要计及水由水库甲流到电站所需的时间。由于水库甲放出的水量很难在数量上随时满足电站乙担负变动负荷时的要求，故这时水库甲的供水不当处需由水电站处的水库进行修正。这些属于修正性质的比较精确的调节，称为缓冲调节。这种调节在一定程度上也有补偿的作用，故可以把它当作补偿调节的一种辅助性调节。

上面以简化的例子说明了梯级水库径流补偿的概念，如果在水库甲处也修建了水电站，则这时不仅要考虑两电站所利用流量的变化，还应考虑它们水头的不同。因此，应该考虑两水电站间的电力补偿问题。

第三节　并联水库群的径流电力补偿调节计算

一、并联水库的径流补偿

先讨论并联水库甲、乙［图 7－1（*b*）］共同承担下游丙处防洪任务的问题。如果水库甲、乙到防洪控制点丙的区间设计洪峰流量（对应于防洪标准）不大于丙处的安全泄量，则仍可按丙处的设计洪水过程线，按前述方法求出所需总防洪库容。

在并联水库甲、乙间分配防洪库容时，仍先要确定各库的必需防洪库容。如果丙处发生符合设计标准的大洪水，乙丙区间（指丙以上流域面积减去乙坝址以上流域面积）也发生同频率洪水，设乙库相当大，可以完全拦截乙坝址以上的相应洪水，此时甲库所需要的防洪库容就是它的必需防洪库容。它应根据乙丙区间同频率洪水按丙处以安全泄量泄洪的情况计算求出。同理，乙库的必需防洪库容，应根据甲丙区间（指丙处以上流域面积减去甲水库以上流域面积）发生符合设计标准的洪水，按丙处以安全泄量泄洪情况计算求出。

两水库的总必需防洪库容确定后，由要求的总防洪库容减去该值，即为可以由两水库分担的防洪库容，同样可根据一定的原则和两库具体情况进行分配。有时求出的总必需防洪库容超过所需的总防洪库容，这种情况往往发生在某些洪水分布情况变化较剧烈的河流。这时，甲、乙两库的必需防洪库容就是它们的防洪库容。

上游水库群共同承担下游丙处防洪任务时，一般需考虑补偿问题，但由于洪水的地区分布、水库特性等情况不同，防洪补偿调节方式是比较复杂的，在设计阶段一般只能概略考虑。当甲、乙两库处洪水具有一定的同步性，但两水库特性不同时，一般选调洪能力大、控制洪水比重也大的水库，作为防洪补偿调节水库（设为乙库），另外的水库（设为甲库）为被补偿水库。这种情况下，甲库可按其本身防洪及综合利用要求放水，求得下泄流量过程线（$q_{甲}\sim t$），将此过程线（计及洪水流量传播时间和河槽调蓄作用）和甲乙丙区间洪水过程线 $Q_{丙\sim t}$同时间相加，得出（$q_{甲}+Q_{丙}$）的过程线。

在乙库处符合防洪标准的洪水过程线上，先作 $q_{安、丙}$（丙处安全泄量）线，然后将（$q_{甲}+Q_{丙}$）线倒置于 $q_{安、丙}$ 线下面（图 7－8），这条倒置线与乙库洪水过程线所包围的面积，即代表乙库的防洪库容值，在图上以斜阴影线表示。当乙库处的洪水流量较大时（图 7－8 上 AB 之间），为了保证丙处流量不超过安全泄量，乙库下泄流量应等于 $q_{安、丙}$ 与（$q_{甲}+Q_{丙}$）之差。A 点以前和 B 点以后，乙库洪水流量较小，即使全部下泄，丙处流量也不致超过 $q_{安、丙}$ 值。实际上，A 点以前和 B 点以后的乙库泄流量值要视防洪需要而定。有时为了预先腾空水库以迎接下一次洪峰，B 点以后的泄流量要大于这时的来水流量。

在甲、乙两库处的洪水相差不大，但同步性较差的情况下，采用补偿调节方式时要持慎重态度，务必将两洪峰尽可能错开，不要使它们组合出现更不利的情况。关于这一点，看一看示意图 7－9 可以理解得更深刻。图上用 abc 和 $a'b'c'$ 分别表示甲、乙两支流处的洪水过程线，$abdb'c'$（双实线）表示建库前的洪水累加线；aef（虚线）表示甲水库调洪后的放水过程线，双虚线表示甲库放水过程线和乙支流洪水过程线的累加线。显然，修建水库甲后由于调节不恰当，反而使组合洪水更大了。从这里也可以看到，选择正确的调节方式是多么重要。

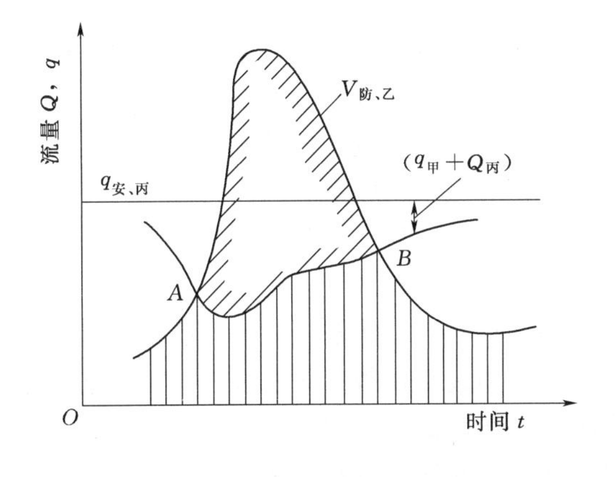

图 7－8　考虑补偿作用确定防洪库容

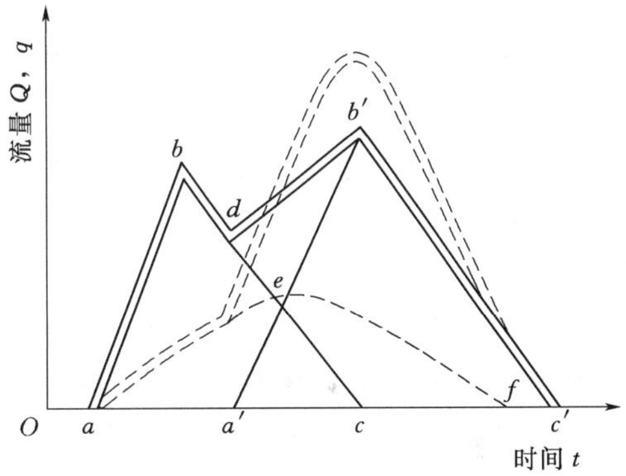

图 7－9　洪水组合示意图

并联水库甲、乙在主要是保证下游丙处灌溉和其他农业用水情况下，进行水利计算时，首先要作出丙处设计枯水年份的总需水图。从该图中逐月减去设计枯水年份的区间来水流量，就可得出甲、乙两水库的需水流量过程线，如图 7－10 上之 1 线。其次，要确定补偿水库和被补偿水库。一般以库容较大、调节性能较好，对放水没有特殊限制的水库作为补偿水库，其余的则为被补偿水库。被补偿水库按照自身的有利方式进行调节。设甲、乙两库中的乙库是被补偿水库，按其自身的有利方式进行径流调节，设计枯水年仅有两个时期，即蓄水期和供水期，其调节流量过程线如图 7－10 上 2 线所示。从水库甲、乙的需水流量过程线（1 线）中减去水库乙的调节流量过程线（2 线），即得出补偿水库甲的需放水流量过程线，如图 7－10 上 3 线所示。

如果甲库处的设计枯水年总来水量大于总需水量，则说明进行径流年调节即可满足用水部门的要求，否则要进行多年调节。根据甲水库来水过程线和需水流量过程线进行调节时，调节计算方法与单一水库的情况是相同的，这里不重复。应该说明，如果乙水库也是规划中的水库，则为了寻求合理的组合方案，应该对乙水库的规模拟定几个方案进行水利

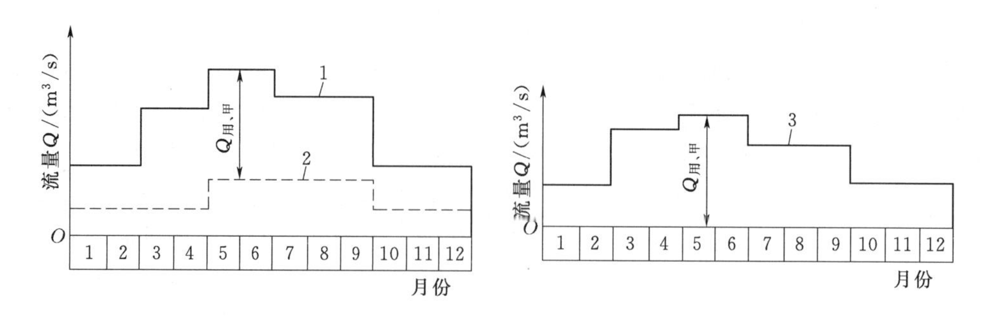

图 7-10 推求甲水库的需放水流量过程线

1—需水流量过程线；2—乙库调节流量过程线；3—甲库需放水流量过程线

计算，然后通过经济计算和综合分析，统一研究决定甲、乙水库的规模和工程特征值。

二、并联水库水电站的电力补偿

如果在图 7-1（*b*）所示甲、乙水库处均修建水电站，则因两电站间没有直接径流联系，它们之间的关系就和其他跨流域水电站群一样。当这些电站投入电力系统共同供电时，如果水文不同步，也就自然地起到水文补偿的作用，可以取长补短，达到提高总保证出力的目的。倘若调节性能有差异，则可通过电力系统的联系进行电力补偿。这时补偿电站可将它对被补偿电站所需补偿的出力，考虑水头因素，在本电站的径流调节过程中计算得出。由此可见，水电站群间的电力补偿还是和径流补偿密切联系着的。因此，进行水电站群规划时，应同时考虑径流、电力补偿，使电力系统电站群及其输电线路组合得更为合理，主要参数选择得更加经济。

关于电力补偿调节计算的方法，对初学者来说，还是时历法较易理解。这里介绍电力补偿调节的电当量法。其方法要点是用河流的水流出力过程代替天然来水过程，用电库容代替径流调节时所用的水库容，然后按径流调节时历图解法的原理进行电力补偿调节。

对同一电力系统中的若干并联水库水电站，用电当量法进行补偿调节时，调节计算的具体步骤如下：

（1）将各水电站的天然流量过程，按出力计算公式 $N=AQ\overline{H}$(kW) 算出不蓄出力过程。水头$\overline{H}$可采用平均值，即上、下游平均水位之差。初步计算时，上游平均水位可近似地采用 $0.5V_{兴}$ 相应的库水位，下游平均水位近似地采用对应于多年平均流量的水位。式中 Q 值应是天然流量减去上游综合利用引水流量所得的差值。

（2）各电站同时间之不蓄出力相加，即得总不蓄出力过程，根据它绘制出不蓄电能差积曲线。如计算时段用一个月，则不蓄电能的单位可用 kW·月。

（3）根据各电站的水库兴利库容，按公式 $E_{库}=A_E V_{兴}\overline{H}$(kW·月) 换算为电库容，式中的 $V_{兴}$ 以 (m^3/s)·月为单位，$\overline{H}$ 以 m 计。

（4）根据各电站的电库容求出总电库容 $\sum E_{库}$，然后在不蓄电能差积曲线上进行调节计算（图 7-11），具体方法和水量差积曲线图解法一样。图 7-11 上表示的调节方案是：*ab* 段（注脚 1、2 表示年份）两个年调节水电站均以装机容量满载发电，*b* 点处两水库蓄满，*bc* 段水电站上有弃水出力，*cd* 段两水库放水（以弃水情况到供水情况之间，往往有以天然流量工作的过渡期），水库供水段两电站的总出力小于它们的总装机容量。

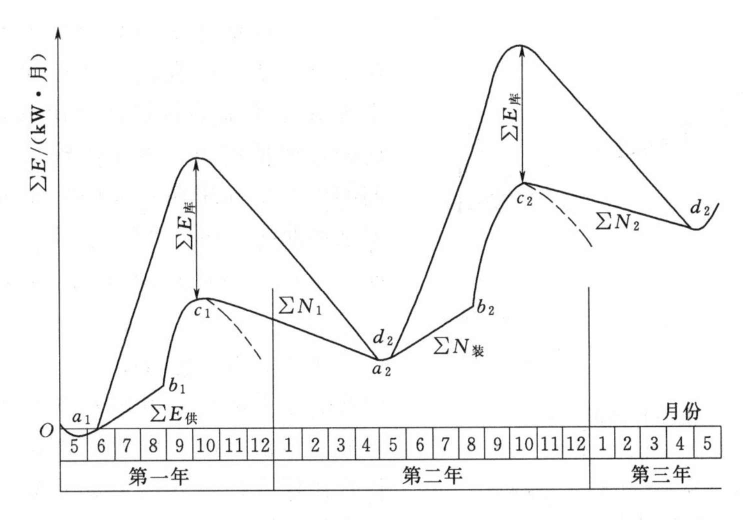

图 7-11　用电当量法进行电力补偿

（5）对库容比较大而天然来水较小的电站，检查其库容能否在蓄水期末蓄满（水库进行年调节情况），其目的是避免用某一电站库容去调节另一电站水量的不合理现象。检查的办法是将该电站在丰水期（如图 7-11 上的 ac 段）间的不蓄电能累加起来，看是否大于该电站的电库容 $E_{库}$。如查明电库容蓄不满，则应将蓄不满的部分从 $\sum E_{库}$ 中减去，得 $\sum E'_{库}$，利用修正后的总电库容进行调节计算，以求符合实际情况的总出力。在这种情况下，丰水期两电站能以多大出力发电，也要按实际情况决定。显然，不但能在丰水期蓄满水库，而且有弃水出力的那个水电站，能以装机容量满载发电（实际运行中还要考虑有否容量受阻情况）；虽能蓄满水库但无弃水出力的水电站，其丰水期的实际发电出力，可根据能量平衡原理计算出。

图 7-12 是两个并联年调节水库枯水年的调节方案，原方案以 $abcd$ 线表示，水库电当量 $\sum E_{库}$。经复查，有一水库即使水电站丰水期不发电也蓄不满，不足电库容 $\sum E_{库}$，实际水库电当量 $\sum E'_{库}$。因此，丰水期仅有一个电站能发电，修正后的调节方案以 $a'b'c'd'$ 线表示。

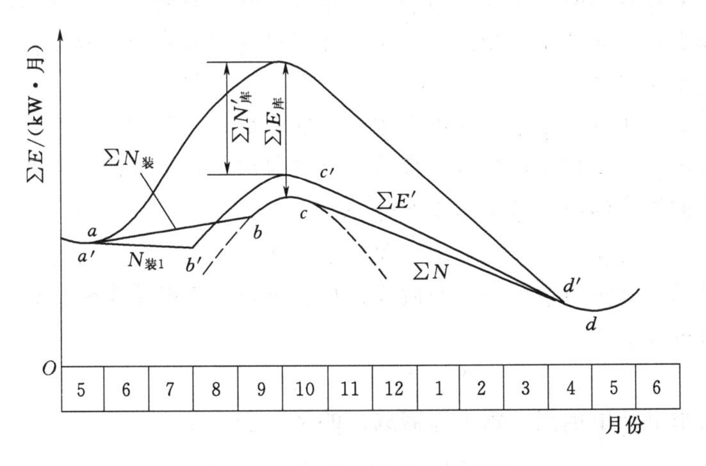

图 7-12　枯水年份的电力补偿

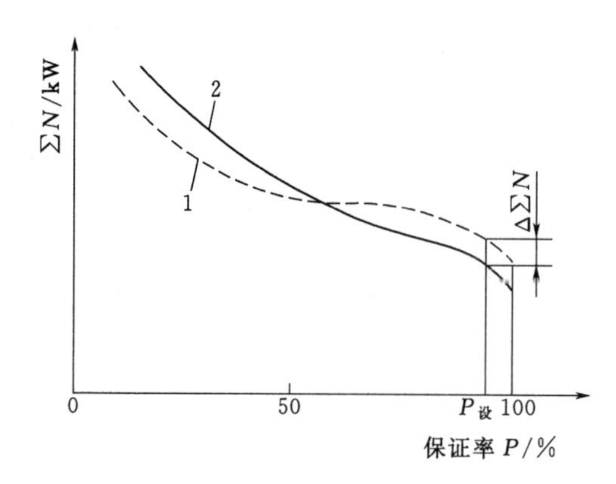

图 7－13　电力补偿前后总出力保证率曲线比较

1—补偿后的保证率曲线；2—补偿前的保证率曲线

(6) 根据补偿调节的总出力$\sum N$，按大小次序排队，绘制其保证率曲线（图 7－13 上 1 线）。根据设计保证率在图上可求出补偿后的总保证出力。为了比较，将补偿前各电站的出力保证率曲线同频率相加，得总出力保证率曲线（图上 2 线），比较图 7－13 上的曲线 1 和 2，可以求得电力补偿增加的保证出力 $\Delta\sum N$。

实践证明，遇到综合利用要求比较复杂，以及需要弄清各个电站在电力补偿调节过程中的工作情况时，调节计算利用时历列表法进行比较方便。方法要点可参考径流调节这一章的介绍。

第四节　水库群的蓄放水次序

一、并联水电站水库群蓄放水次序

水电站群联合运行时，考虑水库群的蓄放水次序是一个很重要的问题，正确的水库群蓄放水次序，可以使它们在联合运行中总的发电量最大。

凡是具有相当于年调节程度的蓄水式水电站，它用来生产电能的水量由两部分组成：一部分是经过水库调蓄的水量，它生产的电能称为蓄水电能，这部分电能的大小由兴利库容的大小决定；另一部分是经过水库的不蓄水量，它生产的电能称为不蓄电能，这部分电能的大小在不蓄水量值一定的情况下，与水库调蓄过程中的水头变化情况有很密切的关系。如果同一电力系统中有两个这样的电站联合运行，由于水库特性不同，它们在同一供水或蓄水时段为生产同样数量电能所引起的水头变化是不同的，这样就使以后各时段中当同样数量的流量通过它们时，引起出力和发电量的不同。因此，为了使它们在联合运行中总发电量尽可能大，就要使水电站的不蓄水量在尽可能大的水头下发电。这就是研究水库群蓄放水次序的主要目的。

设有两个并联的年调节水电站在电力系统中联合运行，它们的来水资料和系统负荷资料均为已知，水库特性资料也已具备。在某一供水时段，根据该时段内水电站的不蓄流量和水头，两电站能生产的总不蓄出力$\sum N_{不蓄i}$为

$$\sum N_{不蓄i}=N_{不蓄、甲i}+N_{不蓄、乙i} \tag{7-1}$$

如果该值不能满足当时系统负荷 $N_{系i}$的需要，根据系统电力电量平衡还要水库放水补充出力 $N_{库i}$，则该值可由下式求定：

$$N_{库i}=N_{系i}-\sum N_{不蓄i} \tag{7-2}$$

设该补充出力由水电站甲承担，则水库需放出的流量 $Q_{甲i}$为

$$Q_{甲i}=\frac{\mathrm{d}V_{甲i}}{\mathrm{d}t}=\frac{F_{甲i}\mathrm{d}H_{甲i}}{\mathrm{d}t}=\frac{N_{库i}}{AH_{甲i}} \tag{7-3}$$

式中　$dV_{甲i}$——某时段 dt 内水库甲消落的库容；

$F_{甲i}$——某时段内水库甲的库面积；

$dH_{甲i}$——某时段内水库甲消落的深度；

A——出力系数，设两电站采用的数值相同。

如果补充出力由水电站乙承担，则需流量

$$Q_{乙i}=F_{乙i}\frac{dH_{乙i}}{dt}=\frac{N_{库i}}{AH_{乙i}} \tag{7-4}$$

式中符号的意义同前，注脚乙表示水电站乙，根据式（7－3）和式（7－4）可得

$$dH_{乙i}=\frac{F_{甲i}H_{甲i}}{F_{乙i}H_{乙i}}dH_{甲i} \tag{7-5}$$

式（7－5）表示两水库在第 i 时段内的水库面积、水头和水库消落水层三者之间的关系。应该注意，该时段的水库消落水层不同会影响以后时段的发电水头，从而使两水库的不蓄电能损失不同。两水库的不蓄电能损失值可按下式求定：

$$\begin{cases} dE_{不蓄、甲}=\dfrac{W_{不蓄、甲}dH_{甲i}\eta_{水、甲}}{367.1} \\ dE_{不蓄、乙}=\dfrac{W_{不蓄、乙}dH_{乙i}\eta_{水、乙}}{367.1} \end{cases} \tag{7-6}$$

式中　$W_{不蓄、甲}$、$W_{不蓄、乙}$——甲、乙水库在 i 时段以后来的供水期不蓄水量；

$\eta_{水、甲}$、$\eta_{水、乙}$——水电站甲、乙的发电效率。

对于在同一电力系统中联合运行的两个水电站，如果希望它们的总发电量尽可能大，就应该使总的不蓄电能损失尽可能小。为此，就需要根据式（7－6）中的两计算式来判别确定水库的放水次序。显然，在 $\eta_{水、甲}=\eta_{水、乙}$时，如果

$$W_{不蓄、甲}dH_{甲i}<W_{不蓄、乙}dH_{乙i} \tag{7-7}$$

则水电站甲先放水发补充出力以满足系统需要较为有利；反之，则应由电站乙先放水。将式（7－5）中的关系代入式（7－7），可得水电站先放水为有利的条件是

$$\frac{W_{不蓄、甲}}{F_{甲i}H_{甲i}}<\frac{W_{不满、乙}}{F_{乙i}H_{乙i}} \tag{7-8}$$

令 $W_{不蓄}/FH=K$，则水电站水库的放水次序可据此 K 值来判别。

在水库供水期初，可根据各库的水库面积、电站水头和供水期天然来水量计算出各库的 K 值，哪个水库的 K 值小，该水库就先供水。应该注意，由于水库供水而使库面下降，改变 F、H 值，各计算时段以后（算到供水期末）的 $W_{不蓄}$值也不同，所以 K 值是变的，应该逐时段判别调整。当两水库的 K 值相等时，它们应同时供水发电。至于两电站间如何合理分配要求的 $N_{库}$ 值，则要进行试算决定。

在水库蓄水期，抬高库水位可以增加水电站不蓄电能。因此，当并联水库群联合运行时，亦有一个蓄水次序问题，即要研究哪个水库先蓄可使不蓄电能尽可能大的问题。也可按照上述决定水电站水库放水次序的原理，找出蓄水期蓄水次序的判别式：

$$K'=\frac{W'_{不蓄}}{FH} \tag{7-9}$$

式中　$W'_{不蓄}$——自该计算时段到汛末的天然来水量减去水库在汛期尚待存蓄的库容。

该判别式的用法与供水期情况正好相反，即应以 K' 值大的先蓄有利。应该说明，为了尽量避免弃水，在考虑并联水库群的蓄水时序时，要结合水库调度进行。对库容相对较小，有较多弃水的水库，要尽早充分利用装机容量满载发电，以减少弃水数量。

对于综合利用水库，在决定水库蓄放水次序时，一定要认真考虑各水利部门的要求，不能仅凭一个系数 K 或 K' 值来决定各水电站水库的蓄放水次序。

二、串联水电站水库群蓄放水次序

设有两个串联的年调节水电站在电力系统中联合运行，某一供水时段要依靠其中任一电站的水库放水来补充出力。如果由上游水库供水，那么它可提供的电能为

$$\mathrm{d}E_{库、甲i}=\frac{F_{甲i}\mathrm{d}H_{甲i}(H_{甲i}+H_{乙i})\eta_{水、甲}}{367.1} \tag{7-10}$$

式中符号代表的意义和前面并联水库情况相同。上式中计及 $H_{乙i}$，是因为上游水库放出的水量还可通过下一级电站发电。

如果由下游水库放水发电以补出力的不足，则水库乙提供的电能按下式决定：

$$\mathrm{d}E_{库、乙i}=\frac{F_{乙i}\mathrm{d}H_{乙i}H_{乙i}\eta_{水、乙}}{367.1} \tag{7-11}$$

因要求 $\mathrm{d}E_{库、甲i}=\mathrm{d}E_{库、乙i}$，仍设 $\eta_{水、甲}=\eta_{水、乙}$，所以可得

$$\mathrm{d}H_{乙i}=\frac{F_{甲i}(H_{甲i}+H_{乙i})}{F_{乙i}H_{乙i}}\mathrm{d}H_{甲i} \tag{7-12}$$

对于水库甲来说，不蓄电能损失的计算公式和并联水库情况相同，而对水库乙则有差别，其计算公式应该是

$$\mathrm{d}E_{不蓄、乙}=\frac{(W_{不蓄、甲}+V_{甲}+W_{不蓄、乙})\mathrm{d}H_{乙i}\eta_{水、乙}}{367.1} \tag{7-13}$$

式（7－13）反映了上游水库所蓄水量 $V_{甲}$ 及其不蓄水量 $W_{不蓄、甲}$ 均通过下游水库这个特点，而 $W_{不蓄、乙}$ 为两电站间的区间不蓄水量。

在串联水库情况下，上游水库先供水有利的条件是

$$W_{不蓄、甲}\mathrm{d}H_{甲i}<(W_{不蓄、甲}+\overline{V}_{甲}+W_{不蓄、乙})\mathrm{d}H_{乙i} \tag{7-14}$$

将式（7－12）代入式（7－14），可得上游水库先供水的有利条件为

$$\frac{W_{不蓄、甲}}{F_{甲i}(H_{甲i}+H_{乙i})}<\frac{W_{不蓄、甲}+V_{甲}+W_{不蓄、乙}}{F_{乙i}H_{乙i}} \tag{7-15}$$

如果令 $W_{不蓄、总}/F\sum H=K$，式中分子表示流经该电站的总不蓄水量，分母中的 $\sum H$ 表示从该电站到最后一级水电站的各站水头值之和，则串联水电站水库的放水次序可根据此 K 值来判别，哪个水电站水库的 K 值较小，哪个水库就先供水。同理，可以推导出蓄水期的蓄水次序判别式。

同样，对有综合利用任务的水库，在确定蓄放水次序时，应认真考虑综合利用要求，这样才符合前面强调的水资源综合利用原则。

第八章 水 库 调 度

第一节 水库调度的意义及调度图

前面讨论的都是水利水电规划方面的问题，核心内容是论证工程方案的经济可行性，并选定水电站及水库的主要参数。待工程建成以后，领导部门和管理单位最为关心的问题是如何将工程的设计效益充分发挥出来，为社会主义四化建设多做贡献。但是，生产实践中水利工程尤其是水库工程的管理上存在一定的困难。主要原因是：水库工程的工作情况与所在河流的水文情况密切有关，而天然的水文情况是多变的，即使有较长的水文资料也不可能完全掌握未来的水文变化。目前水文和气象预报科学的发展水平还不能作出足够精确的长期预报，对河川径流的未来变化只能作一般性的预测。因此，如管理不当常可能造成损失，这种损失或者是因洪水调度不当带来的，或者是因不能保证水利部门的正常供水而引起，也可能是因不能充分利用水资源或水能资源而造成。

在难以确切掌握天然来水的情况下，管理上常可能出现各种问题。例如，在担负有防洪任务的综合利用水利枢纽上，若仅从防洪安全的角度出发，在整个汛期内都要留出全部防洪库容，等待洪水的来临，这样在一般的水文年份中，水库到汛期后可能蓄不到正常蓄水位，因此减少了充分利用兴利库容来获利的可能性，得不到最大的综合效益。反之，若单纯从提高兴利效益的角度出发，过早将防洪库容蓄满，则汛末再出现较大洪水时，就会措手不及，甚至造成损失严重的洪灾。从供水期水电站的工作来看，也可能出现类似的问题。在供水期初如水电站过分地增大了出力，则水库很早放空，当后来的天然水量不能满足要求水电站保证的出力时，则系统的正常工作将遭受破坏；反之，如供水期初水电站发的出力过小，到枯水期末还不能腾空水库，而后来的天然来水流量又可能很快蓄满水库并开始弃水，这样就不能充分利用水能资源，白白浪费了大量能源。显然，也是很不经济的。

为了避免上述因管理不当而造成损失，或将这种损失减少到最低限度，我们应当对水库的运行根据比较理想的规则进行合理的控制，换句话说，要提出合理的水库调度方法进行水库调度。为此，应根据已有水文资料，分析和掌握径流变化的一般规律，作为水库调度的依据。

水库调度常根据水库调度图来实现。调度图由一些基本调度线组成，这些调度线是具有控制性意义的水库蓄水量（或水位）变化过程线，是根据过去水文资料和枢纽的综合利用任务绘制出的。有了这种图后，我们即可根据水利枢纽在某一时刻的水库蓄水情况及其在调度图中相应的工作区域，决定该时刻的水库操作方法。水库基本调度图如图 8 - 1、图 8 - 2 所示。

应该指出，水库调度图不仅可用以指导水库的运行调度，增加编制各部门生产任务的预见性和计划性，提高各水利部门的工作可靠性和水量利用率，更好地发挥水库的综合利用作用；同时也可用来合理决定和校核水电站的主要参数（正常蓄水位、死水位及装机容量等）以及水电站的动能指标（出力和发电量）。大型水利枢纽在规划设计阶段也常用调度图来全面反映综合利用要求，以及它们内在的矛盾，以便寻求解决矛盾的途径。

绘制水库调度图的基本依据主要有：

（1）来水径流资料，包括时历特性资料（如历年逐月或旬的平均来水流量资料）和统计特性资料（如年或月的频率特性曲线）；

（2）水库特性资料和下游水位、流量关系资料；

（3）水库的各种兴利特征水位和防洪特征水位等；

（4）水电站水轮机运行综合特性曲线和有压引水系统水头损失特性等；

（5）水电站保证出力图，它表示为了保证电力系统正常运行而要求水电站每月必需发出的平均出力（如图 6－8）；

（6）其他综合利用要求，如灌溉、航运等部门的要求。

由于水库调度图是根据过去的水文资料绘制出来的，因此它只是反映了以往资料中几个带有控制性的典型情况，而未能包括将来可能出现的各种径流特性。实际来水量变化情况与编制调度图时所依据的资料是不尽相同的，如果机械地按调度图操作水库，就可能出现不合理的结果，如发生大量弃水或者汛末水库蓄不满等情况。因此，为了能够使水库做到有计划的蓄水、泄水和利用水，充分发挥水库的调蓄作用，获得尽可能大的综合利用效益，必须把调度图和水文预报结合起来考虑，根据水文预报成果和各部门的实际需要进行合理的水库调度。

应该强调指出，在防洪与兴利结合的水库调度中，必须把水库的安全放在首位，要保证设计标准内的安全运用。水库在防洪保障方面的作用是要保护国家和人民群众的最根本利益，尤其当工程还存在一定隐患和其他不安全因素时，水库调度中更要全面考虑工程安全，特别是大坝安全对洪水调度的要求，兴利效益务必要服从防洪调度统一安排，通过优化调度，把可能出现的最高洪水位控制在水库安全允许的范围内。在此大前提下，再统筹安排满足下游防洪和各兴利部门的要求。

下面根据教学要求和认识规律依次介绍水库兴利调度、防洪调度、综合利用水库调度，并简要介绍水库优化调度。已有不少专著和论文详细讨论水库调度的专门问题，这里受学时限制，只能介绍基本的有关知识。

第二节　水库的兴利调度

本节介绍以发电为主要任务的水电站水库调度问题，主要讨论兴利基本调度线的绘制和兴利调度图的组成。

一、年调节水电站水库基本调度线

（一）供水期基本调度线的绘制

在水电站水库正常蓄水位和死水位已定的情况下，年调节水电站供水期水库调度的任务是：对于保证率等于及小于设计保证率的来水年份，应在发足保证出力的前提下，尽量利用水库的有效蓄水（包括水量及水头的利用）加大出力，使水库在供水期末泄放至死水位。对于设计保证率以外的特枯年份，应在充分利用水库有效蓄水的前提下，尽量减少水电站正常工作的破坏程度。供水期水库基本调度线就是为完成上述调度任务而绘制的。

根据水电站保证出力图与各年流量资料以及水库特性等，用列表法或图解法由死水位逆时序进行水能计算，可以得到各种年份指导水库调度的蓄水指示线，如图 8-1（a）所示。图 8-1（a）上的 ab 线系根据设计枯水年资料作出。它的意义是：天然来水情况一定时，使水电站在供水期按照保证出力图工作，各时刻水库应有的水位。设计枯水年供水期初如水库水位在 b 处（$Z_{蓄}$），则按保证出力图工作到供水期末时，水库水位恰好消落至 a（$a_{死}$）。由于各种水文年天然来水量及其分配过程不同，如按照同样的保证出力图工作，则可以发现天然来水愈丰的年份，其蓄水指示线的位置愈低［图 8-1（a）上②线］，意即对来水较丰的年份即使水库蓄水量少一些，仍可按保证出力图工作，满足电力系统电力电量平衡的要求；反之，来水愈枯的年份其指示线位置愈高［图 8-1（a）上③线］。

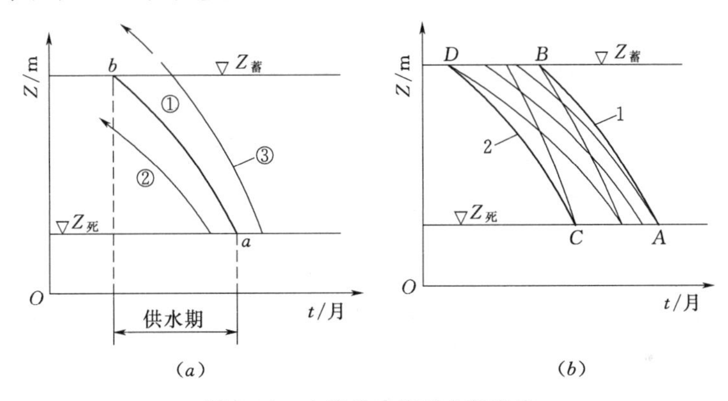

图 8-1　水库供水期基本调度线

1—上调度线；2—下调度线

在实际运行中，由于事先不知道来水属于何种年份，只好绘出典型水文年的供水期水库蓄水指示线，然后在这些曲线的右上边作一条上包线 AB［图 8-1（b）］作为供水期的上基本调度线。同样，在这些曲线的左下边作下包线 CD，作为下基本调度线。两基本调度线间的这个区域称为水电站保证出力工作区。只要供水期水库水位一直处在该范围内，则不论天然来水情况如何，水电站均能按保证出力图工作。

实际上，只要设计枯水年供水期的水电站正常工作能得到保证，丰水年、中水年供水期的正常工作得到保证是不会有问题的。因此，在水库调度中可取各种不同典型的设计枯水年供水期蓄水指示线的上、下包线作为供水期基本调度线来指导水库的运用。

基本调度线的绘制步骤可归纳如下：

（1）选择符合设计保证率的若干典型年，并对其进行必要的修正，使它满足两个条件，一是典型年供水期平均出力应等于或接近保证出力；二是供水期终止时刻应与设计保证率范围内多数年份一致。为此，可根据供水期平均出力保证率曲线，选择 4～5 个等于或接近保证出力的年份作为典型年。将各典型年的逐时段流量分别乘以各年的修正系数，以得出计算用的各年流量过程（具体方法参见“工程水文学”）。

（2）对各典型年修正后的来水过程，按保证出力图自供水期末死水位开始进行逐时段（月）的水能计算，逆时序倒算至供水期初，求得各年供水期按保证出力图工作所需的水库蓄水指示线。

（3）取各典型年指示线的上、下包线，即得供水期上、下基本调度线。上基本调度线表示水电站按保证出力图工作时，各时刻所需的最高库水位，利用它就使水库管理人员在任何年供水期中（特枯年例外）有可能知道水库中何时有多余水量，可以使水电站加大出力工作，以充分利用水资源。下基本调度线表示水电站按保证出力图工作所需的最低库水位。当某时刻库水位低于该线所表示的库水位时，水电站就要降低出力工作了。

运行中为了防止由于汛期开始较迟，较长时间在低水位运行引起水电站出力的剧烈下降而带来正常工作的集中破坏，可将两条基本调度线结束于同一时刻，即结束于洪水最迟的开始时间。处理方法是：将下调度线（图 8-2 上的虚线）水平移动至通过 A 点［图 8-2（a）］，或将下调度线的上端与上调度线的下端连起来，得出修正后的下基本调度线［图 8-2（b）］。

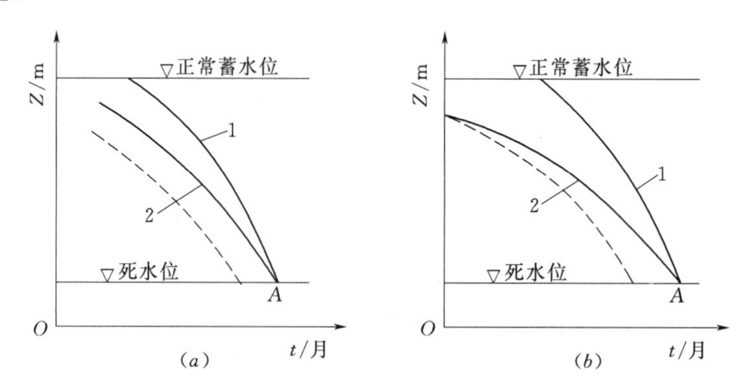

图 8-2　供水期基本调度线的修正

1—上调度线；2—修正后的下调度线

（二）蓄水期基本调度线的绘制

一般地说，水电站在丰水期除按保证出力图工作外，还有多余水量可供利用。水电站蓄水期水库调度的任务是：在保证水电站工作可靠性和水库蓄满的前提下，尽量利用多余水量加大出力，以提高水电站和电力系统的经济效益。蓄水期基本调度线就是为完成上述重要任务而绘制的。

水库蓄水期上、下基本调度线的绘制，也是先求出许多水文年的蓄水期水库水位指示线，然后作它们的上、下包线求得。这些基本调度线的绘制，也可以和供水期一样采用典型年的方法，即根据前面选出的若干设计典型年修正后的来水过程，对各年蓄水期从正常蓄水位开始，按保证出力图进行出力为已知情况的水能计算，逆时序倒算求得保证水库蓄满的水库蓄水指示线。为了防止由于汛期开始较迟而过早降低库水位引起正常工作的破坏，常常将下调度线的起点 h' 向后移至洪水开始最迟的时刻 h 点，并作 gh 光滑曲线，如图 8-3 所示。

上面介绍了采用供、蓄水期分别绘制基本调度线的方法，但有时也用各典型年的供、蓄水期的水库蓄水指示线连续绘出的方法，即自死水位开始逆时序倒算至供水期初，又接着算至蓄水期初再回到死水位为止，然后取整个调节期的上、下包线作为基本调度线。

（三）水库基本调度图

将上面求得的供、蓄水期基本调度线绘在同一张图上，就可得到基本调度图，如图 8-4 所示。该图上由基本调度线划分为五个主要区域：

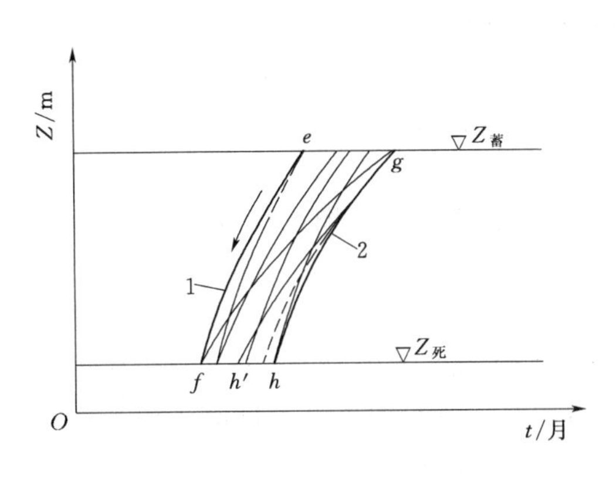

图 8-3　蓄水期水库调度线

1—上基本调度线；2—下基本调度线

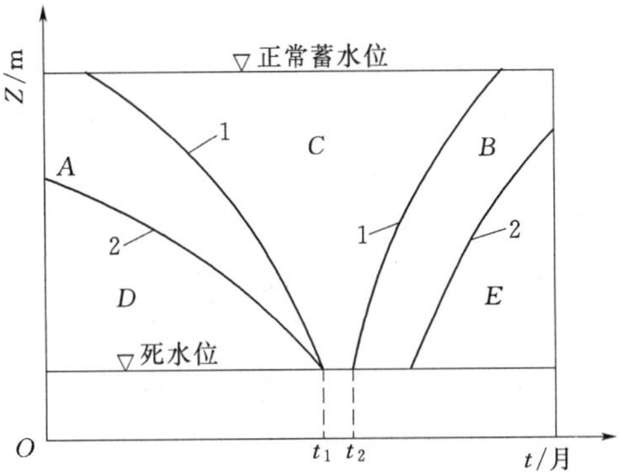

图 8-4　水库基本调度图

1—上基本调度线；2—下基本调度线

（1）供水期出力保证区（A 区）。当水库水位在此区域时，水电站可按保证出力图工作，以保证电力系统正常运行。

（2）蓄水期出力保证区（B 区）。其意义同上。

（3）加大出力区（C 区）。当水库水位在此区域内时，水电站可以加大出力（大于保证出力图规定的）工作，以充分利用水能资源。

（4）供水期出力减小区（D 区）。当水库水位在此区域内时，水电站应及早减小出力（小于保证出力图所规定的）工作。

（5）蓄水期出力减小区（E 区）。其意义同上。

由上述可见，在水库运行过程中，该图是能对水库的合理调度起到指导作用的。

二、多年调节水电站水库基本调度线

（一）绘制方法及其特点

如果调节周期历时比较稳定，多年调节水电站水库基本调度线的绘制，原则上可用和年调节水库相同的原理及方法。所不同的是要以连续的枯水年系列和连续的丰水年系列来绘制基本调度线。但是，往往由于水文资料不足，包括的水库供水周期和蓄水周期数目较少，不可能将各种丰水年与枯水年的组合情况全包括进去，因而作出的这样曲线是不可靠的。同时，方法比较繁杂，使用也不方便。因此，实际上常采用较为简化的方法，即计算典型年法。其特点是不研究多年调节的全周期，而只研究连续枯水系列的第一年和最后一年的水库工作情况。

（二）计算典型年及其选择

为了保证连续枯水年系列内都能按水电站保证出力图工作，只有当多年调节水库的多年库容蓄满后还有多余水量时，才能允许水电站加大出力运行；在多年库容放空，而来水又不足发保证出力时，才允许降低出力运行。根据这样的基本要求，我们来分析枯水年系列第一年和最后一年的工作情况。

对于枯水年系列的第一年，如果该年末多年库容仍能够蓄满，也就是该年供水期不足水量可由其蓄水期多余水量补充，而且该年来水正好满足按保证出力图工作所需要的水量，那么根据这样的来水情况绘出的水库蓄水指示线即为上基本调度线。显然，当遇到来水情况丰于按保证出力图工作所需要的水量时，可以允许水电站加大出力运行。

对于枯水年系列的最后一年，如果该年年初水库多年库容虽已经放空，但该年来水正好满足按保证出力图工作的需要，因此，到年末水库水位虽达到死水位，但仍没有影响电力系统的正常工作，则根据这种来水情况绘制的水库蓄水指示线，即可以作为水库下基本调度线。只有遇到水库多年库容已经放空且来水小于按保证出力图工作所需要的水量时，水电站才不得不限制出力运行。

根据上面的分析，选出的计算典型年最好应具备这样的条件：该年的来水正好等于按保证出力图工作所需要的水量。我们可以在水电站的天然来水资料中，选出符合所述条件而且径流年内分配不同的若干年份为典型年，然后对这些年的各月流量值进行必要修正（可以按保证流量或保证出力的比例进行修正），即得计算典型年。

（三）基本调度线的绘制

根据上面选出的各计算典型年，即可绘制多年调节水库的基本调度线。先对每一个年份按保证出力图自蓄水期正常蓄水位，逆时序倒算（逐月计算）至蓄水期初的年消落水位。然后再自供水期末从年消落水位倒算至供水期初相应的正常蓄水位。这样就求得各年按保证出力图工作的水库蓄水指示线，如图 8－5 上的虚线。取这些指示线的上包线即得上基本调度线（图 8－5 上的 1 线）。

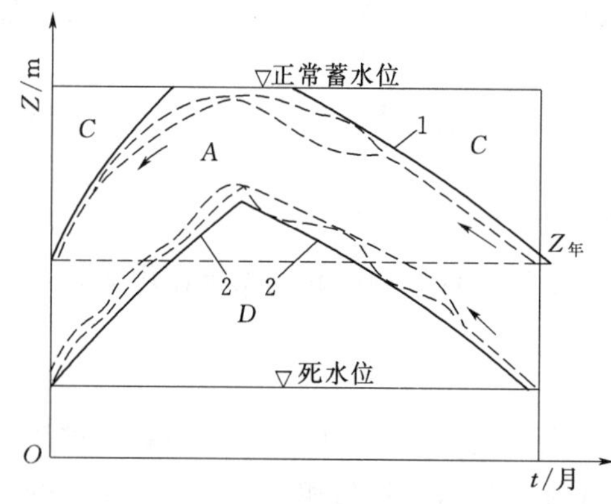

图 8－5　多年调节水库基本调度图

1—上基本调度线；2—下基本调度线

同样，对枯水年系列最后一年的各计算典型年，供水期末自死水位开始按保证出力图逆时序计算至蓄水期初又回到死水位为止，求得各年逐月按保证出力图工作时的水库蓄水指示线。取这些线的下包线作为下基本调度线。

将上、下基本调度线同绘于一张图上，即构成多年调节水库基本调度图，如图 8－5 所示。图上 A、C、D 区的意义同年调节水库基本调度图，这里的 A 区就等同于图 8－4 上的 A、B 两区。

三、加大出力和降低出力调度线

在水库运行过程中，当实际库水位落于上基本调度线之上时，说明水库可有多余水量，为充分利用水能资源，应加大出力予以利用；而当实际库水位落于下基本调度线以下时，说明水库存水不足以保证后期按保证出力图工作，为防止正常工作被集中破坏，应及早适当降低出力运行。

（一）加大出力调度线

在水电站实际运行过程中，供水期初总是先按保证出力图工作。但运行至 t_i 时，发现水库实际水位比该时刻水库上调度线相应的水位高出 ΔZ_i（图 8-6）。相应于 ΔZ_i 的这部分水库蓄水，称为可调余水量。可用它来加大水电站出力，但如何合理利用，必须根据具体情况来分析。一般来讲，有以下三种运用方式：

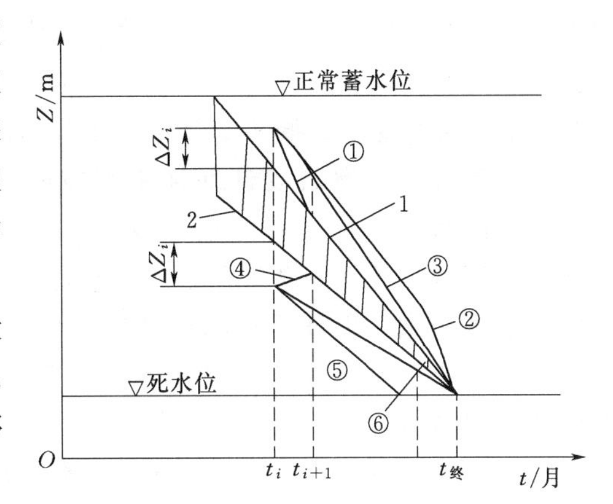

图 8-6 加大出力和降低出力的调度方式

1—上基本调度线；2—下基本调度线

（1）立即加大出力。使水库水位在时段末 t_{i+1} 就落在上调度线上（图 8-6 上①线）。这种方式对水量利用比较充分，但出力不够均匀。

（2）后期集中加大出力（图 8-6 上②线）。这种方式可使水电站较长时间处于较高水头下运行，对发电有利，但出力也不够均匀。如汛期提前来临，还可能发生弃水。

（3）均匀加大出力（图 8-6 上③线）。这种方式使水电站出力均匀，也能充分利用水能资源。

当分析确定余水量利用方式后，可用图解法或列表法求算加大出力调度线。

（二）降低出力调度线

如水电站按保证出力图工作，经过一段时间至 t_i 时，由于出现特枯水情况，水库供水的结果使水库水位处于下调度线以下，出现不足水量。这时，系统正常工作难免要遭受破坏。对这种情况，水库调度有以下三种方式：

（1）立即降低出力。使水库蓄水在 t_{i+1}时就回到下调度线上（图 8-6 上④线）。这种方式一般引起的破坏强度较小，破坏时间也比较短。

（2）后期集中降低出力（图 8-6 上⑤线）。水电站一直按保证出力图工作，水库有效蓄水放空后按天然流量工作。如果此时不蓄水量很小，将引起水电站出力的剧烈降低。这种调度方式比较简单，且系统正常工作破坏的持续时间较短，但破坏强度大是其最大缺点。采用这种方式时应持慎重态度。

（3）均匀降低出力（图 8-6 上⑥线）。这种方式使破坏时间长一些，但破坏强度最小。

一般情况下，常按上述第三种方式绘制降低出力线。

将上、下基本调度线及加大出力和降低出力调度线同绘于一张图上就构成了以发电为主要目的的调度全图。根据它可以比较有效地指导水电站的运行。

四、有综合利用任务的水库调度概述

编制兴利综合利用水库的调度图时，首先遇到的一个重要问题是各用水部门的设计保证率不同，例如发电和供水的设计保证率一般较高，而灌溉和航运的一般较低。在绘制调度线时，应根据综合利用原则，使国民经济各部门要求得到较好的协调，使水库获得较好的综合利用效益。

灌溉、航运等部门从水库上游侧取水时，一般可先从天然来水中扣去引取的水量，再根据剩下来的天然来水用前述方法绘出水库调度线。但是，应注意到各部门用水在要求保证程度上的差异。例如发电与灌溉的用水保证率是不同的，目前一般是从水库不同频率的天然来水中或相应的总调节水量中，扣除不同保证率的灌溉用水，再以此进行水库调节计算。对等于和小于灌溉设计保证率相应的来水年份，一般按正常灌溉用水扣除，对保证率大于灌溉设计保证率但小于发电设计保证率的来水年份，按折减后的灌溉用水扣除（例如折减二至三成等）。对与发电设计保证率相应的来水年份，原则上也应扣除折减后的灌溉用水，但如计算时段的库水位消落到相应时段的灌溉引水控制水位以下时，则可不扣除。总之，在从天然来水中扣除某些需水部门的用水量时，应充分考虑到各部门的用水特点。

当综合利用用水部门从水库下游取水（对航运来说是要求保持一定流量），而又未用再调节水库等办法解决各用水部门间及与发电的矛盾，那么应将各用水部门的要求都反映在调度线中。这时调度图上的保证供水区要分为上、下两个区域。在上保证供水区中各用水部门的正常供水均应得到保证，而在下保证供水区中保证率高的用水部门应得到正常供水，对保证率低的部门要实行折减供水。上、下两个保证供水区的分界线姑且称它为中基本调度线。图 8-7 所示是某多年调节综合利用水库的调度图，图中 A 区是发电和灌溉的保证供水区，A'区是发电的保证供水区和灌溉的折减供水区，D 和 C 区代表的意义同前。

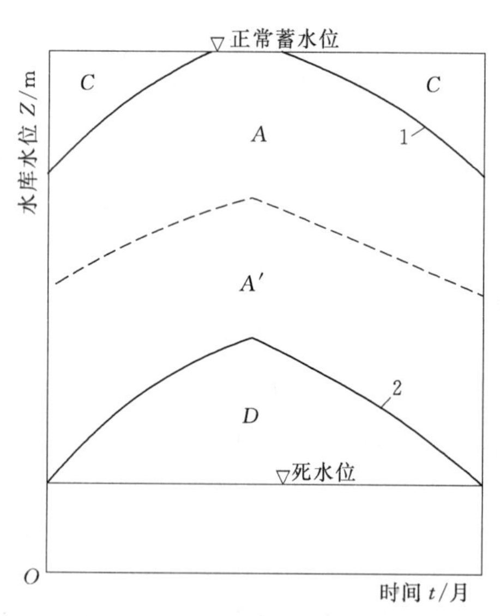

图 8-7　某多年调节综合利用水库调度示意图

1—上调度线；2—下调度线

对于综合利用水库，其上基本调度线是根据设计保证率较低（例如灌溉要求的 80%）的代表年和正常供水的综合需水图经调节计算后作成，中基本调度线是根据保证率较高（例如发电要求的 95%）的设计代表年和降低供水的综合需水图经调节计算后作出，具体做法与前面介绍的相同。

这里要补充一下综合需水图的作法。作这种综合需水图时，要特别重视各部门的引水地点、时间和用水特点。例如同一体积的水量同时给若干部门使用时，综合需水图上只要表示出各部门需水量中的控制数字，不要把各部门的需水量全部加在一起。我们举一简单的例子来说明其作法。某水库的基本用户为灌溉、航运（保证率均为 80%）和发电（95%），发电后的水量可给航运和灌溉用，灌溉水要从水电站下游引走。各部门各月要求保证的流量列入表 8-1 中。综合需水图的纵坐标值也列入同一表中。

作降低供水的综合需水图时，是根据这样的原则：①保证率高的部门的用水量仍要保证；②保证率低的部门的用水量可以适当缩减，本例中采取灌溉和航运用水均打八折。其具体数值列入表 8-2 中。

表 8-1　　　　各部门总需水量推求表　　　　单位：m³/s

序号	项目		月份												说明
			1	2	3	4	5	6	7	8	9	10	11	12	
1	下游	灌溉	0	0	30	70	60	63	115	115	63	14	21	16	已知
2		航运	0	0	150	150	150	150	150	150	150	150	150	0	已知
3	用水	总需水量	0	0	180	220	210	213	265	265	213	164	171	16	1、2 两项之和
4	发电要求		176	176	176	176	176	176	176	176	176	176	176	176	已知
5	各部门总需水量		176	176	180	220	210	213	265	265	213	176	176	176	3、4 两项取大值

表 8-2　　　　降低供水情况各部门总需水量推求表　　　　单位：m³/s

序号	项目		月份												说明
			1	2	3	4	5	6	7	8	9	10	11	12	
1	下游	灌溉	0	0	24	56	48	50	92	92	50	11	17	13	正常供水数打八折
2		航运	0	0	120	120	120	120	120	120	120	120	120	0	
3	用水	总需水量	0	0	144	176	168	170	212	212	170	131	137	13	1、2 两项之和
4	发电要求		176	176	176	176	176	176	176	176	176	176	176	176	已知
5	各部门总需水量		176	176	176	176	176	176	212	212	176	176	176	176	3、4 两项取大值

第三节　水库的防洪调度

对于以防洪为主的水库，在水库调度中当然应首先考虑防洪的需要，对于以兴利为主结合防洪的水库，要考虑防洪的特殊性，《中华人民共和国水法》中明确规定，“开发利用水资源应当服从防洪的总体安排”，故对这类水库，所划定的防洪库容在汛期调度运用时应严格服从防洪的要求，决不能因水库是兴利为主而任意侵占防洪库容。

应该承认，防洪和兴利在库容利用上的矛盾是客观存在的。就防洪来讲，要求水库在汛期预留充足的库容，以备拦蓄可能发生的某种设计频率的洪水，保证下游防洪及大坝的安全。就兴利来讲，总希望汛初就能开始蓄水，保证汛末能蓄满兴利库容，以补充枯水期的不足水量。但是，只要认真掌握径流的变化规律，通过合理的水库调度是可以消除或缓和矛盾的。

一、防洪库容和兴利库容有可能结合的情况

对位于雨型河流上的水库，如历年洪水涨落过程平稳，洪水起止日期稳定，丰枯季节界限分明，河川径流变化规律易于掌握，那么防洪库容和兴利库容就有可能部分结合甚至完全结合。

根据水库的调节能力及洪水特性，防洪调度线的绘制可分为以下三种情况。

（一）防洪库容与兴利库容完全结合，汛期防洪库容为常数

对于这种情况，可根据设计洪水可能出现的最迟日期 t_k，在兴利调度图的上基本调度线上定出 b 点［图 8-8（a）］，该点相应水位即为汛期防洪限制水位。由它与设计洪水位

（与正常蓄水位重合）即可确定拦洪库容值。根据这库容值和设计洪水过程线，经调洪演算得出水库蓄水量变化过程线（对一定的溢洪道方案）。然后将该线移到水库兴利调度图上，使其起点与上基本调度线上的 b 点相合，由此得出的 abc 线以上的区域 F 即为防洪限制区，c 点相应的时间为汛期开始时间。在整个汛期内，水库蓄水量一超过此线，水库即应以安全下泄量或闸门全开进行泄洪。为便于掌握，可对下游防洪标准相应的洪水过程线和下游安全泄量，从汛期防洪限制水位开始进行调洪演算，推算出防洪高水位。在实际运行中遇到洪峰，先以下游安全泄量放水，到水库中水位超过防洪高水位时，则将闸门全开进行泄洪，以确保大坝安全。

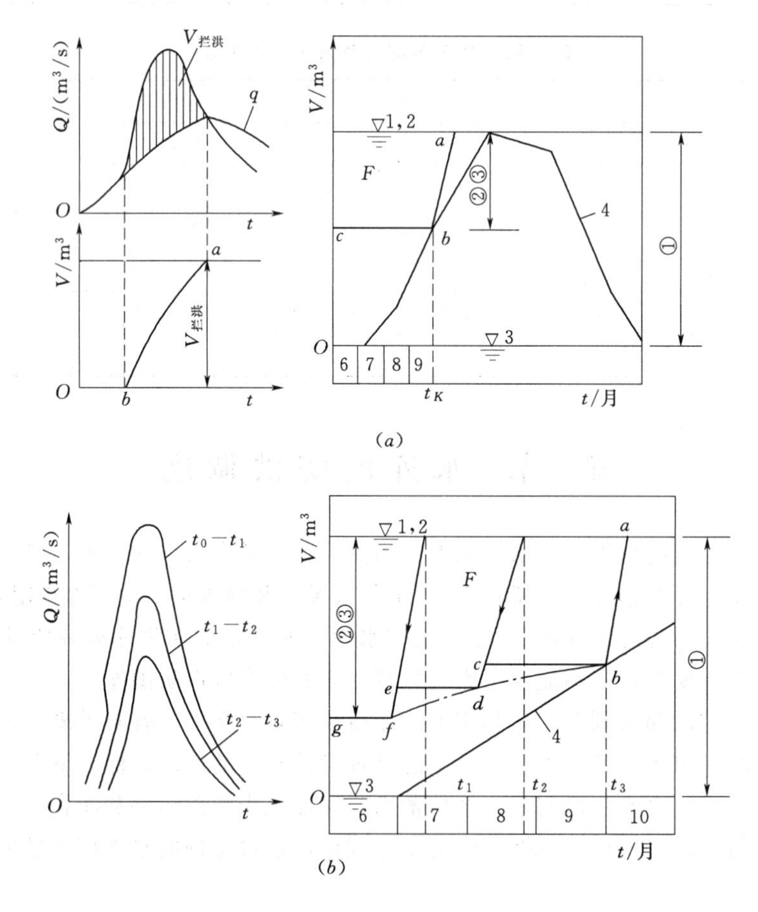

图 8-8　防洪库容与兴利库容完全结合情况下防洪调度线的绘制

1—正常蓄水位；2—设计洪水位；3—死水位；4—上基本调度线

①—兴利库容；②—拦洪库容；③—共用库容

（二）防洪库容与兴利库容完全结合，但汛期防洪库容随时间变化

这种情况就是分期洪水防洪调度问题。如果河流的洪水规律性较强，汛期愈到后期洪量愈小，则为了汛末能蓄存更多的水来兴利，可以采取分段抬高汛期防洪限制水位的方法来绘制防洪调度线。到底应将整个汛期划分为怎样的几个时段？回答这个问题应当首先从气象上找到根据，从分析本流域形成大洪水的天气系统的运行规律入手，找出一般的、普遍的大致时限，从偏于安全的角度划分为几期，分期不宜过多，时段划分不宜过短。另外，还可以从统计上了解洪水在汛期出现的规律，如点绘洪峰出现时间分布图，统计各个时段内洪峰出现次数、洪峰平均流量、平均洪水总量等，以探求其变化规律。

本文选用了一个分三段的实例，三段的洪水过程线如图 8－8（*b*）所示。作防洪调度线时，先对最后一段［图 8－8（*b*）中的 t_2-t_3 段］进行计算，调度线的具体作法同前，然后决定第二段（t_1-t_2）的拦洪库容，这时要在 t_2 时刻从设计洪水位逆时序进行计算，推算出该段的防洪限制水位。用同法对第一段（t_0-t_1）进行计算，推求出该段的 $Z_{汛限}$。连接 *abdfg* 线，即为防洪调度线。

应该说明，影响洪水的因素甚多，即使在洪水特性相当稳定的河流上，用任何一种设计洪水过程线很难在时间上和形式上包括未来洪水可能发生的各种情况。因此，为可靠起见，应按同样方法求出若干条防洪蓄水限制线，然后取其下包线作为防洪调度线。

（三）防洪库容与兴利库容部分结合的情况

在这种情况下，防洪调度线 *bc* 的绘法与情况（一）相同。如果情况（一）中的设计洪水过程线变大或者它保持不变而下泄流量值减小（图 8－9），则水库蓄水量变化过程线变为 ba'。将其移到水库调度图上的 *b* 点处时，a'点超出 $Z_{蓄}$ 而到 $Z_{设洪}$的位置。这时只有部分库容是共用库容（图 8－9 中的③所示），专用拦洪库容（图 8－9 中④所示）就是因比情况（一）降低下泄流量而增加的拦洪库容 $\Delta V_{拦洪}$。

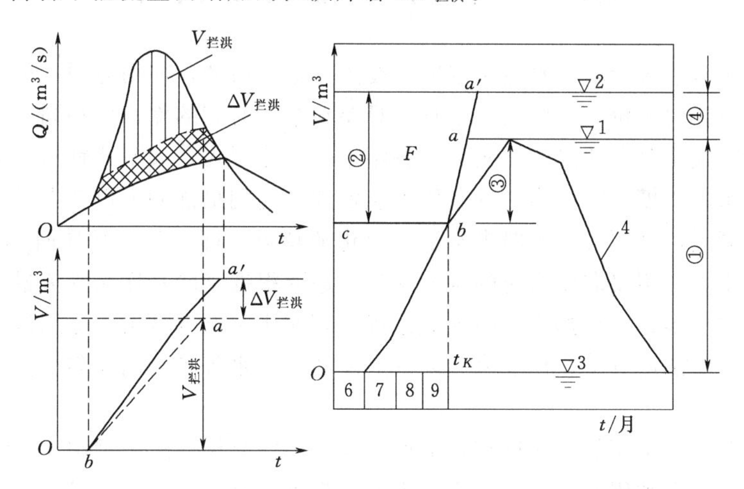

图 8－9　防洪库容与兴利库容部分结合情况下防洪调度线的绘制

1—正常蓄水位；2—设计洪水位；3—死水位；4—上基本调度线

①—兴利库容；②—拦洪库容；③—共用库容；④专用拦洪库容

上面讨论的情况，防洪与兴利库容都有某种程度的结合。在生产实践中两者能不能结合以及能结合多少，不是人们主观愿望决定的，而应该根据实际情况，拟定若干比较方案，经技术经济评价和综合分析后确定。这些情况下的调度图都是以 $Z_{汛限}$（一个或几个）和 $Z_{蓄}$ 的连线组成整个汛期限洪调度的下限边界控制线，以 $Z_{校洪}$ 作为其上限边界控制线（左右范围由汛期的时间控制），上、下控制线之间为防洪调度区。

通常，防洪与兴利的调度图是绘制在一起的，称为水库调度全图。当汛期库水位高于或等于$Z_{汛限}$时，水库按防洪调度规则运用，否则按兴利调度规则运用。

二、防洪库容和兴利库容完全不结合的情况

如果汛期洪水猛涨猛落，洪水起讫日期变化无常，没有明显规律可循，则不得不采用防洪库容和兴利库容完全分开的办法。从防洪安全要求出发，应按洪水最迟来临情况预留防洪库容。这时，水库正常蓄水位即是防洪限制水位，作为防洪下限边界控制线。

对设计洪水过程线根据拟定的调度规则进行调洪演算，就可以得出设计洪水位（对应于一定的溢洪道方案）。

应该说明，即使从洪水特性来看，防洪库容与兴利库容难以结合，但如做好水库调度工作，仍可实现部分结合。例如，兴利部门在汛前加大用水就可腾出部分库容，或者在大洪水来临前加大泄水量就可预留出部分库容。由此可见，实现防洪预报调度就可促使防洪与兴利的结合。这种措施的效果是显著的，但如使用不当也可能带来危害。因此，使用时必须十分慎重。最好由水库管理单位与科研单位、高等院校合作进行专门研究，提出从实际出发的、切实可行的水库调度方案，并经上级主管部门审查批准后付诸实施。我国有些水库管理单位已有这方面的经验教训可供借鉴。应该指出，这里常遇到复杂的风险决策问题。

第四节　水库优化调度简介

上面介绍用时历法绘制的水电站水库调度图，概念清楚，使用方便，得到比较广泛的应用。但是，在任何年份，不管来水丰枯，只要在某一时刻的库水位相同，就采取完全相同的水库调度方式是存在缺陷的。实际上各年来水变化很大，如不能针对面临时段变化的来水流量进行水库调度，则很难充分利用水能资源，达到最优调度以获得最大的效益。所以，水库优化调度，必须考虑当时来水流量变化的特点，即在某一具体时刻t，要确定面临时段的最优出力，不仅需要当时的水库水位，还要根据当时水库来水流量。因此，水库优化调度的基本内容是：根据水库的入流过程，遵照优化调度准则，运用最优化方法，寻求比较理想的水库调度方案，使发电、防洪、灌溉、供水等各部门在整个分析期内的总效益最大。

关于水库调度中采用的优化准则，前面第四章中已介绍过经济准则。目前较为广泛采用的是在满足各综合利用水利部门一定要求的前提下水电站群发电量最大的准则。常见的表示方法有：

（1）在满足电力系统水电站群总保证出力一定要求的前提下（符合规定的设计保证率），使水电站群的年发电量期望值最大，这样可不至于发生因发电量绝对值最大而引起保证出力降低的情况。

（2）对火电为主、水电为辅的电力系统中的调峰、调频电站，使水电站供水期的保证电能值最大。

（3）对水电为主、火电为辅的电力系统中的水电站，使水电站群的总发电量最大，或者使系统总燃料消耗量最小，也有用电能损失最小来表示的。

根据实际情况选定优化准则后，表示该准则的数学式，就是进行以发电为主水库的水库优化调度工作时所用的目标函数，而其他条件如工程规模、设备能力以及各种限制条件（包括政策性限制）和调度时必须考虑的边界条件，统称为约束条件，也可以用数学式来表示。

根据前面介绍的兴利调度，可以知道编制水库调度方案中蓄水期、供水期的上、下基本调度线问题，均是多阶段决策过程的最优化问题。每一计算时段（例如1个月）就是一个阶段，水库蓄水位就是状态变量，各综合利用部门的用水量和水电站的出力、发电量均为决策变量。

多阶段决策过程是指这样的过程，如将它划分为若干互相有联系的阶段，则在它的每一个阶段都需要作出决策，并且某一阶段的决策确定以后，常常不仅影响下一阶段的决策，而且影响整个过程的综合效果。各个阶段所确定的决策构成一个决策序列，通常称它为一个策略。由于各阶段可供选择的决策往往不止一个，因而就组合成许多策略供我们选择。因为不同的策略，其效果也不同，多阶段决策过程的优化问题，就是要在提供选择的那些策略中，选出效果最佳的最优策略。

动态规划是解决多阶段决策过程最优化的一种方法。所以国内许多单位都在用动态规划的原理研究水库优化调度问题。当然，动态规划在一定条件下也可以解决一些与时间无关的静态规划中的最优化问题，这时只要人为地引进“时段”因素，就可变为一个多阶段决策问题。例如，最短路线问题的求解，也可利用动态规划。

动态规划的概念和基本原理比较直观，容易理解，方法比较灵活，常为人们所喜用，所以在工程技术、经济、工业生产及军事等部门都有广泛的应用。许多问题利用动态规划去解决，常比线性规划或非线性规划更为有效。不过当维数（或者状态变量）超过三个以上时，解题时需要计算机的储存量相当大，或者必须研究采用新的解算方法。这是动态规划的主要弱点，在采用时必须留意。

可以这么说，动态规划是靠递推关系从终点逐时段向始头方向寻取最优解的一种方法。然而，单纯的递推关系是不能保证获得最优解的，一定要通过最优化原理的应用才能实现。

关于最优化原理，结合水库优化调度的情况来讲，就是若将水电站某一运行时间（例如水库供水期）按时间顺序划分为 $t_0 \sim t_n$ 个时刻，划分成 n 个相等的时段（例如月）。设以某时刻 t_i 为基准，则称 $t_0 \sim t_i$ 为以往时期，$t_i \sim t_{i+1}$ 为面临时段，$t_{i+1} \sim t_n$ 为余留时期。水电站在这些时期中的运行方式可由各时段的决策函数——出力及水库蓄水情况组成的序列来描述。如果水电站在 $t_i \sim t_n$ 内的运行方式是最优的，那么包括在其中的 $t_{i+1} \sim t_n$ 内的运行方式也必定是最优的。如果我们已对余留时期 $t_{i+1} \sim t_n$ 按最优调度准则进行了计算，那么面临时段 $t_i \sim t_{i+1}$ 的最优调度方式可以这样选择：使面临时段和余留时期所获得的综合效益符合选定的最优调度准则。

根据上面的叙述，启发我们得出寻找最优运行方式的方法，就是从最后一个时段（时刻 $t_{n-1} \sim t_n$）开始（这时的库水位常是已知的，例如水库期末的水库水位是死水位），逆时序逐时段进行递推计算，推求前一阶段（面临时段）的合适决策，以求出水电站在整个 $t_0 \sim t_n$ 时期的最优调度方式。很明显，对每次递推计算来说，余留时期的效益是已知的（例如发电量值已知），而且是最优策略，只有面临时段的决策变量是未知数，所以是不难解决的，可以根据规定的调度准则来求解。

对于一般决策过程，假设有 n 个阶段，每阶段可供选择的决策变量有 m 个，则有这种过程的最优策略实际上就需要求解 mn 维函数方程。显然，求解维数众多的方程，既需要花费很多时间，而且也不是一件容易的事情。上述最优化原理利用递推关系将这样一个复杂的问题化为 n 个 m 维问题求解，因而使求解过程大为简化。

如果最优化目标是使目标函数（例如取得的效益）极大化，则根据最优化原理，我们可将全周期的目标函数用面临时段和余留时期两部分之和表示。对于第一个时段，目标函数 f_1^* 为

$$f_1^*(s_0,x_1)=\max[f_1(s_1,x_1)+f_2^*(s_1,x_2)]$$

式中　s_i——状态变量，下标数字表示时刻；

x_i——决策变量，下标数字表示时段；

$f_1^*(s_0,x_1)$——第一时段状态处于 s_0 作出决策 x_1 所得的效益；

$f_2^*(s_1,x_2)$——从第二时段开始一直到最后时段（即余留时期）的效益。

对于第二时段至第 n 时段及第 i 时段至第 n 时段的效益，按最优化原理同样可以写成以下的式子

$$f_2^*(s_1,x_2)=\max[f_2(s_1,x_2)+f_3^*(s_2,x_3)]$$

$$f_i^*(s_{i-1},x_i)=\max[f_i(s_{i-1},x_i)+f_{i+1}^*(s_i,x_{i+1})]$$

对于第 n 时段，f_n^* 可写为

$$f_n^*(s_{n-1},x_n)=\max[f_n(s_{n-1},x_n)]$$

以上就是动态规划递推公式的一般形式。如果我们从第 n 时段开始，假定不同的时段初状态 s_{n-1}，只需确定该时段的决策变量 x_n（在 x_{n1}、x_{n2}、…、x_{nm} 中选择）。对于第 $n-1$ 时段，只要优选决策变量 x_{n-1}，一直到第一时段，只需优选 x_1。前面已说过，动态规划根据最优化原理，将本来是 mn 维的最优化问题，变成了 n 个 m 维问题求解，以上递推公式便是最好的说明。

在介绍了动态规划基本原理和基本方法的基础上，要补充说明以下几点：

（1）对于输入具有随机因素的过程，在应用动态规划求解时，各阶段的状态往往需要用概率分布表示，目标函数则用数学期望反映。为了与前面介绍的确定性动态规划区别，一般将这种情况下所用的最优化技术称为随机动态规划。其求解步骤与确定性的基本相同，不同之处是要增加一个转移概率矩阵。

（2）为了克服系统变量维数过多带来的困难，可以采用增量动态规划。求解递推方程的过程是：先选择一个满足诸约束条件的可行策略作为初始策略，其次在该策略的规定范围内求解递推方程，以求得比原策略更优的新的可行策略。然后重复上述步骤，直至策略不再增优或者满足某一收敛准则为止。

（3）当动态规划应用于水库群情况时，每阶段需要决策的变量不只是一个，而是若干个（等于水库数）。因此，计算工作量将大大增加。在递推求最优解时，需要考虑的不只是面临时段一个水库 S 种（S 为库容区划分的区段数）可能放水中的最优值，而是 M 个水库各种可能放水组合即 SM 个方案中的最优值。

为加深对方法的理解，下面举一个经简化过的水库调度例子。

某年调节水库 11 月初开始供水，来年 4 月末放空至死水位，供水期共 6 个月，如每个月作为一个阶段，则共有 6 个阶段。为了简化，假定已经过初选，每阶段只留 3 个状态

（以圆圈表示出）和 5 个决策（以线条表示），由它们组成 $S_0 \sim S_6$ 的许多种方案，如图 8－10所示。图中线段上面的数字代表各月根据入库径流采取不同决策可获得的效益。

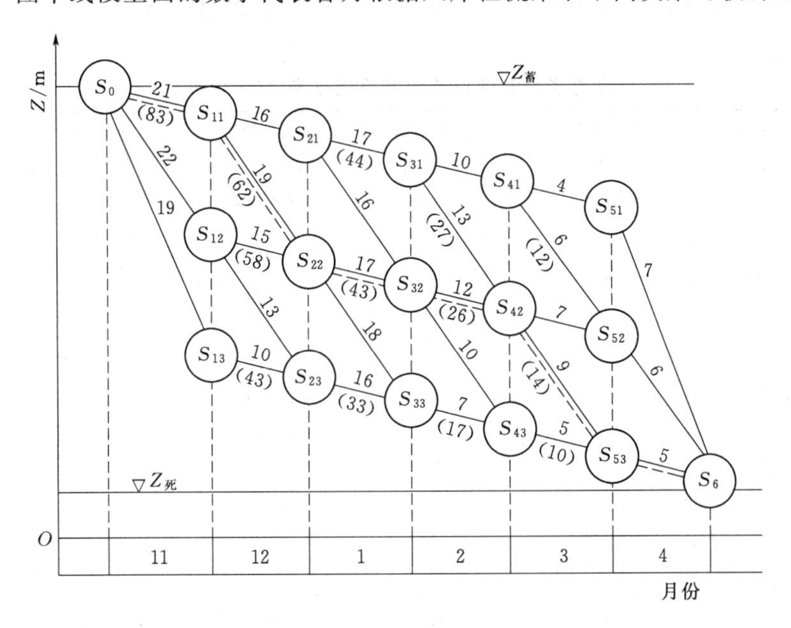

图 8－10　动态规划进行水库调度的简化例子

用动态规划优选方案时，从 4 月末死水位处开始逆时序递推计算。对于 4 月初，3 种状态各有一种决策，孤立地看以 $S_{51} \sim S_6$ 的方案较佳，但从全局来看不一定是这样，暂时不能做决定，要再看前面的情况。

将 3、4 两个月的供水情况一起研究，看 3 月初情况，先研究状态 S_{41}，显然是 $S_{41}S_{52}S_6$ 较 $S_{41}S_{51}S_6$ 为好，因前者两个月的总效益为 12，较后者的为大，应选前者为最优方案。将各状态选定方案的总效益写在线段下面的括号中，没有写明总效益的均为淘汰方案。同理可得另外两种状态的最优决策。$S_{42}S_{53}S_6$ 优于 $S_{42}S_{52}S_6$ 方案，总效益为 14；$S_{43}S_{53}S_6$ 的总效益为 10。对 3、4 两个月来说，在 S_{41}、S_{42}、S_{43} 三种状态中，以 $S_{42}S_{53}S_6$ 这个方案较佳，它的总效益为 14（其他两方案的分别为 12 和 10）。

再看 2 月初情况，2 月是其面临时段，3、4 月是余留时期。余留时期的总效益就是写在括号中的最优决策的总效益。这时的任务是选定面临时段的最优决策，以使该时段和余留时期的总效益最大。以状态 S_{31} 为例，面临时段的两种决策中以第 2 种决策较佳，总效益为 13＋14＝27；对状态 S_{32}，则以第 1 种决策较佳，总效益为 26；同理可得 S_{33} 的总效益为 17（唯一决策）。

继续对 1 月初、12 月初、11 月初的情况进行研究，可由递推的办法选出最优决策。最后决定的方案是 $S_0S_{11}S_{22}S_{32}S_{42}S_{53}S_6$，总效益为 83，用双线表示在图 8－10 上。

应该说明，如果时段增多，状态数目增加，决策数目增加，而且决策过程中还要进行试算，则整个计算是比较繁杂的，一定要用电子计算机来进行计算。

最近几年来，国内已有数本水库调度的专著出版，书中对优化调度有比较全面的论述，可供参考。

附录　考虑资金时间价值的折算因子表

附表 1　　考虑资金时间价值的折算因子表（$i=3\%$）

n /年	一次收付期值因子 $[F/P,i,n]$	一次收付现值因子 $[P/F,i,n]$	分期等付期值因子 $[F/A,i,n]$	基金存储因子 $[A/F,i,n]$	本利摊还因子 $[A/P,i,n]$	分期等付现值因子 $[P/A,i,n]$
	$(1+i)^n$	$\frac{1}{(1+i)^n}$	$\frac{(1+i)^n-1}{i}$	$\frac{i}{(1+i)^n-1}$	$\frac{i(1+i)^n}{(1+i)^n-1}$	$\frac{(1+i)^n-1}{i(1+i)^n}$
1	1.030	0.9709	1.000	1.00000	1.03000	0.971
2	1.061	0.9426	2.030	0.49261	0.52261	1.913
3	1.093	0.9151	3.091	0.32353	0.35353	2.829
4	1.126	0.8885	4.184	0.23903	0.26903	3.717
5	1.159	0.8626	5.309	0.18835	0.21835	4.580
6	1.194	0.8375	6.468	0.15460	0.18460	5.417
7	1.230	0.8131	7.662	0.13051	0.16051	6.230
8	1.267	0.7894	8.892	0.11246	0.14246	7.020
9	1.305	0.7664	10.159	0.09843	0.12843	7.786
10	1.344	0.7441	11.464	0.08723	0.11723	8.530
11	1.384	0.7224	12.808	0.07808	0.10808	9.253
12	1.426	0.7014	14.192	0.07046	0.10046	9.954
13	1.469	0.6810	15.618	0.06403	0.09403	10.635
14	1.513	0.6611	17.086	0.05853	0.08853	11.296
15	1.558	0.6419	18.599	0.05377	0.08377	11.988
16	1.605	0.6232	20.157	0.04961	0.07961	12.561
17	1.653	0.6050	21.762	0.04595	0.07595	13.166
18	1.702	0.5874	23.414	0.04271	0.07271	13.754
19	1.754	0.5703	25.117	0.03981	0.06981	14.324
20	1.806	0.5537	26.870	0.03722	0.06722	14.877
21	1.860	0.5375	28.676	0.03487	0.06487	15.415
22	1.916	0.5219	30.537	0.03275	0.06275	15.937
23	1.974	0.5067	32.453	0.03081	0.06081	16.444
24	2.033	0.4919	34.426	0.02905	0.05905	16.936
25	2.094	0.4776	36.459	0.02743	0.05743	17.413
26	2.157	0.4637	38.553	0.02594	0.05594	17.877
27	2.221	0.4502	40.710	0.02456	0.05456	18.327
28	2.288	0.4371	42.931	0.02329	0.05329	18.764
29	2.357	0.4243	45.219	0.02211	0.05211	19.188
30	2.427	0.4120	47.575	0.02102	0.05102	19.600
35	2.814	0.3554	60.462	0.01654	0.04654	21.487
40	3.262	0.3066	75.401	0.01326	0.04326	23.115
45	3.782	0.2644	92.720	0.01079	0.04079	24.519
50	4.384	0.2281	112.797	0.00887	0.03887	25.730
55	5.082	0.1968	136.072	0.00735	0.03735	26.774
60	5.892	0.1697	163.053	0.00613	0.03613	27.676
65	6.830	0.1464	194.333	0.00515	0.03515	28.453
70	7.918	0.1263	230.594	0.00434	0.03434	29.123
75	9.179	0.1089	272.631	0.00367	0.03367	29.702
80	10.641	0.0940	321.363	0.00311	0.03311	30.201
85	12.336	0.0811	377.857	0.00265	0.03265	30.631
90	14.300	0.0699	443.349	0.00226	0.03226	31.002
95	16.578	0.0603	519.272	0.00193	0.03193	31.323
100	19.219	0.0520	607.288	0.00165	0.03165	31.599
∞	∞	0	∞	0	0.03000	33.333

附表 2　　考虑资金时间价值的折算因子表($i=5\%$)

n /年	一次收付期值因子 $[F/P,i,n]$	一次收付现值因子 $[P/F,i,n]$	分期等付期值因子 $[F/A,i,n]$	基金存储因子 $[A/F,i,n]$	本利摊还因子 $[A/P,i,n]$	分期等付现值因子 $[P/A,i,n]$
	$(1+i)^n$	$\frac{1}{(1+i)^n}$	$\frac{(1+i)^n-1}{i}$	$\frac{i}{(1+i)^n-1}$	$\frac{i(1+i)^n}{(1+i)^n-1}$	$\frac{(1+i)^n-1}{i(1+i)^n}$
1	1.050	0.9524	1.000	1.00000	1.05000	0.952
2	1.103	0.9070	2.050	0.48780	0.53780	1.859
3	1.158	0.8638	3.153	0.31721	0.36721	2.723
4	1.216	0.8227	4.310	0.23201	0.28201	3.546
5	1.276	0.7835	5.526	0.18097	0.23097	4.329
6	1.340	0.7462	6.802	0.14702	0.19702	5.076
7	1.407	0.7107	8.142	0.12282	0.17282	5.786
8	1.477	0.6768	9.549	0.10472	0.15472	6.463
9	1.551	0.6446	11.027	0.09069	0.14069	7.108
10	1.629	0.6139	12.578	0.07950	0.12950	7.722
11	1.710	0.5847	14.207	0.07039	0.12039	8.306
12	1.796	0.5568	15.917	0.06283	0.11283	8.863
13	1.886	0.5303	17.713	0.05646	0.10646	9.394
14	1.980	0.5051	19.599	0.05102	0.10102	9.899
15	2.079	0.4810	21.579	0.04634	0.09634	10.380
16	2.183	0.4581	23.657	0.04227	0.09227	10.838
17	2.292	0.4363	25.840	0.03870	0.08870	11.274
18	2.407	0.4155	28.132	0.03555	0.08555	11.690
19	2.527	0.3957	30.539	0.03275	0.08275	12.085
20	2.653	0.3769	33.066	0.03024	0.08024	12.462
21	2.786	0.3589	35.719	0.02800	0.07800	12.821
22	2.925	0.3418	38.505	0.02597	0.07597	13.163
23	3.072	0.3256	41.430	0.02414	0.07414	13.489
24	3.225	0.3101	44.502	0.02247	0.07247	13.799
25	3.386	0.2953	47.727	0.02095	0.07095	14.094
26	3.556	0.2812	51.113	0.01956	0.06956	14.375
27	3.733	0.2678	54.669	0.01829	0.06829	14.643
28	3.920	0.2551	58.403	0.01712	0.06712	14.898
29	4.116	0.2429	62.323	0.01605	0.06605	15.141
30	4.322	0.2314	66.439	0.01505	0.06505	15.372
35	5.516	0.1813	90.320	0.01107	0.06107	16.374
40	7.040	0.1420	120.800	0.00828	0.05828	17.159
45	8.985	0.1113	159.700	0.00626	0.05626	17.774
50	11.467	0.0872	209.348	0.00478	0.05478	18.256
55	14.636	0.0683	272.713	0.00367	0.05367	18.633
60	18.679	0.0535	353.584	0.00283	0.05283	18.929
65	23.840	0.0419	456.798	0.00219	0.05219	19.161
70	30.426	0.0329	588.529	0.00170	0.05170	19.343
75	38.833	0.0258	756.654	0.00132	0.05132	19.485
80	49.561	0.0202	971.229	0.00103	0.05103	19.596
85	63.254	0.0158	1245.087	0.00080	0.05080	19.684
90	80.730	0.0124	1594.607	0.00063	0.05063	19.752
95	103.035	0.0097	2040.694	0.00049	0.05049	19.806
100	131.501	0.0076	2610.025	0.00038	0.05038	19.848
∞	∞	0	∞	0	0.05000	20.000

附表 3 **考虑资金时间价值的折算因子表 ($i=6\%$)**

n/年	一次收付期值因子 [$F/P,i,n$]	一次收付现值因子 [$P/F,i,n$]	分期等付期值因子 [$F/A,i,n$]	基金存储因子 [$A/F,i,n$]	本利摊还因子 [$A/P,i,n$]	分期等付现值因子 [$P/A,i,n$]
	$(1+i)^n$	$\frac{1}{(1+i)^n}$	$\frac{(1+i)^n-1}{i}$	$\frac{i}{(1+i)^n-1}$	$\frac{i(1+i)^n}{(1+i)^n-1}$	$\frac{(1+i)^n-1}{i(1+i)^n}$
1	1.060	0.9434	1.000	1.00000	1.06000	0.943
2	1.124	0.8900	2.060	0.48544	0.54544	1.833
3	1.191	0.8396	3.184	0.31411	0.37411	2.673
4	1.262	0.7921	4.375	0.22859	0.28859	3.465
5	1.338	0.7473	5.637	0.17740	0.23740	4.212
6	1.419	0.7050	6.975	0.14336	0.20336	4.917
7	1.504	0.6651	8.394	0.11914	0.17914	5.582
8	1.594	0.6274	9.897	0.10104	0.16104	6.210
9	1.689	0.5919	11.491	0.08702	0.14702	6.802
10	1.791	0.5584	13.181	0.07587	0.13587	7.360
11	1.898	0.5268	14.972	0.06679	0.12679	7.887
12	2.012	0.4970	16.870	0.05928	0.11928	8.384
13	2.133	0.4688	18.882	0.05296	0.11296	8.853
14	2.261	0.4423	21.015	0.04758	0.10758	9.295
15	2.397	0.4173	23.276	0.04296	0.10296	9.712
16	2.540	0.3936	25.673	0.03895	0.09895	10.106
17	2.693	0.3714	28.213	0.03544	0.09544	10.477
18	2.854	0.3503	30.906	0.03236	0.09236	10.828
19	3.026	0.3305	33.760	0.02962	0.08962	11.158
20	3.207	0.3118	36.786	0.02718	0.08718	11.470
21	3.400	0.2942	39.993	0.02500	0.08500	11.764
22	3.604	0.2775	43.392	0.02305	0.08305	12.042
23	3.820	0.2618	46.996	0.02128	0.08128	12.303
24	4.049	0.2470	50.816	0.01968	0.07968	12.550
25	4.292	0.2330	54.865	0.01823	0.07823	12.783
26	4.549	0.2198	59.156	0.01690	0.07690	13.003
27	4.822	0.2074	63.706	0.01570	0.07570	13.211
28	5.112	0.1956	68.528	0.01459	0.07459	13.406
29	5.418	0.1846	73.640	0.01358	0.07358	13.591
30	5.743	0.1741	79.058	0.01265	0.07265	13.765
35	7.686	0.1301	111.435	0.00897	0.06897	14.498
40	10.286	0.0972	154.762	0.00646	0.06646	15.046
45	13.765	0.0727	212.744	0.00470	0.06470	15.456
50	18.420	0.0543	290.336	0.00344	0.06344	15.762
55	24.650	0.0406	394.172	0.00254	0.06254	15.991
60	32.988	0.0303	533.128	0.00188	0.06188	16.161
65	44.145	0.0227	719.083	0.00139	0.06139	16.289
70	59.076	0.0169	967.932	0.00103	0.06103	16.385
75	79.057	0.0126	1300.949	0.00077	0.06077	16.456
80	105.796	0.0095	1746.600	0.00057	0.06057	16.509
85	141.579	0.0071	3342.982	0.00043	0.06043	16.549
90	189.465	0.0053	3141.075	0.00032	0.06032	16.579
95	253.546	0.0039	4209.104	0.00024	0.06024	16.601
100	339.302	0.0029	5638.368	0.00018	0.06018	16.618
∞	∞	0	∞	0	0.06000	16.667

附表 4　　**考虑资金时间价值的折算因子表（$i=7\%$）**

n /年	一次收付期值因子 $[F/P,i,n]$	一次收付现值因子 $[P/F,i,n]$	分期等付期值因子 $[F/A,i,n]$	基金存储因子 $[A/F,i,n]$	本利摊还因子 $[A/P,i,n]$	分期等付现值因子 $[P/A,i,n]$
	$(1+i)^n$	$\frac{1}{(1+i)^n}$	$\frac{(1+i)^n-1}{i}$	$\frac{i}{(1+i)^n-1}$	$\frac{i(1+i)^n}{(1+i)^n-1}$	$\frac{(1+i)^n-1}{i(1+i)^n}$
1	1.070	0.9346	1.000	1.0000	1.0700	0.935
2	1.145	0.8734	2.070	0.4831	0.5531	1.808
3	1.225	0.8163	3.215	0.31111	0.3811	2.624
4	1.311	0.7629	4.440	0.2252	0.2952	3.387
5	1.403	0.7130	5.751	0.1739	0.2439	4.100
6	1.501	0.6663	7.153	0.1398	0.2098	4.767
7	1.606	0.6227	8.654	0.1156	0.1856	5.389
8	1.718	0.5820	10.260	0.0975	0.1675	5.971
9	1.838	0.5439	11.978	0.0835	0.1535	6.515
10	1.967	0.5083	13.816	0.0724	0.1424	7.024
11	2.105	0.4751	15.784	0.0634	0.1334	7.499
12	2.252	0.4440	17.888	0.0559	0.1259	7.943
13	2.410	0.4150	20.141	0.0497	0.1197	8.358
14	2.579	0.3878	22.550	0.0443	0.1143	8.745
15	2.759	0.3624	25.129	0.0398	0.1098	9.108
16	2.952	0.3387	27.888	0.0359	0.1059	9.447
17	3.159	0.3166	30.840	0.0324	0.1024	9.763
18	3.380	0.2959	33.999	0.0294	0.0994	10.059
19	3.617	0.2765	37.379	0.0268	0.0968	10.336
20	3.870	0.2765	37.379	0.0268	0.0944	10.336
21	4.141	0.2415	44.865	0.0223	0.0923	10.836
22	4.430	0.2257	49.006	0.0204	0.0904	11.061
23	4.741	0.2109	53.436	0.0187	0.0887	11.272
24	5.072	0.1971	58.177	0.0172	0.0872	11.469
25	5.427	0.1842	63.249	0.0158	0.0858	11.654
26	5.807	0.1722	68.676	0.0146	0.0846	11.826
27	6.214	0.1609	74.484	0.0134	0.0834	11.987
28	6.649	0.1504	80.698	0.0124	0.0824	12.137
29	7.114	0.1406	87.347	0.0114	0.0814	12.278
30	7.612	0.1314	94.461	0.0106	0.0806	12.409
35	10.677	0.0937	138.237	0.0072	0.0772	12.948
40	14.974	0.0668	199.635	0.0050	0.0750	13.332
45	21.007	0.0476	285.749	0.0035	0.0735	13.606
50	29.457	0.0339	406.529	0.0025	0.0725	13.801
55	41.315	0.0242	575.929	0.0017	0.0717	13.940
60	57.946	0.0173	813.520	0.0012	0.0712	14.039
65	81.273	0.0123	1146.755	0.0009	0.0709	14.110
70	113.989	0.0088	1614.134	0.0006	0.0706	14.160
75	159.876	0.0063	2269.657	0.0004	0.0704	14.196
80	224.234	0.0045	3189.063	0.0003	0.0703	14.222
85	314.500	0.0032	4478.576	0.0002	0.0702	14.240
90	441.103	0.0023	6287.185	0.0002	0.0702	14.253
95	618.670	0.0016	8823.854	0.0001	0.0701	14.263
100	867.716	0.0012	12381.662	0.0001	0.0701	14.269
∞	∞	0	∞	0	0.0700	14.286

附表 5　　　　考虑资金时间价值的折算因子表 ($i=8\%$)

n /年	一次收付期值因子 $[F/P,i,n]$	一次收付现值因子 $[P/F,i,n]$	分期等付期值因子 $[F/A,i,n]$	基金存储因子 $[A/F,i,n]$	本利摊还因子 $[A/P,i,n]$	分期等付现值因子 $[P/A,i,n]$
	$(1+i)^n$	$\frac{1}{(1+i)^n}$	$\frac{(1+i)^n-1}{i}$	$\frac{i}{(1+i)^n-1}$	$\frac{i(1+i)^n}{(1+i)^n-1}$	$\frac{(1+i)^n-1}{i(1+i)^n}$
1	1.080	0.9259	1.000	1.00000	1.08000	0.926
2	1.100	0.8573	2.080	0.48077	0.56077	1.783
3	1.260	0.7938	3.246	0.30803	0.38803	2.577
4	1.360	0.7350	4.506	0.22192	0.30192	3.312
5	1.469	0.6806	5.867	0.17046	0.25046	3.993
6	1.587	0.6302	7.336	0.13632	0.21632	4.623
7	1.714	0.5835	8.923	0.11207	0.19207	5.206
8	1.851	0.5403	10.637	0.09401	0.17401	5.747
9	1.999	0.5002	12.488	0.08008	0.16008	6.247
10	2.159	0.4632	14.487	0.06903	0.14903	6.710
11	2.332	0.4289	16.645	0.06008	0.14008	7.139
12	2.518	0.3971	18.977	0.05270	0.13270	7.536
13	2.720	0.3677	21.495	0.04652	0.12652	7.904
14	2.937	0.3405	24.215	0.04130	0.12130	8.244
15	3.172	0.3152	27.152	0.03683	0.11683	8.559
16	3.426	0.2919	30.324	0.03298	0.11298	8.851
17	3.700	0.2703	33.750	0.02963	0.10963	9.122
18	3.996	0.2502	37.450	0.02670	0.10670	9.372
19	4.316	0.2317	41.446	0.02413	0.10413	9.604
20	4.661	0.2145	45.762	0.02185	0.10185	9.818
21	5.034	0.1987	50.423	0.01983	0.09983	10.017
22	5.437	0.1839	55.457	0.01803	0.09803	10.201
23	5.871	0.1703	60.893	0.01642	0.09642	10.371
24	6.341	0.1577	66.765	0.01498	0.09498	10.529
25	6.848	0.1460	73.106	0.01368	0.09368	10.675
26	7.396	0.1352	79.954	0.01251	0.00251	10.810
27	7.988	0.1252	87.351	0.01145	0.09145	10.935
28	8.627	0.1159	95.339	0.01049	0.09049	11.051
29	9.317	0.1073	103.966	0.00962	0.08962	11.158
30	10.063	0.0994	113.283	0.00883	0.08883	11.258
35	14.785	0.0676	172.317	0.00580	0.08580	11.655
40	21.725	0.0460	259.057	0.00386	0.08386	11.925
45	31.920	0.0313	386.506	0.00259	0.08259	12.108
50	46.902	0.0213	573.770	0.00174	0.08174	12.233
55	68.914	0.0145	848.923	0.00118	0.08118	12.319
60	101.257	0.0099	1253.213	0.00080	0.08080	12.377
65	148.780	0.0067	1847.248	0.00054	0.08054	12.416
70	218.606	0.0046	2720.080	0.00037	0.08037	12.443
75	321.205	0.0031	4002.557	0.00025	0.08025	12.461
80	471.955	0.0021	5886.935	0.00017	0.08017	12.474
85	693.456	0.0014	8655.706	0.00012	0.08012	12.482
90	1018.915	0.0010	12723.939	0.00008	0.08008	12.488
95	1497.121	0.0007	18701.507	0.00005	0.08005	12.492
100	2199.761	0.0005	27484.516	0.00004	0.08004	12.494
∞	∞	0	∞	0	0.08000	12.500

附表 6　　考虑资金时间价值的折算因子表（$i=10\%$）

n /年	一次收付期值因子 [F/P,i,n]	一次收付现值因子 [P/F,i,n]	分期等付期值因子 [F/A,i,n]	基金存储因子 [A/F,i,n]	本利摊还因子 [A/P,i,n]	分期等付现值因子 [P/A,i,n]
	$(1+i)^n$	$\frac{1}{(1+i)^n}$	$\frac{(1+i)^n-1}{i}$	$\frac{i}{(1+i)^n-1}$	$\frac{i(1+i)^n}{(1+i)^n-1}$	$\frac{(1+i)^n-1}{i(1+i)^n}$
1	1.100	0.9091	1.000	1.00000	1.10000	0.909
2	1.210	0.8264	2.100	0.47619	0.57619	1.736
3	1.331	0.7513	3.310	0.30211	0.40211	2.487
4	1.464	0.6830	4.641	0.21547	0.31547	3.170
5	1.611	0.6209	6.105	0.16380	0.26380	3.791
6	1.772	0.5645	7.716	0.12961	0.22961	4.355
7	1.949	0.5132	9.487	0.10541	0.20541	4.868
8	2.144	0.4665	11.436	0.08744	0.18744	5.335
9	2.358	0.4241	13.579	0.07364	0.17364	5.759
10	2.594	0.3855	15.937	0.06275	0.16275	6.144
11	2.853	0.3505	18.531	0.05396	0.15396	6.495
12	3.138	0.3186	21.384	0.04676	0.14676	6.814
13	3.452	0.2897	24.523	0.04078	0.14078	7.103
14	3.797	0.2633	27.975	0.03575	0.13575	7.367
15	4.177	0.2394	31.772	0.03147	0.13147	7.606
16	4.595	0.2176	35.950	0.02782	0.12782	7.824
17	5.054	0.1978	40.545	0.02466	0.12466	8.022
18	5.560	0.1799	45.599	0.02193	0.12193	8.201
19	6.116	0.1635	51.159	0.01955	0.11955	8.365
20	6.727	0.1486	57.275	0.01746	0.11746	8.514
21	7.400	0.1351	64.002	0.01562	0.11562	8.649
22	8.140	0.1228	71.403	0.01401	0.11401	8.772
23	8.954	0.1117	79.543	0.01257	0.11257	8.883
24	9.850	0.1015	88.497	0.01130	0.11130	8.985
25	10.835	0.0923	98.347	0.01017	0.11017	9.077
26	11.918	0.0839	109.182	0.00916	0.10916	9.161
27	13.110	0.0763	121.100	0.00826	0.10826	9.237
28	14.421	0.0693	134.210	0.00745	0.10745	9.307
29	15.863	0.0630	148.631	0.00673	0.10673	9.370
30	17.449	0.0573	164.494	0.00608	0.10608	9.427
35	28.102	0.0356	271.024	0.00369	0.10369	9.644
40	45.259	0.0221	442.593	0.00226	0.10226	9.779
45	72.890	0.0137	718.905	0.00139	0.10139	9.863
50	117.391	0.0085	1163.909	0.00086	0.10086	9.915
55	189.059	0.0053	1880.591	0.00053	0.10053	9.947
60	304.482	0.0033	3034.816	0.00033	0.10033	9.967
65	490.371	0.0020	4893.707	0.00020	0.10020	9.980
70	789.747	0.0013	7887.470	0.00013	0.10013	9.987
75	1271.895	0.0008	12708.954	0.00008	0.10008	9.992
80	2048.400	0.0005	20474.002	0.00005	0.10005	9.995
85	3298.969	0.0003	32979.690	0.00003	0.10003	9.997
90	5313.023	0.0002	53120.226	0.00002	0.10002	9.998
95	8556.676	0.0001	85556.760	0.00001	0.10001	9.999
100	13781.000	0.00007	—	0.00001	0.10001	9.9993
∞	∞	0	∞	0	0.1000	10.000

附表 7 考虑资金时间价值的折算因子表 ($i=12\%$)

n /年	一次收付期值因子 [$F/P,i,n$]	一次收付现值因子 [$P/F,i,n$]	分期等付期值因子 [$F/A,i,n$]	基金存储因子 [$A/F,i,n$]	本利摊还因子 [$A/P,i,n$]	分期等付现值因子 [$P/A,i,n$]
	$(1+i)^n$	$\frac{1}{(1+i)^n}$	$\frac{(1+i)^n-1}{i}$	$\frac{i}{(1+i)^n-1}$	$\frac{i(1+i)^n}{(1+i)^n-1}$	$\frac{(1+i)^n-1}{i(1+i)^n}$
1	1.120	0.8929	1.000	1.00000	1.12000	0.893
2	1.254	0.7972	2.120	0.47170	0.59170	1.690
3	1.405	0.7118	3.374	0.29635	0.41635	2.402
4	1.574	0.6355	4.779	0.20923	0.32923	3.037
5	1.762	0.5674	6.353	0.15741	0.27741	3.605
6	1.974	0.5066	8.115	0.12323	0.24323	4.111
7	2.211	0.4523	10.089	0.09912	0.21912	4.564
8	2.476	0.4039	12.300	0.08130	0.20130	4.968
9	2.773	0.3606	14.776	0.06768	0.18768	5.328
10	3.106	0.3220	17.549	0.05698	0.17698	5.650
11	3.479	0.2875	20.655	0.04842	0.16842	5.938
12	3.896	0.2567	24.133	0.04144	0.16144	6.194
13	4.363	0.2292	28.029	0.03568	0.15568	6.424
14	4.887	0.2046	32.393	0.03087	0.15087	6.628
15	5.474	0.1827	37.280	0.02682	0.14682	6.811
16	6.130	0.1631	42.753	0.02339	0.14339	6.974
17	6.866	0.1456	48.884	0.02046	0.14046	7.120
18	7.690	0.1300	55.750	0.01794	0.13794	7.250
19	8.613	0.1161	63.440	0.01576	0.13576	7.366
20	9.646	0.1037	72.052	0.01388	0.13388	7.469
21	10.804	0.0926	81.699	0.01224	0.13224	7.562
22	12.100	0.0826	92.503	0.01081	0.13081	7.645
23	13.552	0.0738	104.603	0.00956	0.12956	7.718
24	15.179	0.0659	118.155	0.00846	0.12846	7.784
25	17.000	0.0588	133.334	0.00750	0.12750	7.843
26	19.040	0.0525	150.334	0.00665	0.12665	7.896
27	21.325	0.0469	169.374	0.00590	0.12590	7.943
28	23.884	0.0419	190.699	0.00524	0.12524	7.984
29	26.750	0.0374	214.583	0.00466	0.12466	8.022
30	29.960	0.0334	241.333	0.00414	0.12414	8.055
35	52.800	0.0189	431.663	0.00232	0.12232	8.176
40	93.051	0.0107	767.091	0.00130	0.12130	8.244
45	163.988	0.0061	1358.230	0.00074	0.12074	8.283
50	289.002	0.0035	2400.018	0.00042	0.12042	8.304
55	509.321	0.0020	4236.005	0.00024	0.12024	8.317
60	897.597	0.0011	7471.641	0.00013	0.12013	8.324
65	1581.872	0.0006	13173.937	0.00008	0.12008	8.328
70	2787.800	0.0004	23223.332	0.00004	0.12004	8.330
75	4913.056	0.0002	40933.799	0.00002	0.12002	8.332
80	8658.483	0.0001	72145.692	0.00001	0.12001	8.332
100	83522.000	0.00001	—	0.00000	0.12000	8.333
∞	∞	0	∞	0	0.12000	8.3333

附表 8　　考虑资金时间价值的折算因子表（$i=15\%$）

n /年	一次收付期值因子 [F/P,i,n]	一次收付现值因子 [P/F,i,n]	分期等付期值因子 [F/A,i,n]	基金存储因子 [A/F,i,n]	本利摊还因子 [A/P,i,n]	分期等付现值因子 [P/A,i,n]
	$(1+i)^n$	$\frac{1}{(1+i)^n}$	$\frac{(1+i)^n-1}{i}$	$\frac{i}{(1+i)^n-1}$	$\frac{i(1+i)^n}{(1+i)^n-1}$	$\frac{(1+i)^n-1}{i(1+i)^n}$
1	1.150	0.8696	1.000	1.00000	1.15000	0.870
2	1.322	0.7561	2.150	0.46512	0.61512	1.626
3	1.521	0.6575	3.472	0.28798	0.43798	2.283
4	1.749	0.5718	4.993	0.20027	0.35027	2.855
5	2.011	0.4972	6.742	0.14832	0.29832	3.352
6	2.313	0.4323	8.754	0.11424	0.26424	3.784
7	2.660	0.3759	11.067	0.09036	0.24036	4.160
8	3.059	0.3269	13.727	0.07285	0.22285	4.487
9	3.518	0.2843	16.786	0.05957	0.20957	4.772
10	4.046	0.2472	20.304	0.04925	0.19925	5.019
11	4.652	0.2149	24.349	0.04107	0.19107	5.234
12	5.350	0.1869	29.002	0.03448	0.18448	5.421
13	6.153	0.1625	34.352	0.02911	0.17911	5.583
14	7.076	0.1413	40.505	0.02469	0.17469	5.724
15	8.137	0.1229	47.580	0.02102	0.17102	5.847
16	9.358	0.1069	55.717	0.01795	0.16795	5.954
17	10.761	0.0929	65.075	0.01537	0.16537	6.047
18	12.375	0.0808	75.836	0.01319	0.16319	6.128
19	14.232	0.0703	88.212	0.01134	0.16134	6.198
20	16.367	0.0611	102.444	0.00976	0.15976	6.259
21	18.822	0.0531	118.810	0.00842	0.15842	6.312
22	21.645	0.0462	137.632	0.00727	0.15727	6.359
23	24.891	0.0402	159.276	0.00628	0.15628	6.399
24	28.625	0.0349	184.168	0.00543	0.15543	6.434
25	32.919	0.0304	212.793	0.00470	0.15470	6.464
26	37.857	0.0264	245.712	0.00407	0.15407	6.491
27	43.535	0.0230	283.569	0.00353	0.15353	6.514
28	50.066	0.0200	327.104	0.00306	0.15306	6.534
29	57.575	0.0174	377.170	0.00265	0.15265	6.551
30	66.212	0.0151	434.745	0.00230	0.15230	6.566
35	133.176	0.0075	881.170	0.00113	0.15113	6.617
40	267.864	0.0037	1779.090	0.00056	0.15056	6.642
45	538.769	0.0019	3585.128	0.00028	0.15028	6.654
50	1083.657	0.0009	7217.716	0.00014	0.15014	6.661
55	2179.622	0.0005	14524.148	0.00007	0.15007	6.664
60	4383.999	0.0002	29219.992	0.00003	0.15003	6.665
65	8817.787	0.0001	58778.583	0.00002	0.15002	6.666
∞	∞	0	∞	0	0.15000	6.6667